国家新闻出版改革发展项目库入库项目

普通高等教育"十三五"规划教材

全国高等院校计算机基础教育研究会重点立项项目

编译原理与实践

主　编　鲁　斌

副主编　李继荣　黄建才　闫　蕾　岳　燕

北京邮电大学出版社
www.buptpress.com

内 容 简 介

编译的精髓在于做到原理、技术与实践方法的融会贯通,本书正是这样一部综合、全面、实用的编译技术教材。本着知识与能力相结合、理论与实用并重的指导思想,以贯穿全书的样本语言编译器的开发为例,在简要介绍编译技术所涉及的基本知识和高级语言的语法描述方法之后,按照编译程序的工作过程逐步介绍编译各个阶段的主要内容,具体包括:词法分析、语法分析、语义分析与中间代码生成、符号表与运行时存储空间组织、代码优化以及目标代码生成等。通过本书的学习能够使读者系统而全面地掌握编译各个阶段的基本原理、技术和实践方法,并且运用所学技术进行编译程序的设计与开发。

本书可用作高等学校计算机及其相关学科各专业本科生的教材或教学参考书,也可供其他技术开发人员参考。

图书在版编目(CIP)数据

编译原理与实践 / 鲁斌主编 . --- 北京:北京邮电大学出版社,2020.1
ISBN 978-7-5635-5993-0

Ⅰ. ①编⋯ Ⅱ. ①鲁⋯ Ⅲ. ①编译程序—程序设计 Ⅳ. ①TP314

中国版本图书馆 CIP 数据核字(2020)第 012405 号

书　　名:编译原理与实践	
责任编辑:张珊珊	
出版发行:北京邮电大学出版社	
社　　址:北京市海淀区西土城路 10 号(邮编:100876)	
发 行 部:电话:010-62282185　传真:010-62283578	
E-mail:publish@bupt.edu.cn	
经　　销:各地新华书店	
印　　刷:保定市中画美凯印刷有限公司	
开　　本:787 mm×1 092 mm　1/16	
印　　张:14.5	
字　　数:376 千字	
版　　次:2020 年 1 月第 1 版　2020 年 1 月第 1 次印刷	

ISBN 978-7-5635-5993-0　　　　　　　　　　　　　　　　　　　　定　价:36.00 元

前　　言

编译技术作为计算机及其相关学科的基础课程之一,经过多年的发展,现已成为一门理论体系完备、实践技术可行的专业核心课程。对于编译技术的学习,其价值不仅仅在于掌握了一门课程知识,更有助于加深对计算机软硬件系统的认识和理解,树立大型系统软件开发的思路和体系,有助于学生基本计算机素养的培养和提高。

当前,已出版的编译教材不在少数,有些以原理介绍为主,有些以技术介绍为主,还有一些则以编程实践为主,当然,也存在着二者或三者相结合的情况,它们中不乏佼佼者。严格来说,把编译划分为原理型、技术型和实践型其实很难做到,因为它们是一种互为依托、相辅相成的关系,离开谁都不全面。但是,大家共有的认识是:理论必须与实践相结合,使学生既懂基本的原理,又能够掌握主要的技术,更重要的是能够将所学应用于实践当中。如何在有限的学时中达到上述目的,重新组织和安排内容体系结构,按照认知的基本规律,有条理、有逻辑地逐步分析编译内涵,是本书撰写的主要目的。

本书是一部综合、全面、实用的编译技术教材,反映了作者多年来的教学思路和经验,经过反复推敲、几易其稿后得以成文。与已出版的同类书籍相比,具有贴近教学、层次分明、体系完整等特点和教学参考价值,具体体现在以下三个方面。

(1)贴近教学。编译的精髓在于做到原理、技术与实践方法的融会贯通,而非只知其一。若想做到这一点,就有限的学时而言,确实是一件很困难的事情。这就需要在充分理解编译内涵的基础上,对众多的编译技术知识重新梳理,归纳总结,详略得当、重点分明、通俗易懂地安排教学内容。这正是本书撰写的整体思路。

(2)层次分明。本书是对作者长期教学与实践经验的良好总结,在知识点的逻辑结构上按照层次化的教学理念,围绕横纵两条主线将编译系统逐步解剖开来。横向上,按照编译程序的工作过程组织章节,纵向上按照先原理,再技术,然后实践方法的顺序安排内容,从而使读者学习思路清晰,不仅知其然,而且知其所以然,由浅入深,循序渐进,以适合教与学。

(3)体系完整。本书特别强调知识与能力结合,理论与实用并重。在讲授基本原理和技术的同时,也讲授相关的实践知识,力图培养读者扎实的动手实践能力,使读者能够深入地运用所学技术进行编译程序的设计与开发。

本书力求达到如下目标。

(1)使读者系统而全面地掌握编译各个阶段的基本原理、技术和实践方法。

(2)层次化的章节组织、通俗易懂的文字描述,使学习过程不再枯燥难懂,而变得简单易学。

(3)贯穿全书的样本语言编译器的设计和实现过程使读者运用编译技术时能够得心应手。

本书在内容的安排上,首先简洁明了地介绍了编译技术所涉及的基本知识和高级语言的语法描述方法,然后按照编译程序的工作过程逐步介绍编译各个阶段的主要内容,具体包括:词法分析、语法分析、语义分析与中间代码生成、符号表与运行时存储空间组织、代码优化以及目标代码生成等。上述安排能够有效地帮助读者系统地理解和掌握编译的主要知识和技术。

本书由鲁斌主编,并负责前两章的撰写工作;第 3 章由岳燕编写;第 4、5 章由李继荣编写;第 6、7 章由黄建才编写;最后两章由闫蕾编写;鲁斌负责统稿。

由于编者水平有限,错误之处在所难免,恳请广大读者批评指正。

编　者

"北邮智信"App 使用说明

目　　录

第1章 绪 论

高级语言编译程序是计算机最为重要的系统软件之一。任何一门高级语言若想真正在计算机上被执行,都必须通过相应的翻译程序将其翻译为机器语言才行。翻译程序的典型代表是编译程序,开发编译程序所涉及的有关原理、方法和技术具有普适性的特点,广泛应用于与计算机相关的各个领域之中,因此,学习编译技术具有十分重要的理论意义和应用价值。本章首先介绍编译程序的基本概念和应用,然后介绍编译的过程与结构,最后对编译程序的构造方法进行简单说明。

1.1 编译程序简介

世界上最早的编译程序是 20 世纪 50 年代中期研制成功的 FORTRAN 语言编译程序。那时,人们普遍认为设计和实现编译程序是一件十分困难的事情。后来,为了改善这种状况,人们花费了大量时间来研究编译程序的自动构造技术,开发出了用于词法和语法分析的自动生成工具 Lex 与 Yacc。在 20 世纪 70 年代后期和 80 年代早期,许多项目都致力于编译程序其他部分的自动生成,其中也包括了代码生成的自动化。

为什么需要
编译程序

经过半个多世纪的不懈努力,编译理论与技术得到迅速发展,现在已形成了一套较为成熟的、系统化的理论和方法,并且开发出了为数不少的、优秀的编译程序的实现语言、环境与工具,在此基础上设计并实现一个编译程序不再是高不可攀的事情。

目前,编译程序的发展与复杂的程序设计语言的发展密切结合,编译程序也已成为交互式开发环境(IDE)的一个核心组成部分。随着多处理机和并行技术、并行语言的发展,将串行程序转换成并行程序的自动并行编译技术正在深入研究之中。另外,嵌入式应用的快速增长也极大地推动了编译技术的飞速发展。同时,对系统芯片设计方法和关键 EDA 技术的研究也带动了 VHDL 等专用语言及其编译技术的不断深化。

1.1.1 编译概述

计算机系统中的语言可以分为 3 个层次:机器语言(Machine Language),汇编语言(Assembly Language)以及高级语言(High-level Language)。计算机刚出现时,人们编写程序使用的是机器语言。用机器语言编程费时、费力、难度大,因此,很快就被汇编语言取而代之。汇编语言以助记符的形式表示指令和地址,与机器语言相比尽管程序开发的难度有所降低,但仍与人类的思维方式相差甚远,不易阅读和理解,并且严格依赖于机器,在一种机器上编写的代码应用于另一种机器时必须完全重写。高级语言的出现拉近了人类思维和计算机语

程序设计
语言分类

1

言间的距离,使得编写高级语言程序就如同书写自然语言一般,并且与机器无关。

　　然而,只有机器语言程序才能直接在计算机上执行,因此,必须寻找一种方法,能够将高级语言和汇编语言程序转换为对应的机器语言程序,这种方法就是翻译。通常所说的**翻译程序**(Translator)是指能够把某一种语言(称为**源语言**,Source Language)书写的程序转换成另一种语言(称为**目标语言**,Target Language)书写的程序,而后者与前者在逻辑上是等价的。如果源语言是诸如FORTRAN、Pascal、C或Java这样的"高级语言",而目标语言是诸如汇编语言或机器语言之类的"低级语言",则称这样的翻译程序为**编译程序**(Compiler)或**编译器**。

编译器的作用

　　根据用途和功能上的不同,编译程序可以分为以下几种类别。专门用于帮助程序开发和调试的编译程序称为**诊断编译程序**(Diagnosic Compiler)。着重于提高目标代码运行效率的编译程序叫作**优化编译程序**(Optimizing Compiler)。运行编译程序的计算机称为**宿主机**,而运行编译程序所产生目标代码的计算机则称为**目标机**。如果一个编译程序产生不同于其宿主机的目标代码,则称其为**交叉编译程序**(Cross Compiler)。如果不需要重写编译程序中与机器无关的部分就能改变目标机,则称该编译程序为**可变目标编译程序**(Retargetable Compiler)。目前,很多编译程序具备多种功能,往往是上述不同类型编译程序的集合体,用户只需简单地通过选项设置即可实现不同功能。

动画:编译程序
的作用

　　高级语言易编程、易调试、效率高的特点使得程序员开发程序成为一件相对轻松的事情,然而高级语言源程序要想在计算机上最终被执行,除了需要编译程序的处理外,还需要预处理程序、汇编程序以及装配连接程序等的相互配合才能达到目的。一个典型的高级语言程序的处理过程如图1-1所示。

　　其中,**预处理程序**(Preprocessor)是指既能够将位于不同文件中的源程序模块汇集在一起,又能够将源程序中的宏语句展开为原始语句并加入源程序中的程序。**汇编程序**(Assembler)是把汇编语言程序转换为机器语

高级语言程序
的处理过程

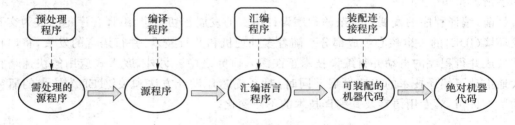

图1-1　高级语言程序的处理过程

言程序的程序。**装配连接程序**(Loader-linker)是指将可装配的机器代码进行装配连接得到绝对机器代码的程序。预处理结束后,源程序经过编译过程生成目标程序,对于图1-1所示的汇编语言目标程序,需要经过汇编过程转换为可装配的机器代码,再经装配连接过程才能得到真正可执行的绝对机器代码。

　　高级语言除了可以"编译"执行外,也可以"解释"执行。**解释程序**(Interpreter)是指按高级语言程序的语句执行顺序边翻译边执行相应功能的程序。编译程序和解释程序的主要区别如下:

编译 VS 解释

（1）编译程序将整个源程序翻译为目标程序之后再执行，而且目标程序可以反复执行。

（2）解释程序对源程序逐句地翻译执行，不产生目标程序。若需再次执行，则必须重新解释源程序。

本书重点介绍编译程序的基本原理、方法和技术，至于解释程序则不做专门探讨。但是，书中有关编译程序的构造与实现技术同样也适用于解释程序。

编译型语言执行流程

混合型语言执行流程

解释性语言执行流程

1.1.2 编译技术的重要性

高级语言的不断向前发展促使编译程序日益完善起来，现已形成了一套系统化的理论和方法。学习编译技术对于提高计算机软硬件素养均具有举足轻重的作用，主要体现在如下几个方面：

（1）有助于深刻理解和正确使用程序设计语言。学习编译技术之前，读者在开发程序时仅仅能够按照语法规则来编写代码，缺乏对语言机理的深入理解，只知其"形"，不知其"神"。例如，全局变量和局部变量的本质区别是什么？函数的递归调用又是如何实现的？诸如此类的问题，通过学习编译技术都可以得到很好的解答，从而有助于读者深刻理解和正确使用程序设计语言。

ACM 图灵奖在程序语言及编译方面的获奖历程

（2）有助于加深对整个计算机系统的理解。在目标代码的生成过程中，编译程序的内容涉及计算机内部的组织结构和指令系统，也涉及计算机的动态存储管理，还有可能涉及操作系统方面的知识。可以形象地说，编译程序如同一根红线，它把程序语言、算法与数据结构、计算机组成、指令系统以及操作系统等各方面的知识串联起来，使读者通过学习编译技术能够加深对整个计算机系统的理解。

（3）编译程序的设计与开发技术具有普适性。本书在讲述编译技术时采用的是"自顶向下""逐步求精"的结构化程序设计思想，将整个编译程序划分为几个相对独立的功能模块分别予以介绍，从而将复杂的问题简单化。这样做既便于读者掌握各模块的构建方法和技术，又能够有效地保证程序的正确性、可靠性和可维护性。这种程序设计技术同样可用于其他软件的设计与开发之中。

（4）编译技术的应用越来越广泛。编译技术不仅仅应用于编译器的开发当中，还广泛应用于文本编辑、程序调试、语言转换以及排版系统等领域内。近年来，随着微处理器技术的飞速发展，处理器性能的好坏在很大程度上取决于编译器的质量。因此，编译技术当之无愧地成了计算机的核心技术，地位变得越来越重要。

1.1.3 编译技术的应用

编译技术的应用领域很广，最为典型的当属程序设计语言方面。为了提高编程的效率，缩短调试的时间，确保程序的可靠性，软件工作者研发了不少用于程序语言处理方面的工具。开发这些工具不同程度地应用了编译程序各个部分的方法和技术，具体表现在以下 4 个方面。

（1）结构化的程序编辑器。这种编辑器除了具备基本的文本编辑功能外，还能够像编译程序那样对程序文本进行分析，从而使程序的书写规范化。代表性的软件工具有 Editplus 和

Ultraedit 等。

（2）程序调试工具。结构化编辑器只能解决语法错误的问题，对于一个已经通过编译的程序而言，需要进一步了解程序的执行过程是否满足算法的设计要求，是否实现了预期的功能以及程序的运行结果是否正确等，而这些工作都可以利用调试工具来完成。调试工具的开发主要涉及程序的语法和语义分析技术，调试功能越强大，实现起来就越复杂。

（3）程序测试工具。一般来说，程序的测试工具包括两种，一种是静态分析器，一种是动态测试器。其中，静态分析器用来对程序进行静态的分析，主要工作包括对程序进行语法分析并查填相关表格，检查变量定值与引用的关系等。例如，检查变量是否未定值就引用，或定值后未被引用，或源代码冗余等一些编译程序的语法分析所发现不了的错误。动态测试器通过在程序的合适位置插入一些信息，结合测试用例来记录程序的实际执行路径，并将运行结果与期望的结果进行比较分析，以此来帮助程序开发人员查找所存在问题。C 语言的测试工具就属于这种类型。

（4）语言转换工具。计算机硬件的逐步更新换代推动着程序设计语言顺应时代潮流，与时俱进，不断向着更新、更好的方向迈进，同时，程序设计语言的推陈出新也为提高计算机的使用效率提供了良好的条件。然而，如何把一些常用软件或重要软件在无须重新编程的前提下就能在新的机器和语言环境下使用起来，成为一个十分关键的问题。为了避免重新编制程序所带来的人力和时间耗费，一种可行的解决途径就是将一种高级语言程序自动转换成另一种高级语言程序。当然，这种方法也适用于汇编语言程序向高级语言程序的转换。转换工具的开发要用到程序的词法和语法分析技术，最终生成的目标语言是另一种高级语言，而非编译程序所生成的汇编语言或机器语言。

1.2　编译程序的结构及编译过程

编译程序的工作，从输入源程序开始到输出目标代码为止的整个过程，是非常复杂的。图 1-2 给出了一个典型的编译程序的结构，从图中可以看出，一个完整的编译程序主要包含 7 个功能模块，分别是：词法分析器、语法分析器、语义分析与中间代码生成器、代码优化器、目标代码生成器，以及表格管理模块和错误处理模块。

编译器的组成

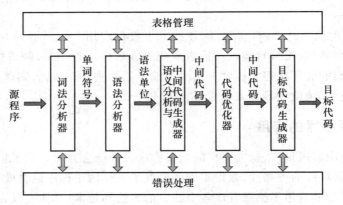

图 1-2　编译程序的结构

从工作过程角度分析,可将编译程序的工作过程划分为 5 个阶段:词法分析阶段、语法分析阶段、语义分析与中间代码生成阶段、代码优化阶段以及目标代码生成阶段。每个阶段分别与除表格管理和错误处理之外的编译模块相对应,完成不同的任务,并且各个阶段所做的操作在逻辑上是紧密相关的。编译过程尽管复杂,但与人们进行自然语言之间的翻译有许多相似之处,可以将二者进行比较,进而加深对编译过程的理解和认识。例如,把英文句子翻译为中文时,其过程与编译过程的相似情况如表 1-1 所示。

编译 VS 英译

动画:编译程序
的处理过程

表 1-1　英文翻译与编译过程的比较

序号	英文翻译	编译过程
1	识别句子中的单词	词法分析
2	分析句子的语法结构	语法分析
3	初步翻译句子的含义	语义分析与中间代码生成
4	译文修饰	代码优化
5	写出最终译文	目标代码生成

词法分析是实现编译器的基础,语法分析是实现编译器的关键,只有语法结构正确,才能进行正确的翻译。然而,上述编译过程的 5 个阶段只是一种典型的分法,实际上,并非所有的编译程序都分成这 5 个阶段。有些编译程序不提供优化功能,那么优化阶段就可以省去;有时为了提高编译速度,中间代码产生阶段也可以省去;甚至有些编译程序简化到在语法分析的同时直接产生目标代码。尽管如此,多数实用的编译程序其工作过程大都与上面所说的那 5 个阶段相一致,本书将按照这个顺序来讲述编译程序各个阶段涉及的基本理论、方法和技术。

编译过程

1.2.1　词法分析器

词法分析器,又称为扫描器(Scanner),功能是输入源程序,进行词法分析,输出单词符号。

每种高级语言都规定了允许使用的字符集,常见的字符有大写字母 A～Z、小写字母 a～z,数字 0～9、＋、－、＊、/等。高级语言的单词符号(简称为单词)都由定义在字符集上的符号构成,它们都是语言中有意义的最小单位。单词一般分为 5 种,分别是:保留字、标识符、常数、运算符和界符。

例如,对于如下的 Pascal 程序片段:

```
var x, y, z : real;

x := y + z * 60;
```

词法分析器将从左到右扫描输入的字符流,识别出一个个单词符号,并输出其内部表示形式,如表 1-2 所示。

表 1-2 程序中的单词符号

序号	类型	单词	内部表示	序号	类型	单词	内部表示
1	保留字	var	$ var	10	标识符	x	id
2	标识符	x	id	11	运算符	:=	:=
3	界符	,	,	12	标识符	y	id
4	标识符	y	id	13	运算符	+	+
5	界符	,	,	14	标识符	z	id
6	标识符	z	id	15	运算符	*	*
7	界符	:	:	16	常数	60	int
8	保留字	real	$ real	17	界符	;	;
9	界符	;	;				

为便于区分，x、y、z 的内部形式分别用 id_1、id_2 和 id_3 来表示，常数 60 的内部形式则用 int_1 来表示，于是上述程序片段经过词法分析后的输出为：

$ var id_1 , id_2 , id_3 : $ real;

id_1 := id_2 + id_3 * int_1 ;

一般来说，词法分析器还要求将识别出来的名字填入符号表，以备后续阶段使用。单词符号是语言的基本组成单位，是用户理解和编写程序的基本要素。识别和理解这些要素同样也是自然语言翻译的基础，正如将英文翻译成中文一样，如果对英语单词不理解，那就谈不上正确的翻译。词法分析器主要依据语言的词法规则进行工作，描述词法规则的有效工具主要是正规式和有限自动机，这些内容将在第 3 章中进行详细介绍。

1.2.2 语法分析器

语法分析器，简称分析器（Parser），功能是依据语法规则对单词符号串进行语法分析（推导或归约），从而识别出各类语法单位，最终判断输入串是否构成语法上正确的"程序"。

语法分析是在词法分析的基础上，将单词符号组成各类语法单位（又称作语法范畴），如"表达式""语句"和"程序"等，并通过语法分析来确定整个输入串是否构成语法上正确的"程序"。语法分析过程可以形象地用语法树表示出来，例如，单词符号串"id_1 := id_2 + id_3 * int_1"经过语法分析后可以确定是一个赋值语句，该赋值语句可以表示为如图 1-3 所示的语法树。

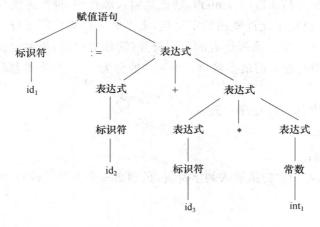

图 1-3 语句 id_1 := id_2 + id_3 * int_1 的语法树

语法分析所依据的是语言的语法规则,而赋值语句和表达式的语法规则可定义如下:

(1) 赋值语句的语法规则:标识符:=表达式。

(2) 表达式的语法规则:

① 任何标识符是表达式;

② 任何常数是表达式;

③ 若表达式1和表达式2都是表达式,则表达式1+表达式2、表达式1＊表达式2都是表达式。

图1-3 中的语法树就是依据上述规则生成的。语言语法的描述一般采用的是上下文无关文法(参见第2章),分析过程则采用自上而下或自下而上语法分析方法实现,具体内容将在第4章和第5章中进行介绍。

1.2.3　语义分析与中间代码生成器

语义分析与中间代码生成器,功能是按照语义规则对语法分析器识别出的语法单位进行语义分析并把它们翻译成一定形式的中间代码。

这一阶段通常包括两方面的工作。一方面,对语法分析所识别出的各类语法单位进行静态语义检查,例如,变量是否定义、类型是否匹配等。另一方面,如果语义正确,则根据语法单位的类型分类进行处理。若为说明语句,则将变量的类型等属性填入符号表;若为可执行语句,则将其翻译为中间代码。

所谓**中间代码**(Intermediate Code),是指一种含义明确、便于处理的记号系统。通常具有硬件无关性,但与现代计算机的指令形式非常相似,很容易转换成特定计算机的机器指令。例如,许多编译程序采用了一种与"三地址指令"非常相似的"四元式"作为中间代码,其形式是:

$$(序号)(op, arg_1, arg_2, result)$$

其中,op 表示运算符,arg_1 表示左操作数,arg_2 表示右操作数,result 表示运算结果。与之等价的三地址指令表示如下:

$$result := arg_1 \ op \ arg_2$$

语义分析和中间代码生成阶段的工作通常穿插在语法分析过程中来完成,因此,语义分析程序通常可定义为一组语义子程序,以便语法分析器进行调用。每当语法分析器分析出一个完整的语法单位,就会调用相应的语义子程序执行分析和翻译任务。例如,当语法分析器分析完语句"$var\ id_1, id_2, id_3 : $real"后,就会把变量 id_1、id_2 和 id_3 的类型 real(实型)填入符号表中;当对赋值语句"$id_1 := id_2 + id_3 * int_1$"进行分析时,则会一边检查 id_1、id_2、id_3 和 int_1 是否已经定义,类型是否一致,一边生成四元式形式的中间代码序列,如表1-3 所示。

表 1-3　语句 $id_1 := id_2 + id_3 * int_1$ 的中间代码

序号	四元式
(1)	(itr, int_1,　, T_1)
(2)	(＊, id_3, T_1, T_2)
(3)	(+, id_2, T_2, T_3)
(4)	(:=, T_3,　, id_1)

其中，T_1、T_2 和 T_3 是编译期间引进的临时变量；第 1 个四元式表示将整型数 int_1（60）转换为实型数（60.0）并存放于 T_1 中；第 2 个四元式将 id_3 和 T_1 相乘后存放结果于 T_2 中；第 3 个四元式将 id_2 和 T_2 相加后存放结果于 T_3 中；最后 1 个四元式用来将 T_3 的值赋给 id_1。

除了四元式之外，常见的中间代码形式还有后缀式、三元式、间接三元式以及图形表示等。语义分析依据的是语言的语义规则，通常采用属性文法予以表示，而分析方法则采用的是语法制导翻译方法，这些内容将在第 6 章中进行介绍。

1.2.4　代码优化器

代码优化器的功能是对中间代码进行优化处理。

优化的任务在于对产生的中间代码进行等价变换，以期最终能够生成时间和空间方面更为高效的目标代码。其目的主要是提高运行效率，节省存储空间。可以将优化分为两类：一类是与机器无关的优化，主要是针对中间代码进行的，包括局部优化、循环优化和全局优化等；一类是与机器有关的优化，主要是在生成目标代码时进行的，涉及如何分配寄存器以及如何选择指令等。

对于表 1-3 的中间代码，优化前和优化后的差异如图 1-4 所示。

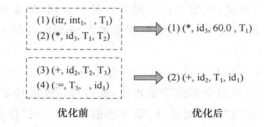

图 1-4　语句 $id_1 := id_2 + id_3 * int_1$ 的中间代码的优化

从图中可以看出，4 个四元式构成的中间代码序列经过优化后变换成了 2 个四元式构成的中间代码序列，其中，前两个四元式合二为一，后两个四元式也合二为一。之所以能够这样做，是因为：代码优化器发现第 1 个四元式只是简单地做了常数 int_1 的类型转换工作，完全没有必要单列 1 个四元式，可以将转换结果直接放到第 2 个四元式中；同样，第 4 个四元式也只是简单地做了变量的赋值工作，也没有必要单独写成 1 个四元式，可以将第 3 个四元式的结果直接赋值给 id_1。尽管优化后仅剩下了 2 个四元式，但与优化前的 4 个四元式功能完全一致，从而说明优化过程是合理的。

下面我们再看一个较为复杂的例子。对于如下的 Pascal 程序片段：

```
for k：= 1 to 100 do for k：= 1
begin
    m：= i + 10 * k;
    n：= j + 10 * k
end；
```

优化前和优化后的中间代码变换情况如表 1-4 所示。

表 1-4 中间代码的优化

序号	优化前的四元式	序号	优化后的四元式
(1)	(:=, 1, , k)	(1)	(:=, 1, , k)
(2)	(j<, 100, k, (9))	(2)	(:=, i, , m)
(3)	(*, 10, k, T_1)	(3)	(:=, j, , n)
(4)	(+, i, T_1, m)	(4)	(j<, 100, k, (9))
(5)	(*, 10, k, T_2)	(5)	(+, m, 10, m)
(6)	(+, j, T_2, n)	(6)	(+, n, 10, n)
(7)	(+, k, 1, k)	(7)	(+, k, 1, k)
(8)	(j, , ,(2))	(8)	(j, , ,(4))
(9)	……	(9)	……

明显可以看出,优化后最终得到的目标代码的执行效率肯定会提高很多,原因是:优化前的中间代码的循环中需做 300 次加法和 200 次乘法,然而优化后的中间代码的循环中只需做 300 次加法;并且,对于大多数硬件来说,加法运算的执行时间要比乘法运算的执行时间短得多。

代码优化的主要依据是程序的等价变换原则。常用的优化方法主要包括合并已知量、删除公共子表达式、删除无用代码、代码外提等,这些内容将在第 8 章中予以介绍。

1.2.5 目标代码生成器

目标代码生成器,功能是把中间代码翻译成目标代码。

目标代码生成的任务是把中间代码(或优化后的中间代码)变换成特定机器上的低级语言代码。低级语言代码主要包括绝对机器代码、可重定位的机器代码以及汇编语言代码,本书的目标代码形式采用的是汇编语言代码。这一阶段的工作依赖于机器的硬件系统结构和机器指令的含义,非常复杂,涉及硬件系统功能部件的运用、机器指令的选择、各种数据类型变量的存储空间分配以及寄存器的分配和调度等。

若以 8086 汇编指令代码作为目标代码形式,则图 1-4 中优化后的中间代码经过目标代码生成器的处理后将生成如表 1-5 所示的目标代码。

表 1-5 语句 $id_1 := id_2 + id_3 * int_1$ 的目标代码

目标代码	等价运算
mov AX, id_3	AX := id_3
mul AX, 60.0	AX := AX * 60.0
mov BX, id_2	BX := id_2
add BX, AX	BX := BX + AX
mov id_1, BX	id_1 := BX

表中第 1 条汇编指令用来将 id_3 的内容放到寄存器 AX 中;第 2 条指令将 AX 的值与常数 60.0 相乘,结果仍然放在 AX 中;第 3 条指令将 id_2 的内容放到寄存器 BX 中;第 4 条指令将 BX 的值与 AX 的值相加,结果放在 BX 中;最后一条指令将结果保存到 id_1 中,从而实现了赋值语句 $id_1 := id_2 + id_3 * int_1$ 的全部功能。有关目标代码生成的具体方法将在第 9 章中进行

详细介绍。

1.2.6 表格管理

编译程序在工作过程中需要管理一系列的表格,以登记源程序的各类信息和编译各阶段的进展情况。合理地设计和使用表格对构造编译程序来说十分重要。在编译程序所使用的表格中,最重要的是符号表,其作用是登记源程序中出现的所有名字以及名字的各种属性。例如,名字可以是变量名、常量名或者过程名等。如果是变量名,就要考虑它的类型是什么、所占内存有多大、地址是什么等内容。通常,当遇到名字的定义性语句时,编译程序会把名字的各种属性填入到符号表中;而当遇到名字的使用性语句时,则要对名字的属性进行查证。

需要注意的是,当扫描器识别出一个名字(标识符)后,将会把该名字填入到符号表中,但此时并不能够确定名字的全部属性,这些属性要在后续编译的各个阶段才能逐步补充完整。例如,名字的类型等信息要在语义分析时才能确定,而名字的地址信息可能要到目标代码生成时才能确定。

因此,编译程序的各阶段都将或多或少地涉及表格的构造、查找与更新,有关表格管理方面的内容详见第 7 章。

1.2.7 错误处理

错误处理能力的高低一定程度上体现了编译程序质量的优劣,编译程序的主要任务之一就是尽可能多地发现源程序中存在的错误,并且提供详细的错误信息,包括错误的性质和发生错误的位置,甚至给出修改建议,以便用户查找和改正。

编译过程的每个阶段都有可能检测出错误,而且绝大多数错误可以在前三个阶段检测出来。通常,源程序中的错误分为语法错误和语义错误两大类。语法错误是指源程序中不符合语法规则或词法规则的错误,它们可在词法分析或语法分析阶段检测出来。例如,"非法字符"之类的错误可在词法分析时检测出来,而"括号不匹配""缺少;"之类的错误可在语法分析时检测出来。语义错误是指源程序中不符合语义规则的错误,一般可在语义分析阶段检测出来,然而有的语义错误却要在运行时才能检测出来。例如,说明错误、作用域错误、类型不一致等错误可在语义分析时检测出来。

由于编译程序的各阶段都存在着错误处理需求,因此,有关错误检测和处理的具体方法将在后续章节穿插予以介绍。

1.2.8 常见术语

1. 遍

编译过程的 5 个阶段是从逻辑功能上进行划分的,具体实现时,受不同语言、设计要求、使用对象和计算机条件(如内存大小)的限制,往往将编译程序组织为若干遍的处理过程。所谓**"遍"**(Pass),指的是对源程序或源程序的中间结果从头到尾扫描一次并完成规定任务的过程。通常,每遍的工作由从外存上获得前一遍的中间结果开始,完成有关工作之后再把结果存放于外存。但是,对于第一遍而言,从外存上获得的是源程序,而非源程序的中间结果。例如,词法分析器对源程序进行扫描并生成 token 文件,同时进行必要的符号登记工作;语法分析器再对token 文件进行扫描,构造语法分析树。上述过程均可作为单独的一遍进行处理。

对于编译程序而言,究竟一遍处理好,还是多遍处理好,往往是不定的。既可以将几个不同的编译阶段合为一遍,也可以把一个阶段的工作分为若干遍来处理。例如,我们可以把词法分析、语法分析、语义分析与中间代码产生这 3 个阶段安排成一遍,此时,语法分析器处于核心位置,当它需要下一个单词符号时,就会调用词法分析子程序,一旦识别出一个语法单位时,就会调用语义分析子程序来完成语义分析工作并生成相应的中间代码。

遍数多尽管使得整个编译程序的逻辑结构更加清晰,但势必增加一些不必要的输入输出操作,不仅浪费时间,而且浪费空间。因此,只要计算机条件许可,一般还是遍数少一点为好。应当注意的是,并不是每种语言都可以用单遍编译程序来实现的。

2. 编译前端与后端

编译程序有时也可划分为编译前端和后端。**前端**(Front End)主要由与源语言有关但与目标机无关的那些部分组成,通常包括词法分析、语法分析、语义分析和中间代码生成以及部分代码优化工作;**后端**(Back End)主要由与源语言无关但与中间语言和目标机有关的部分组成,包括部分代码优化和目标代码的生成。

上述划分的好处在于:可以取某一编译程序的前端,配上不同的后端,就能构成同一源语言在不同机器上的编译程序,这样就可实现编译程序的目标机的改变;若用不同的前端配上一个共同的后端,就可以为同一机器生成不同语言的编译程序。

为了使编译程序的目标机可以改变,通常需要定义一种良好的中间语言作为支持。例如,在 Java 语言环境里,为了使编译后的程序能从一个平台移到另一个平台上来执行,Java 定义了一种中间代码,称为虚拟机代码(Bytecode)。只要实际使用的操作平台上存在执行 Bytecode 的 Java 解释器,该操作平台就可以执行各种 Java 程序。这就是常说的 Java 语言的操作平台无关性。

1.3 编译程序的构造

编译程序的构造方法很多,但都必须掌握如下三个方面作为前提,它们是:

(1)源语言。这是编译程序处理的对象,如 FORTRAN、Pascal 和 C 等。对被编译的源语言要深刻理解其词法、语法和语义规则,以及有关的约束和特点。

(2)目标语言与目标机。这是编译程序处理的结果和运行环境。由于目标语言是汇编语言或机器语言,因此,必须对硬件系统结构、操作系统功能、指令系统等十分清楚。

(3)编译方法与工具。这是生成编译程序的关键。必须准确掌握把用一种语言编写的程序翻译为用另一种语言书写的程序的方法之一,同时应考虑所使用的方法与既定的源语言和目标语言是否相符、构造是否方便、时空是否高效、方案是否可行以及代价是否合算等诸多因素,并尽可能地使用已有的、易用的生成工具。

构造编译程序可以采用任意一种语言来实现。早期时候,受条件限制,人们只能用机器语言或汇编语言进行手工编写。目前,为了充分发挥硬件资源的效率,满足各种不同的要求,许多人依然采用低级语言编写编译程序。然而,由于编译程序本身十分复杂,用低级语言编写效率较低,因此,现在越来越多的人使用高级语言来编写编译程序,从而节省了大量的编程时间,并且程序具有易读、易修改和便于移植的优点。概括起来,编译程序的构造方法主要有以下5 种:

(1)直接用机器语言或汇编语言编写。常用于编译程序核心代码的编写。

(2)用高级语言编写编译程序。这是最普遍的方法。

（3）自编译（自展）方式。先对语言的核心部分构造一个小小的编译程序（可以用低级语言来实现），再以它为工具构造一个能够编译更多语言成分的较大的编译程序，如此扩展下去，就像滚雪球一样，越滚越大，最终形成人们所期望的整个编译程序。

（4）用编译工具自动生成部分或整个程序。有些工具能用于自动产生扫描器（如 LEX），有些可用于自动产生语法分析器（如 YACC），有些甚至可用来产生整个编译程序，这些都是以对源程序和目标语言（或机器）的形式描述作为输入来自动产生编译程序的。

（5）移植。将某种语言的编译程序从一种类型的机器转移到另一种类型的机器上并能正常运行的过程。

编译程序是一个复杂的大型系统软件，其开发过程必须遵循软件工程的思想和方法，本书后续章节的安排正是按照这一原则，采用自顶向下、逐步求精的方法逐步展开的。事实证明，学习编译技术最好的方法就是理论与实践相结合，因此，本书除了按照 1.2 节所说的编译过程的各个阶段来逐步讲解编译程序的基本原理、方法和技术外，还将一个自定义的小型编译器的实现过程贯穿其中。这样做不仅使得每章内容自成体系，首尾呼应，从基本原理的描述到相应代码的实现均囊括其中，而且能够使读者学完本书后即可达到完整实现一个小型编译器的目的，从而使理论学习与实践应用很好地融为一体，这才是编译技术这门课的最终目的和要求。

鲸书　　　　　　　　　　龙书

1.4　本章小结

本章主要讲述了编译程序的基本概念、编译程序的结构以及编译程序的构造方法等内容。重点应掌握什么是编译程序，编译程序的基本工作过程和任务，了解编译技术的重要性和应用情况，以及编译程序的构造方法等。

1.5　习　　题

1. 名词解释：
翻译程序、编译程序、解释程序、遍、前端、后端
2. 高级语言程序有哪两种翻译方式？其特点是什么？阐述其主要异同点。
3. 编译技术的重要性是如何体现出来的？
4. 编译技术可应用在哪些领域？
5. 编译程序有哪些主要构成成分？各自的主要功能是什么？
6. 编译过程可分为哪些阶段？各个阶段的主要任务是什么？
7. 编译程序的构造需要掌握哪些原理和技术？
8. 编译程序的构造方法主要有几种？

第2章 高级语言及其语法描述

学习和构造编译程序的一个重要前提就是理解高级程序设计语言的语法结构及其定义方法。目前,世界上常用的高级语言多达几十种,甚至上百种,从应用的角度看各有侧重。高级语言的语法结构都是通过文法进行描述的,本章将首先概述高级语言的定义与一般特性,然后详细介绍高级语言语法的形式化文法描述方法,从而为后面的学习打下基础。

2.1 高级语言简介

如同自然语言一样,高级程序设计语言主要由语法和语义两个方面定义,有时,语言定义也包含语用信息。语用指的是有关程序设计技术和语言成分的使用方法,它在语言的基本概念与语言的外界之间建立了联系。这里将重点讨论语法和语义方面的知识。

2.1.1 高级语言的定义

任何语言程序都可以看成是一定字符集(称为字母表)上的一个字符串(有限序列)。但是,只有满足语法要求的字符串才是一个合适的程序。所谓一个语言的**语法**,是指一组可以形成和产生合式程序的规则,包括词法规则和语法规则两个部分。**词法规则**是指单词符号的形成规则,而**语法规则**是指语法单位的形成规则。

例如,字符串"25 * x+y"通常被看成是由常数 25、标识符 x 和 y,以及算符 * 和＋所组成的一个表达式。其中,常数 25、标识符 x 和 y、算符 * 和＋称为语言的单词符号,而表达式"25 * x+y"则称为语言的一个语法范畴或语法单位。

对于一个语言来说,不仅要给出它的词法和语法规则,而且要定义它的单词符号和语法单位的意义,即所谓的语义问题。离开语义,语言只不过是一堆符号的集合。所谓一个语言的**语义**,是指一组可以定义程序意义的规则,这些规则称为**语义规则**。

在许多语言中,形式上完全相同的语法单位其含义却不尽相同。对于编译程序来说,只有了解了程序的语义,才能知道应该把它翻译成什么样的目标指令代码。

高级语言定义

2.1.2 高级语言的一般特性

下面将从语言的分类、程序结构、数据类型以及语句形式等 4 个方面讨论高级程序设计语言最基本的、共有的技术特性。

1. 高级语言的分类

从语言的范型角度来看,可以把大多数程序设计语言划分为 4 种类型。

(1) 强制式语言(Imperative Language)

强制式语言也称作过程式语言,具有命令驱动、面向语句的特点。一个强制式语言的程序

高级语言
一般特性

是由一系列的语句组成的,每个语句的执行将引起若干存储单元的值的改变。许多广为应用的高级语言,如 Pascal 和 C 等,就属于这种语言。这种语言的语法通常具有如下的形式:

语句 1;

语句 2;

⋮

语句 n;

（2）应用式语言（Applicative Language）

应用式语言也称作函数式语言,它更注重程序所表示的功能,而非一个语句接一个语句地执行。这种语言程序的开发过程是从前面已有的函数出发构造出更为复杂的函数,对初始数据集进行操作直至最终的函数可以用于从初始数据计算出最终的结果为止。这种语言的典型代表是 LISP,其语法形式通常是:

函数 n(⋯函数 2(函数 1(数据))⋯)

（3）基于规则的语言（Rule-based Language）

基于规则的语言也称作逻辑程序设计语言,缘于它的基本执行条件是谓词逻辑表达式。这种语言程序的执行过程一般是:对语句的条件进行检查,若条件成立,则执行相应的动作。在这种语言中,最具有代表性的是 Prolog 语言,其语法形式通常为:

条件 1→动作 1

条件 2→动作 2

⋮

条件 n→动作 n

（4）面向对象语言（Object-Oriented Language）

迄今为止,面向对象语言已成为最流行、最重要的高级程序设计语言,它主要的特征是封装性、继承性和多态性等。这种语言把复杂的数据和用于这些数据的操作封装在一起,构成对象,并对简单对象进行扩充或者继承简单对象的特性,从而设计出复杂的对象。这样做的好处是可以使面向对象程序获得强制式语言的有效性,通过作用于规定数据的函数的构造可以获得应用式语言的灵活性和可靠性。

2. 程序结构

就大多数高级语言来讲,其程序结构大致可以分为两种,一种是以若干子程序(过程或者函数等)为主的结构,另一种是以类或程序包等为主的结构。

在以子程序为主的结构中,高级语言最为常见的做法是允许子程序嵌套定义,如 Pascal 语言。因此,一个程序可以看作是操作系统调用的一个子程序,而子程序中又可以定义别的子程序。

在以类或程序包等为主的结构中,面向对象的高级语言最为典型。以 Java 语言为例,类(Class)和继承(Inheritance)是其最为重要的两个概念。使用类可以把有关数据及其操作(方法)封装在一起从而构成一个抽象数据类型,一个子类能够继承它父类的所有数据与方法,并且可以加入自己新的定义。除了类和继承的概念之外,Java 语言还支持多态性(Polymorphism)和动态绑定(Dynamic Binding)等特性。

3. 数据类型

在程序设计语言中,最基本的概念是"数据"。一种语言所提供的数据及其操作方法对这种语言的适用性将产生很大的影响。通常,一个数据类型包括以下 3 种要素:

（1）用于区别这种类型的数据对象的属性；

（2）这种类型的数据对象可以具有的值；

（3）可以作用于这种类型的数据对象的操作。

程序语言的数据类型可以分为初等数据类型、复杂数据类型和抽象数据类型，常见的初等数据类型有：

（1）数值数据。如整数、实数、复数以及这些类型的双长（或多倍长）精度数等，对它们可进行＋、－、＊、／等算术运算。

（2）逻辑数据。多数语言有逻辑型或布尔型数据，对它们可进行 and、or、not 等逻辑运算。

（3）字符数据。有些语言允许有字符型或字符串型的数据，这对于符号处理来说是必需的。

（4）指针类型。这种类型的数据比较特殊，它们的值往往存放的是指向另外一些数据单元的地址。

一般来说，对于程序语言中的数据、函数和过程等对象都得用一个能反映它的本质的有助于记忆的名字来表示和称呼它。名字都是用标识符来表示的，虽然名字和标识符在形式上往往难于区分，但二者是有本质区别的。标识符是一个没有意义的字符序列，而名字却有明确的意义和属性。例如，对于"PI"，有时说它是一个名字，有时又说它是一个标识符。PI 作为标识符时，无非是两个字母的并置，但作为名字时，常常被用来代表圆周率。

名字可被看成是代表一个抽象的存储单元，而此单元的内容则被认为是该名字的**值**。名字不仅有值，还有属性。一个名字的**属性**包括类型和作用域。**类型**决定了它能具有什么样的值，值在计算机内的表示方式以及对它能施加什么运算等；**作用域**则规定了值的存在范围。例如，一个 Pascal 名字的作用域是那个包含此名字的说明的过程，只有当这个过程运行时此名字才有对应的存储单元。

复杂数据类型通常是在初等数据类型的基础上定义得到的，下面介绍几种常见的定义方式。

（1）数组

从逻辑上说，一个数组是由同一类型的数据所组成的一种矩形结构。沿着矩形每一维的距离称为一个下标，每维的下标只能在该维的上、下限之内变动。数组的每个元素可看成是矩形结构中的一个点，其位置可通过给出该维的下标来确定。

（2）记录

从逻辑上说，记录结构是由已知类型的数据组合起来的一种结构，通常含有若干个分量，每个分量称为记录的一个域（Field）。每个域都是一个确定类型的数据，不同域的数据类型可以不同。

（3）表格、栈和队列

有些语言（如 LISP）特别适用于描述表格处理，因此，表格就成为这些语言十分重要的一种数据类型。一个表格实际上是一组记录结构，它的每一栏可以是初等类型的数据，也可以是一个指向别的记录结构的指示器。线性表其实就是一组顺序化的记录结构。

有些语言提供了简单的手段来使程序员可以方便地定义各式各样的栈和队列，然而有些语言（如 Pascal）虽没有明显地提供栈型的数据结构，但栈却是它的程序数据空间的基本组织形式。

为了增加程序的可读性和可理解性,提高可维护性,降低软件设计的复杂性,许多程序设计语言提供了抽象数据类型。一个抽象数据类型包括:

(1) 数据对象的一个集合;

(2) 作用于这些数据对象的抽象运算的集合;

(3) 这种类型对象的封装,即:除了使用类型中所定义的运算外,用户不能对这些对象进行其他操作。

在常用的程序设计语言中,C++和Java等语言通过类的形式对抽象数据类型提供支持。

4. 语句形式

高级程序设计语言除了提供数据的表示、构造和运算外,还必须提供可执行的语句。下面就对常见的语句形式做一说明。

(1) 表达式

一个表达式是由运算量(也称作操作数,即数据引用或函数调用)和运算符组成的。例如,算术表达式"$a+b$"是由二元(二目)运算符"$+$"、运算量"a"和"b"(数值数据)组成的,a 和 b 分别称为算符$+$的左、右运算量(左、右操作数)。

表达式一般采用如下的定义方式:

① 变量和常数是表达式;

② 若 E_1 和 E_2 为表达式,θ 是一个二元算符,则 $E_1\theta E_2$ 是表达式;

③ 若 E 是表达式,θ 为一元算符,则 θE 是表达式;

④ 若 E 是表达式,则 (E) 是表达式。

表达式中算符的运算顺序和结合性的约定大多和通常的数学习惯相一致。例如,算数表达式运算过程一般都遵循"先乘除后加减,乘幂更优先"的规定,而对于同级算符,优先规则视具体情况来定,可采用左结合(先左后右)或右结合(先右后左)的运算顺序。

(2) 赋值语句

赋值语句的语法结构在不同的高级语言中可能略有不同,但其语义却基本相同。对于如下所示的一个赋值语句:

$$a := b$$

其中,a、b 表示变量名。一般来说,每个名字具有两重含义:一方面它代表的是某个存储单元的地址(称为名字的左值),另一方面它又以该单元的内容为值(称为名字的右值)。针对上述赋值语句,其意义是:把 b 的值送入 a 所代表的存储单元中。从中可以看到,赋值号"$:=$"的左、右两边的变量名分别扮演着两种不同的角色,左边的 a 表示存储单元的地址,右边的 b 表示值。

(3) 控制语句

控制语句的作用是控制程序的执行顺序,不同语言的控制语句形式有所不同。在高级语言中,控制语句的形式即使完全相同,其语义也可能有所不同,因此,必须清楚地了解这些语句在不同语言中的语义。就大多数语言来说,控制语句一般具有如下的形式:

条件语句

    if A then S

    if A then S_1 else S_2

循环语句

    while A do S

repeat　S　until　A

for　$i := E_1$　step　E_2　until　E_3　do　S

过程调用语句

call　$P(X_1, X_2, \cdots, X_n)$

无条件转移语句

goto L

返回语句

return(E)

（4）说明语句

说明语句的作用在于定义名字的性质。通常,编译程序会把这些性质登记在符号表中,并检查程序中对名字的引用和定义说明是否一致。一般情况下,对于说明语句的翻译只是用来操作符号表,并不生成目标代码;但是,对于过程说明和可变数组说明等语句则将生成相应的目标代码。

（5）简单句和复合句

所谓简单句,指的是不包含其他语句成分的基本句,如赋值句、goto 句等;复合句则是指那些内含其他语句的语句,例如:"while A do S"和"begin S_1; S_2; $\cdots$; S_n end"是 Pascal 中常见的复合句形式。

2.1.3　L 语言说明

在了解了高级语言的定义和一般特性之后,这里将给出一个自定义的类 Pascal 语言的语法规则说明,它是高级语言 Pascal 的缩减版本,本书称作 L 语言。在后续章节逐步讲解编译程序的基本原理、方法和技术的同时,我们将会把 L 语言编译器的实现过程贯穿其中,从而使读者理论学习与实践应用相融合,以达到充分理解和掌握编译技术的学习目的。

L 语言具有一般高级语言的共同特征,同样含有字符集、数据类型、说明语句以及控制语句等多种语法成分,下面分别予以定义。

1. 字符集的定义

（1）＜字符集＞::=＜字母＞|＜数字＞|＜单界符＞

（2）＜字母＞::=a | b | c |……| z | A | B | C |……| Z

（3）＜数字＞::=0 | 1 | 2 | 3 | 4 | 5 | 6 | 7 | 8 | 9

（4）＜单界符＞::=＋ |－| ＊ | / | ＝ | ＜ | ＞ | (|) | : | . | ; | , | _ |'

2. 单词的定义

（1）＜单词＞::=＜保留字＞|＜双界符＞|＜标识符＞|＜常数＞|＜单界符＞

（2）＜保留字＞::=begin | end | integer | char | bool | real | not | and | or | input | output | program | read | write | for | to | while | do | repeat | until | if | then | else | true | false | var | const

（3）＜双界符＞::=/ ＊ | ＊ / | ＜＝ | ＞＝ | ＜＞ | := | "

（4）＜标识符＞::=＜字母＞|＜标识符＞＜数字＞|＜标识符＞＜字母＞

（5）＜常数＞::=＜整数＞|＜布尔常数＞|＜字符常数＞|＜实数＞

（6）＜整数＞::=＜无符号整数＞|＋＜无符号整数＞|－＜无符号整数＞

（7）＜无符号整数＞::=＜数字＞|＜无符号整数＞＜数字＞

(8)＜布尔常数＞::＝true|false

(9)＜字符常数＞::='除'以外的任意字符串'

(10)＜实数＞::＝＜小数＞|＜指数＞

(11)＜小数＞::＝＜整数＞.＜无符号整数＞

(12)＜指数＞::＝＜小数＞E＜整数＞|＜小数＞e＜整数＞

3. 数据类型定义

＜类型＞::＝integer｜bool｜char｜real

4. 表达式定义

(1)＜表达式＞::＝＜算术表达式＞|＜布尔表达式＞

(2)＜算术表达式＞::＝＜算术表达式＞±＜项＞|±＜项＞|＜项＞

(3)＜项＞::＝＜项＞*＜因子＞|＜项＞/＜因子＞|＜因子＞

(4)＜因子＞::＝＜算术量＞|(＜算术表达式＞)

(5)＜算术量＞::＝＜标识符＞|＜整数＞|＜实数＞

(6)＜布尔表达式＞::＝＜布尔表达式＞or＜布尔项＞|＜布尔项＞

(7)＜布尔项＞::＝＜布尔项＞and＜布尔因子＞|＜布尔因子＞

(8)＜布尔因子＞::＝＜布尔量＞|not＜布尔因子＞

(9)＜布尔量＞::＝(＜布尔表达式＞)|＜布尔常数＞|＜标识符＞|(＜算术表达式＞
＜关系符＞＜算术表达式＞)

(10)＜关系符＞::＝＜ | ＞ | ＜＞ | ＜＝ | ＞＝ | ＝

5. 语句定义

(1)＜说明语句＞::＝＜常量说明＞|＜变量说明＞

(2)＜常量说明＞::＝const＜常数定义＞| ε

(3)＜常数定义＞::＝标识符＝＜常数＞;＜常数定义＞|标识符＝＜常数＞;

(4)＜变量说明＞::＝var＜变量定义＞| ε

(5)＜变量定义＞::＝＜标识符表＞:＜类型＞;|＜标识符表＞:＜类型＞;＜变量定义＞

(6)＜标识符表＞::＝＜标识符＞,＜标识符表＞|＜标识符＞

(7)＜执行语句＞::＝＜简单句＞|＜结构句＞

(8)＜简单句＞::＝＜赋值语句＞

(9)＜赋值语句＞::＝＜变量＞:=＜表达式＞

(10)＜变量＞::＝＜标识符＞

(11)＜结构句＞::＝＜复合句＞|＜if 语句＞|＜while 语句＞|＜for 语句＞|＜repeat 语句＞

(12)＜复合句＞::＝begin＜语句表＞end

(13)＜语句表＞::＝＜执行语句＞;＜语句表＞|＜执行语句＞

(14)＜if 语句＞::＝if＜布尔表达式＞then＜执行语句＞
|if＜布尔表达式＞then＜执行语句＞else＜执行语句＞

(15)＜while 语句＞::＝while＜布尔表达式＞do＜执行语句＞

(16)＜repeat 语句＞::＝repeat＜执行语句＞until＜布尔表达式＞

(17)＜for＞::＝for＜变量＞:=＜循环参数＞to＜循环参数＞do＜执行语句＞

(18)＜循环参数＞::＝＜变量＞|＜整数＞

6．程序定义

（1）＜程序＞::＝program＜标识符＞;＜分程序＞

（2）＜分程序＞::＝＜说明语句＞＜复合句＞

7．注意事项

（1）程序语句的书写采用自由格式,即一行可写多个语句,一个语句也可分多行书写。

（2）语句一般以";"结束,但"end"前的一个语句结尾没有";"。

（3）注释由/＊和＊/括起,但/＊和＊/必须在同一行内。

（4）注释中的字符不做规定,但注释中间不能出现＊/,否则其后部分不被认为是注释。

（5）注释不能出现在一个语句的中间,只能出现在两个语句之间或程序的开头和结尾。

2.2　高级语言的语法描述

通过前面章节的学习我们已经知道语法分析是编译程序的核心功能,词法分析、语义分析等操作都将围绕着语法分析来进行。因此,如何对高级程序设计语言的语法进行合理描述就成为十分重要的问题。实践证明,上下文无关文法在描述高级语言的语法结构方面具有极大的优势,本节将重点讨论上下文无关文法的定义、语法分析树及文法的二义性等问题,并对文法的分类方法进行简单概述。

2.2.1　符号和符号串

在一个高级语言程序中,所有能够使用的字符构成的非空有限集,称为**字母表**,通常用 Σ 来表示。其中,每个元素称为一个**符号**。Σ 上的一个**符号串**是指由 Σ 中的符号所构成的一个有穷序列,也称为**字**。不包含任何符号的序列称为**空字**,记为 ε。用 Σ^* 表示 Σ 上所有符号串的全体,空字 ε 也包含在其中;用 ϕ 表示不含任何元素的空集{ },需要注意 ε、{ }和{ε}的区别。

例如,假设字母表 $\Sigma=\{a,b\}$,则 a 和 b 就是 Σ 中的符号,由 a、b 构成的任意一个有穷序列,如 $aabb$ 等,都是 Σ 上的一个符号串,且有 $\Sigma^*=\{\varepsilon,\ a,\ b,\ aa,\ ab,\ ba,\ bb,\ aaa,\ \cdots\}$。

符号串 s 的**长度**是指出现在 s 中的符号的个数,通常记作 $|s|$。例如,$aabb$ 是长度为 4 的串,空字的长度为 0。

设 U、V 是 Σ^* 的两个子集,则 U 与 V 的**乘积**定义为

$$UV=\{\alpha\beta|\alpha\in U\ \&\ \beta\in V\}$$

即:集合 UV 是由 U 中的任一符号串与 V 中的任一符号串连接构成的符号串的集合。一般而言,$UV\neq VU$,但 $(UV)W=U(VW)$。

集合 V 的 n **次方幂**是指 V 自身的 n 次乘积,记为

$$V^n=\underbrace{VVV\cdots V}_{n}$$

规定 $V^0=\{\varepsilon\}$。

令 $V^*=V^0\bigcup V^1\bigcup V^2\bigcup V^3\bigcup\cdots$,则称 V^* 是 V 的**闭包**。记 $V^+=VV^*$,则称 V^+ 是 V 的**正则闭包**。

对于上例,Σ 的闭包 $\Sigma^*=\{\varepsilon,\ a,\ b,\ aa,\ ab,\ ba,\ bb,\ aaa,\ \cdots\}$,$\Sigma$ 的正则闭包 $\Sigma^+=\{a,\ b,\ aa,\ ab,\ ba,\ bb,\ aaa,\ \cdots\}$。

2.2.2 上下文无关文法

文法是一种描述语言的语法结构的形式规则(即语法规则),这些规则必须准确而且易于理解,同时,应当有相当强的描述能力,足以描述各种不同的语法结构。所谓上下文无关文法是指这样一种文法,它所定义的语法范畴(或语法单位)是完全独立于这种范畴可能出现的环境的。我们知道,自然语言中的一个句子、一个词甚至一个字,其语法性质和所处的上下文往往有密切的关系,因此,上下文无关文法不宜于描述任何自然语言,但是对于如今的高级程序设计语言来说,这种文法基本上是够用了。在程序语言中,我们完全可以对各个语法单位独立进行处理,而不必考虑它所处的上下文。例如,当碰到一个算术表达式时,我们只需分析该表达式的语法是否正确即可,而不用"左顾右盼"地考虑其所处的上下文环境。以后,凡"文法"一词若无特殊说明,则均指上下文无关文法。

文法包含

下面,我们从一个具体的英文语句的分析入手,逐步引出文法的形式化定义方法。例如,有这样一个句子:

The grey wolf will eat the goat.

现给出如下的语法规则:

<句子>→<主语><谓语>	<主语>→<冠词><形容词><名词>
<冠词>→the	<形容词>→grey
<谓语>→<动词><直接宾语>	<动词>→<助动词><动词原形>
<助动词>→will	<动词原形>→eat
<直接宾语>→<冠词><名词>	<名词>→wolf
<名词>→goat	

其中,"→"表示"由……组成"或"定义为"。很明显,上述句子是一个语法上正确的句子。换句话说,根据这些规则,我们可以得到上述句子,具体分析过程如下:

<句子>⇒<主语><谓语>

⇒<冠词><形容词><名词><谓语>

⇒the<形容词><名词><谓语>

⇒the grey<名词><谓语>

⇒the grey wolf<谓语>

⇒the grey wolf<动词><直接宾语>

⇒the grey wolf <助动词><动词原形><直接宾语>

⇒the grey wolf will<动词原形><直接宾语>

⇒the grey wolf will eat<直接宾语>

⇒the grey wolf will eat<冠词><名词>

⇒the grey wolf will eat the<名词>

⇒the grey wolf will eat the goat

由以上分析可以看出,判断一个句子语法上是否正确的过程,实际上就是从<句子>出发,反复使用上述语法规则"→"右边的部分替换左边部分的过程。如果最终通过替换产生了这个句子,则说明它是一个语法上正确的句子。

然而,有时语法上正确的句子语义未必正确,比如,根据上述语法规则我们也可以得到如下的句子:

<句子>$\stackrel{+}{\Rightarrow}$the grey wolf will eat the wolf

<句子>$\stackrel{+}{\Rightarrow}$the grey goat will eat the wolf

<句子>$\stackrel{+}{\Rightarrow}$the grey goat will eat the goat

很明显,这三个句子都不符合语义要求。至于如何分析语义,我们将在第 6 章中进行介绍。

上述自然语言的定义就是一个上下文无关文法。归纳起来,一个上下文无关文法 G 包括四个组成部分:一组终结符号,一组非终结符号,一个开始符号以及一组产生式。

文法组成

终结符号:指组成语言的基本符号,如上例中的"the""wolf"和"eat"等。在程序语言中就是指各种单词符号,如保留字、标识符、常数、算符和界符等。从语法分析的角度来看,终结符号是一个语言不可再分的基本符号。终结符的集合是非空有限集,往往用 V_T 来表示。

非终结符号:指用来表示语法范畴的符号,如上例中的<句子>、<主语>和<谓语>等。一个非终结符表示一个语法概念,是一个类(或集合)的记号,而非一个个体记号。在程序语言中的非终结符号有"算术表达式""赋值语句"以及"分程序"等。非终结符号的集合也是非空有限集,通常用 V_N 表示,于是有文法 G 的字母表 $V=V_T\bigcup V_N$,且 $V_T\bigcap V_N=\phi$。

开始符号:是一个特殊的非终结符,用 S 来表示,代表所定义的语言中我们最终感兴趣的语法范畴,如上例中的<句子>。在程序语言中,开始符号就是"程序","程序"是我们最终感兴趣的语法范畴,而其他语法范畴都是用来为"程序"服务的。

产生式:是按一定格式书写的、用来定义语法范畴的规则。产生式也称为**规则**,一般具有如下的形式:

$$A\rightarrow\alpha \text{ 或 } A::=\alpha$$

其中,"→"或"::="的左边的 A 是一个非终结符,即 $A\in V_N$,称为产生式的**左部**;右边的 α 是由终结符号或非终结符号组成的一个符号串,即 $\alpha\in(V_T\bigcup V_N)^*$,称为产生式的**右部**。如上例中的"<句子>→<主语><谓语>"就是一个产生式。产生式的集合是有限集,通常用 P 表示。

因此,从形式上讲,一个上下文无关文法 G 是一个四元式(V_T, V_N, S, P),其中,V_T 是终结符集,V_N 是非终结符集,S 是开始符号,P 是产生式集合。

关于文法,需要注意以下几点:

(1) 开始符号 S 至少必须在某个产生式的左部出现一次,且第一条产生式的左部必须是开始符号。

(2) 一般用大写字母 A、B、C 等代表非终结符号,用小写字母 a、b、c 等代表终结符号,而用希腊字母 α、β、γ 等代表由终结符和非终结符组成的符号串。

(3) 有时为了书写方便,若干个左部相同的产生式,如:

$$A\rightarrow\alpha_1$$

$$A \rightarrow \alpha_2$$
$$\vdots$$
$$A \rightarrow \alpha_n$$

可以合并为一个,即:

$$A \rightarrow \alpha_1 \mid \alpha_2 \mid \cdots \mid \alpha_n$$

其中,元符号"|"读作"或",每个 α_i 也称为 A 的一个**候选式**。

(4)为方便起见,书写文法时可以不用列出整个四元式的形式,只需列出产生式并指出开始符号即可。文法 G 也可以写成 $G[S]$,以表示 S 是文法 G 的开始符号。

前面已经讲过,我们在判断符号串"The grey wolf will eat the goat"的语法是否正确时所采用的方法是:从文法的开始符号"<句子>"出发,反复使用产生式规则,将符号串中的非终结符用某个产生式的右部进行替换,直到全部展开为终结符为止,继而判断该终结符序列与输入的符号串是否相同。其实,上述替换过程就是所谓的推导过程。"推导"这一概念在文法中的地位非常重要,关于其内涵读者务必深入地予以领会。

例如,考虑下面的算术表达式文法:

$$E \rightarrow E + E \mid E * E \mid (E) \mid i \tag{2.1}$$

文法中,仅有一个非终结符 E,同时也是文法的开始符号,它代表一类算术表达式。从 E 出发,反复使用上述产生式规则可以推出各种各样的算术表达式来。例如,根据规则

$$E \rightarrow E + E$$

可以得到

$$E \Rightarrow E + E$$

于是,我们可以说:从"E"可直接(一步地)推出"$E+E$"。与前面相同,"$\Rightarrow$"被用来表示"直接推出",即仅推导一步。

再有,表达式$(i+i)$的推导过程是:

$$E \Rightarrow (E) \Rightarrow (E+E) \Rightarrow (i+E) \Rightarrow (i+i) \tag{2.2}$$

上述替换序列每前进一步总是引用一条规则,该序列被称作是从 E 到$(i+i)$的一个推导,它证明了$(i+i)$是文法(2.1)所定义的一个算术表达式。

严格来讲,如果 $A \rightarrow \gamma$ 是一个产生式,α、$\beta \in (V_T \cup V_N)^*$,则称 $\alpha A \beta \Rightarrow \alpha \gamma \beta$ 为**一步推出**或**直接推出**。如果 $\alpha_1 \Rightarrow \alpha_2 \Rightarrow \cdots \Rightarrow \alpha_n$,则称它是从 α_1 到 α_n 的一个**推导**。如果存在从 α_1 到 α_n 的一个推导,则称 α_1 **可推导出**α_n。

另外,如果从 α_1 出发,经一步或若干步可推导出 α_n,则可以用 $\alpha_1 \overset{+}{\Rightarrow} \alpha_n$ 来表示;如果从 α_1 出发,经 0 步或若干步可推导出 α_n,则可以用 $\alpha_1 \overset{*}{\Rightarrow} \alpha_n$ 来表示,也就是说,要么 $\alpha_1 = \alpha_2$,要么 $\alpha_1 \overset{+}{\Rightarrow} \alpha_n$。

给定文法 G,S 是 G 的开始符号。如果 $S \overset{*}{\Rightarrow} \alpha$,则称 α 是一个**句型**。例如,在推导(2.2)中,E、(E)、$(E+E)$、$(i+E)$和$(i+i)$都是文法(2.1)的句型。若 α 是文法 G 的一个句型,且 α 中仅含终结符号,即 $\alpha \in V_T^*$,则称 α 是文法 G 的一个**句子**。在推导(2.2)中,$(i+i)$就是文法(2.1)的句子。

从文法 G 的开始符号 S 出发,所能推导出的句子的全体称为文法 G 产生的**语言**,记为 $L(G)$,表示如下:

$$L(G) = \{\alpha \mid S \overset{+}{\Rightarrow} \alpha \ \& \ \alpha \in V_T^*\}$$

假设有两个文法 G_1 和 G_2，若 $L(G_1) = L(G_2)$，则称 G_1 和 G_2 是**等价**的。等价变换是文法转换的基本要求，这在文法改造或化简等操作中十分重要。

下面介绍两个简单的文法例子，一个是根据文法写出语言，另一个是根据语言找出文法。

例 2.1 考虑文法 G_1：

$$S \rightarrow AB$$
$$A \rightarrow aA \mid a$$
$$B \rightarrow bB \mid b$$

请指出该文法定义的语言形式。

从开始符号 S 出发，可以推出如下句子：

$$S \Rightarrow AB \Rightarrow aB \Rightarrow ab$$
$$S \Rightarrow AB \Rightarrow aAB \Rightarrow aaB \Rightarrow aab$$
$$S \Rightarrow AB \Rightarrow aAB \Rightarrow aaAB \Rightarrow aaaB \Rightarrow aaab$$
$$S \Rightarrow AB \Rightarrow aB \Rightarrow abB \Rightarrow abb$$
$$S \Rightarrow AB \Rightarrow aB \Rightarrow abB \Rightarrow abbB \Rightarrow abbb$$
$$\vdots$$
$$S \Rightarrow AB \Rightarrow aAB \Rightarrow aaAB \Rightarrow \cdots \Rightarrow aa \cdots aB$$
$$\Rightarrow aa \cdots abB \Rightarrow aa \cdots abbB \Rightarrow \cdots \Rightarrow aa \cdots abb \cdots b$$

归纳得出，从 S 出发可推导出以至少一个 a 和至少一个 b 构成的符号串，且 a 的个数和 b 的个数之间没有任何约束，因此：

$$L(G_1) = \{a^m b^n \mid m, n \geqslant 1\}$$

例 2.2 试构造一个文法 G_2，使得

$$L(G_2) = \{a^n b^n \mid n \geqslant 1\}$$

由给定的语言形式可以看出，G_2 要求每一个句子中的 a 和 b 的个数必须相同，即每一次 a 的出现必然有一个 b 的出现。于是，我们可以写出如下的文法 G_2：

$$S \rightarrow aSb \mid ab$$

推导的过程通常并不是唯一的。推导过程中，往往会面对多个待替换的非终结符，而且，每个非终结符有可能存在着多个候选式以供选择，这些因素都给推导过程带来了不确定性。例如，在推导(2.2)中，在得到句型$(E+E)$后，也可以按照如下的过程进行推导：

$$(E+E) \Rightarrow (E+i) \Rightarrow (i+i) \tag{2.3}$$

由此可以看出，推导(2.2)和(2.3)的结果是相同的，都得到了符号串$(i+i)$，但是，替换每个非终结符的次序却是不同的。

我们希望推导的过程是确定的，这样有助于语法结构的分析，因此，往往只考虑最左推导或最右推导。所谓**最左推导**，是指在整个推导过程中，每一步的替换操作都是针对句型中最左边的非终结符进行的。如果在推导的每一步都替换的是句型最右边的非终结符，则将此过程称为**最右推导**，或者称为**规范推导**。例如，文法(2.2)是最左推导，而文法(2.3)则是最右推导。

再有，以文法(2.1)为例，可以写出句子$(i*i+i)$的最左推导和最右推导：

最左推导：

$$E \Rightarrow (E) \Rightarrow (E+E) \Rightarrow (E*E+E) \Rightarrow (i*E+E) \Rightarrow (i*i+E) \Rightarrow (i*i+i) \tag{2.4}$$

最右推导：

$$E \Rightarrow (E) \Rightarrow (E+E) \Rightarrow (E+i) \Rightarrow (E*E+i) \Rightarrow (E*i+i) \Rightarrow (i*i+i) \tag{2.5}$$

2.2.3 语法分析树

判断一个符号串语法上是否正确，除了可以采用前面讲过的推导方法之外，还可以采用一种称之为语法分析树的图形化方法。利用这种图形化的方法分析句子的语法结构，其好处在于能够直观地表示句子成分之间的结构关系和层次关系。

所谓**语法分析树**，通常是指一棵倒立的树，树根在上，枝叶在下，以此来表示一个句型的推导过程。语法分析树也简称为**语法树**，其根结点由开始符号标记，随着推导的展开，当某个非终结符被它的候选式所替换时，该非终结符的对应结点就会产生出下一代新结点，每个新结点与其父结点之间用一条线相连接。容易看出，在一棵语法树生长过程中的任意时刻，所有那些没有后代的端末结自左至右排列起来就是一个句型。

例如，对于文法(2.1)，关于句子$(i*i+i)$的最左推导(2.4)的语法树如图 2-1 所示。

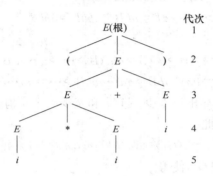

图 2-1　语法分析树

然而，我们发现，同样是句子$(i*i+i)$，其最右推导(2.5)的语法树也是图 2-1 中的形式，二者完全相同。因此，可以得出这样的结论：一棵语法树是无法区分一个推导是最左推导还是最右推导的，它代表的是一个句型很多可能的不同推导过程，是这些不同推导过程的共性抽象。但是，如果只考虑最左推导(或最右推导)，则可以消除推导过程中产生式应用顺序的不一致性，从而使得每棵语法树都有一个与之对应的唯一的最左推导(或最右推导)，也就是说，一棵语法树就完全等价于一个最左(或最右)推导。

最左最右推导
的唯一性

2.2.4 文法的二义性

前面已经说过，一棵语法树完全等价于一个最左(或最右)推导。然而，是不是说一个句子就一定只存在一个唯一的最左(或最右)推导，也就是说，一个句子是否一定只对应一棵语法树呢？答案是否定的。

例如，对于文法(2.1)，关于句子$(i*i+i)$的最左推导就存在着一种与(2.4)截然不同的形式：

判断文法二义性

$$E \Rightarrow (E) \Rightarrow (E*E) \Rightarrow (i*E) \Rightarrow (i*E+E) \Rightarrow (i*i+E) \Rightarrow (i*i+i) \tag{2.6}$$

该推导所对应的语法分析树如图 2-2 所示。

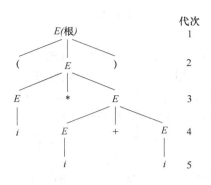

图 2-2　语法分析树

显然,句子$(i*i+i)$的最左推导(2.4)和(2.6)不同,其分别对应的语法分析树图 2-1 和图 2-2 也不相同。二者不同之处在于:由第 2 代结点产生第 3 代结点的过程中,图 2-1 的语法树使用了规则 $E{\to}E+E$,而图 2-2 的语法树则使用了规则 $E{\to}E*E$。这种差别是本质的,意味着可以使用两种完全不同的方式得到同一个句子。

如果一个文法存在某个句子对应两棵不同的语法树,或者说,如果一个文法存在某个句子对应两个不同的最左(或最右)推导,则称该文法是二义的。

应当注意的是,文法的二义性和语言的二义性是两个不同的概念。文法二义并不代表语言一定是二义的,只有当产生一个语言的所有文法都二义,这个语言才是二义的。比如,可能有这样两个不同的文法 G_1 和 G_2,其中一个是二义的而另一个是无二义的,但是却有 $L(G_1)=L(G_2)$,因此,这种语言不是二义的。

就二义性文法而言,句子的分析有可能不唯一,这点是编译程序不希望看到的。因此,对于一个程序设计语言来说。常常希望其文法无二义性,从而使得对其每个语句的分析是唯一的。

2.2.5　文法的分类

形式语言理论是乔姆斯基(Chomsky)于 1956 年首先建立起来的,它对计算机科学,尤其是程序语言的设计、编译方法和计算复杂性等方面,有着深远的影响。乔姆斯基文法一般分为四类,即 0 型、1 型、2 型和 3 型文法,其差别在于对产生式施加了不同的限制。

假设文法 $G=(V_T, V_N, S, P)$,α、$\beta\in(V_T\bigcup V_N)^*$,下面分别对各类文法进行简单介绍。

0 型文法:也称为**短语文法**,指的是 P 中每个产生式 $\alpha{\to}\beta$ 的左部 α 中至少含有一个非终结符的文法。0 型文法描述的语言称为**0 型语言**,它是一种**递归可枚举语言**;反之,递归可枚举集必定是 0 型语言,并且可由图灵机(Turing)进行识别。

1 型文法:也称为**上下文有关文法**,是指在 0 型文法的基础上,若 P 中每个产生式 $\alpha{\to}\beta$ 还满足 $|\alpha|\leqslant|\beta|$($S{\to}\varepsilon$ 除外)的文法。该文法意味着,对非终结符进行替换时必须考虑上下文环境,而且一般不允许替换成空串 ε。例如,假设 $\alpha_1 A\alpha_2{\to}\alpha_1\gamma\alpha_2$ 是该文法的一个产生式,其中 α_1、α_2、$\gamma\in(V_T\bigcup V_N)^*$,$\gamma\neq\varepsilon$,$A\in V_N$,则只有 A 出现在 α_1 和 α_2 的上下文中时,才允许用 γ 替换 A。1 型文法描述的语言称为**1 型语言**或**上下文有关语言**,这种语言可由线性界限自动机来识别。

2 型文法:也称为**上下文无关文法**,是指 P 中每个产生式形如 $A{\to}\beta$ 的文法,其中 $A\in V_N$,$\beta\in(V_T\bigcup V_N)^*$。该文法意味着,对非终结符进行替换时不必考虑上下文。2 型文法主要用来描述高级程序设计语言的语法结构,它所描述的语言称为2**型语言**或**上下文无关语言**,这种语言可由下推自动机来识别。

3 型文法:也称为**正规文法**,是指 P 中每个产生式形如 $A \rightarrow \alpha B$ 或 $A \rightarrow \alpha$ 的文法,其中 A、$B \in V_N$,$\alpha \in V_T^*$。这种形式的 3 型文法也称为**右线性文法**。若 P 中每个产生式形如 $A \rightarrow B\alpha$ 或 $A \rightarrow \alpha$,则称这种形式的 3 型文法为**左线性文法**。3 型文法主要用来描述单词的构成,它所描述的语言称为3 **型语言**或**正规语言**,这种语言可由有限自动机来识别。

上述四类文法是对产生式形式逐渐增加限制得到的,因此,它们之间形成了一种层层包含的关系,即:0 型文法包含 1 型文法,1 型文法包含 2 型文法,2 型文法包含 3 型文法。由此可以看出,3 型文法的描述能力最弱,只能用来描述单词的构成;2 型文法的描述能力比 3 型文法的描述能力要强,可以描述现今大多数程序设计语言的语法结构;1 型文法的描述能力则比 2 型文法的描述能力更强;0 型文法的描述能力最强。

总之,形式语言中还有许多非常有趣的内容,由于和编译技术没有直接关系,此处不再赘述。

2.3 本章小结

本章首先概述了高级语言的定义及其一般特性,给出了一种自定义的类 Pascal 语言 L 语言的语法定义,然后详细介绍了高级语言语法的形式化描述方法,重点在于掌握上下文无关文法的基本概念以及文法的推导和语法树等方面的知识,并对文法的分类方法有所了解。

2.4 习　　题

1. 高级语言的语法和语义分别是什么?
2. 简述标识符和名字的定义与区别。
3. 已知文法 $G_3 = (\{A, B, C\}, \{a, b, c\}, A, P)$,其中,$P$ 由以下产生式构成:

$$A \rightarrow abc \qquad\qquad A \rightarrow aBbc$$
$$Bb \rightarrow bB \qquad\qquad Bc \rightarrow Cbcc$$
$$bC \rightarrow Cb \qquad\qquad aC \rightarrow aaB$$
$$aC \rightarrow aa$$

问:G_3 属几型文法,该文法产生的语言 $L(G_3)$ 是什么?

4. 假设文法 G_4 为:

$$N \rightarrow D \mid ND$$
$$D \rightarrow 0 \mid 1 \mid 2 \mid 3 \mid 4 \mid 5 \mid 6 \mid 7 \mid 8 \mid 9$$

问:文法 G_4 所产生的语言 $L(G_4)$ 是什么?

5. 令文法 G_5 为:

$$E \rightarrow T \mid E+T \mid E-T$$
$$T \rightarrow F \mid T*F \mid T/F$$
$$F \rightarrow (E) \mid i$$

(1) 分别给出 $i+i*i$ 和 $i*(i+i)$ 的最左推导和最右推导;

(2) 分别给出 $i+i+i$、$i+i*i$ 和 $i-i-i$ 的语法分析树。

6. 写一个文法 G_6，使其语言是偶数集，且每个偶数不以 0 开头。

7. 已知文法 G_7 所产生的语言为：
$$L(G_7) = \{a^n bb^n \mid n \geq 1\}$$
试写出该文法。

8. 已知文法 G_8 所产生的语言为：
$$L(G_8) = \{WcW^T \mid W \in \{a, b\}^*, W^T \text{表示 } W \text{ 的逆}\}$$
试写出该文法。

9. 证明下面的文法是二义的：
$$S \rightarrow aSbS \mid bSaS \mid \varepsilon$$

10. Chomsky 定义的 4 种形式语言文法为：

(1) （　　）文法，又称（　　　　　　）文法。

(2) （　　）文法，又称（　　　　　　）文法。

(3) （　　）文法，又称（　　　　　　）文法。

(4) （　　）文法，又称（　　　　　　）文法。

第 3 章　词法分析

词法分析是编译程序的第一阶段,该阶段的主要工作是逐个扫描输入的源程序字符串,识别出字符流中的各个单词,并输出单词的内部表示符号,用以进行语法分析。本章首先介绍手工方式设计并实现词法分析器的方法和步骤,主要内容包括词法分析器的功能、单词符号的描述及识别、词法分析器的设计与实现;然后介绍有限自动机相关理论及词法分析程序的自动生成工具 LEX。

3.1　词法分析器概述

执行词法分析的程序称为**词法分析器**或**扫描器**。词法分析器作为即将编译的源程序和编译器后续阶段的接口,其功能是输入源程序字符串,并将其扫描分解,识别出各个单词,输出单词的内部表示。本节首先讨论词法分析器的功能,然后介绍单词的类型及内部表示方法。

3.1.1　词法分析器的功能

词法分析器的输入是源程序字符串,源程序由程序设计语言的单词构成,单词是程序设计语言不可分割的最小单位。因此,词法分析程序的基本功能是从左至右逐个字符地对源程序进行扫描,按照语言的定义规则,将字符拼接成单词。每当识别出一个单词,就产生其别码,把由字符串构成的源程序改造成单词符号串的中间形式,提交给语法分析程序使用。

词法分析器
输入输出

此外,词法分析器还要对源程序进行预处理工作,包括过滤掉源程序中的无用成分,如注释、空格、换行等不影响程序语法、语义的结构。这些部分只是有助于源程序的阅读,对生成目标代码无用。另外,在词法分析阶段还要对源程序中出现的非法符号及违反构词规则的单词进行检查。所谓非法符号是指程序设计语言中不允许出现的符号,就像自然语言中的错字。有些编译程序在词法分析阶段就建立符号表,用于记录源程序中的标识符和常数的信息,包括名称、各种属性等。对符号表的操作主要是填表、查询和更新。每当词法分析器识别出一个标识符的时候,第一项工作就是查符号表,若不在符号中则将其填入符号表。

在编译程序中,词法分析器主要有两种实现模式:

(1) 完全独立模式。词法分析器作为编译程序的子系统独立地运行一遍,扫描整个源程序,把识别出的单词使用统一的记号序列输出到中间文件,作为语法分析程序的输入。这样做的好处是,使得编译程序结构清晰、条理化,而且便于高效地实现,增强了编译程序的可移植性。

词法分析器的
两种工作模式

(2) 相对独立模式。词法分析程序作为语法分析程序的子程序,每当语法分析程序需要一个单词时,就调用该子程序。词法分析程序每得到一次调用,就从源程序文件中读入若干个字符,返回一个单词符号给语法分析程序。这种方法使词法分析和语法分析在同一遍中执行,避免了中间文件,省去了存取符号文件的工作,有利于提高编译程序的效率。

本书实现的 L 语言的词法分析程序采用第一种实现方式,作为独立的一遍来处理。

3.1.2　单词的类型和内部表示

1．单词的类型

单词符号是最基本的语法单位,具有确定的语法意义。通常,程序语言的单词符号可以分为5类:

(1)关键字:也称基本字或保留字,是程序设计语言定义的具有特定意义的名字,它通常标识源程序中语法成分的功能、开始或结束。例如,C++语言中的 if、while、bool、class 等。为了使得源程序易读,提高词法分析的效率,关键字一般不允许被用户重新定义。

(2)标识符:是用户在设计源程序时自己定义的名字,一般用来表示变量名、数组名、函数名等。

(3)常数:是程序设计语言或用户在设计源程序时定义的,其类型一般有整型、实型、布尔型、字符型等,比如 12、3.14、true、'A '等都是常数。

(4)运算符:简称算符,是程序设计语言定义的符号,一般有算术运算符、逻辑运算符和关系运算符等,比如 C++语言中＋、－、＊、/、＆＆、||、!、＞＝等都是算符。

(5)分界符:简称界符,是程序设计语言定义的符号,一般包括标点符号及一些特殊的符号,比如";"、","、"/＊"等都是界符。

2．单词的内部表示

前面已经说过,词法分析器输入的是源程序字符串,输出的是单词的内部表示。其内部表示形式一般为二元式:(单词种别编码,单词的属性值)。其中,单词的种别编码在语法分析时使用,单词的属性值在语义分析和中间代码生成时使用。

单词种别表示单词的种类,通常用整数表示。单词如何分类,如何编码,没有统一的规定,主要取决于处理上的方便。基本原则是不同的单词能彼此区别且有唯一的表示。一般来讲,一种程序设计语言的关键字、界符和算符都是固定的,可以采用一符一种的方式,标识符一般统归为一种,而常数则按其类型(整型、实型、字符型、布尔型等)进行分类。L 语言的单词种别编码见表 3-1。

表 3-1　L 语言的单词种别编码

类型	单词	种别	类型	单词	种别	类型	单词	种别
关键字	begin	1	关键字	else	20	标识符	id	39
	end	2		true	21			
	integer	3		false	22			
	char	4		var	23			
	bool	5		const	24	常数	整型	40
	real	6	算符	＋	25		实型	41
	input	7		－	26		字符型	42
	output	8		＊	27		布尔型	43
	program	9		/	28	界符	(	44
	read	10		=	29		)	45
	write	11		＜	30		:	46
	for	12		＞	31		.	47
	to	13		and	32		;	48
	while	14		or	33		,	49
	do	15		not	34		_	50
	repeat	16		＜=	35		'	51
	until	17		＞=	36		"	52
	if	18		＜＞	37		/＊	53
	then	19		:=	38		＊/	54

如果一个种别只含有一个单词(如表 3-1 所示的关键字、算符和界符),则单词的属性值没有必要给出,单词的种别码唯一地表示了这个单词。若一个种别含有多个单词,则需要给出单词的属性值。单词的属性值是指单词符号的特性。例如,标识符或常数的属性值可以是单词符号串本身,也可以是其信息在符号表中登记项的指针值。

例 3.1 语句"while (flag = true) do a := 2 * 1.5;"经过词法分析后输出的二元式为:

(1) (14, -)   (2) (44, -)   (3) (39, "flag")

(4) (29, -)   (5) (43, -)   (6) (45, -)

(7) (15, -)   (8) (39, "a")   (9) (38, -)

(10) (40, "2")   (11) (27, -)   (12) (41, "1.5")

(13) (48, -)

3.2 词法分析器的设计

本节根据词法分析的任务进行词法分析器的设计。通过构造状态转换图来设计词法分析器,这种方法思路清晰,使读者更加容易理解词法分析程序的工作原理。

3.2.1 总体设计

词法分析器的结构如图 3-1 所示。首先,将源程序字符串输入到输入缓冲区,经预处理子程序处理一定长度的字符串后送入扫描缓冲区,扫描器从扫描缓冲区识别出一个个单词。当扫描缓冲区中的字符串使用完后,再调用预处理子程序,将一段新的字符串送入扫描缓冲区。预处理子程序的主要工作是删除无用空格、回车符、换行符和注释等,这些字符对执行源程序没有作用。删除后使得单词、语句的组成更加有规律,便于实现词法分析和语法分析。扫描器的工作是通过读入的首字符进行分类,然后继续通过读入的字符识别关键字、标识符、常数以及算符和界符。可以看出,扫描器模块是词法分析器的主要组成部分。

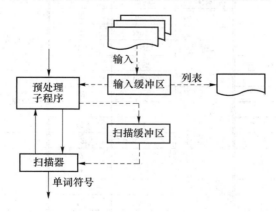

图 3-1 词法分析器

至此,我们已经了解了词法分析器的工作流程,下面将按照工作流程详细介绍词法分析器的设计过程。

3.2.2　详细设计

1. 输入和预处理

词法分析器工作的第一步是输入源程序字符串,它们一般被存放在输入缓冲区中。单词识别的工作可以直接在这个输入缓冲区中进行,但是,为了使得单词识别的工作更容易,在识别前先要对输入串进行预处理。

对于许多程序设计语言来说,空白符、跳格符、回车符、换行符以及注释等字符对执行源程序没有作用,其作用仅仅在于改善程序的易读性和易理解性。对于这些字符,可以构造一个预处理子程序,在预处理时将其删除。在删除过程中,如果字符串后有以上提到的符号时,都用一个空格代替。另外,像 C 语言有宏定义、文件包含、条件编译等语言特性,为了减轻词法分析器的负担,源程序从输入缓冲区进入词法分析器之前,要先对源程序进行预处理,一般完成以下工作:(1)滤掉源程序中的注释;(2)去掉源程序中的无用字符;(3)进行宏替换;(4)实现文件包含的嵌入和条件编译的嵌入等。

每当词法分析器需要分析源程序时,就调用预处理子程序处理一串长度为 N(如 4096 个字节)的输入字符,然后,将经过预处理的字符串装入扫描缓冲区,词法分析器可以在此缓冲区直接进行单词的识别工作,而不必再进行烦琐的处理工作。

扫描器对缓冲区进行扫描时一般使用两个指针:一个指向当前正在识别的单词的起始位置,另一个用于向前搜索以寻找该单词的终点,两个指针之间的符号串就是要识别的单词符号。无论扫描缓冲区设计得多大都不能保证单词符号不会超过其边界,因此,它通常使用一分为二的两个区域(如图 3-2 所示),这两个区域长度相同,互补使用。如果单词搜索指针从单词起点出发搜索到半区的边界仍未达到单词的结尾,那么,就应该调用预处理程序,将后续 N 个输入字符装进另外的半区。从而保证能在扫描缓冲区中获取到整个单词。

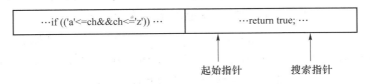

图 3-2　扫描缓冲区一分为二的两个区域

2. 单词符号的识别

词法分析器对单词符号的识别是在对源程序的扫描过程中实现的。我们已经知道,单词的类型分为五种,分别是关键字、标识符、常数、界符和算符。词法分析器如何识别不同的单词,下面将分别介绍。

(1)标识符和关键字的识别

假设在 L 语言中,关键字和标识符是以字母开头的"字母/数字"串,其识别过程是:当从扫描缓冲区读入的单词首字符是字母时,开始识别标识符或关键字,边拼写边从缓冲区读入下一字符,列计数加 1;当读入的字符为非字母数字时,标识符识别完成,但此时已多读入一个符号,所以必须将该字符回退到缓冲区,列记数减 1。识别出来的单词是否为关键字,必须查关键字表进行判断。若是关键字,返回该关键字的种别编码;否则,识别的单词就是标识符,返回标识符的种别编码。

（2）数值型常数的识别

数值型常数是以数字开头的"数字串"，若为实型常数则可能包含"."、"E/e"和"＋/－"，其识别过程是：当从扫描缓冲区读入的单词首字符是数字时，开始识别整数或实数；继续读入下一字符，列计数加 1，当遇到"."时，还要继续读入该常数（该字符串可能是实数）；如果遇到 E 或 e，要识别带指数的常数；当遇到其他非数字字符时，数值常数识别完毕，此时已多读入了一个字符，需要回退给缓冲区，列计数减 1。最后，返回整型常数或实型常数的种别编码。

（3）字符型常数的识别

在 L 语言中，字符常数是由两个单引号引起的字符，其识别过程是：当读入的单词首字符是单引号时，忽略单引号，开始识别字符常数，读入下一符号，列计数加 1；搜索下一个单引号，当再读到引号时，字符常数识别结束。最后，返回该字符常数及字符常数的种别编码。

（4）算符和界符的识别

在算符和界符的识别过程中，当读入的首字符是"/"时，需继续读入下一符号；如果下一符号是数字，则需回退一个字符到缓冲区，同时返回算符"/"的种别编码；如果读入的下一符号是"＊"，则开始识别注释，直到界符"＊/"出现为止，此时不需多读入一个符号，列计数不变，没有返回值。若读入的单词首字符是除了"/"和"'"以外的其他界符或算符，对于<、>、:等符号，还需再读入一个符号，判别是否为双界符；若是双运算符，则查表返回其种别编码；若不是，则列计数减 1，返回该单词的种别编码。

（5）超前搜索和最长匹配

在单词符号的识别过程中，如何找到一个单词的起点和终点，比如，在 C＋＋语言中，比较运算符"<＝"和"<"以及"＝"都是一个单词符号，如何识别是"<＝"而不是"<"和"＝"？

词法分析器运用了两个基本技术，它们是超前搜索和最长匹配。这两项技术通常相互补充、共同使用，其含义是：为了识别一个更有意义的单词符号，在找到了可能是单词符号的起点或者构成了部分单词时，扫描器并不满足，还要继续读入输入串，看是否能找到由更多符号所组成的单词（即最长匹配），有时可能要扫描到一个可以"断句"的符号（超前搜索），才能决定最后一个扫描的符号不属于之前的符号串所构成的单词。例如，在识别"for"的时候，要扫描到左括号"("时才知道它不是标识符；当读到了"<"的时候，扫描器期望再读入一个"＝"，以便构造出小于等于"<＝"的比较运算符，否则，就构造小于运算符。

超前搜索符号通常是最长匹配单词的结束标志，可以是空格符、回车符、制表符等一些可以被预处理的符号，也可能是下一个单词符号的起始符。因此，需要退还给扫描缓冲区，并且把搜索指针的位置减 1。根据语言的语法规则或单词匹配模式，词法分析器可以知道什么时候应该继续超前搜索。

3. 符号表及其操作

在词法分析阶段，将识别出来的某些单词（如标识符和常数）及其相关的属性填写到符号表中。以便在语义分析及生成目标代码阶段使用。标识符和常数的相关信息将被保存在一张或多张符号表中。

符号表的每一项包含两部分内容，一部分是用于存放标识符名称的名字栏，另一部分是用于存放标识符有关信息的信息栏，其中，信息栏包括类型、值、内存地址等。

符号表的内容只有一小部分可以在词法分析阶段填写，如单词的名字和长度等，许多内容需要在编译的后续阶段填写,如值和类型在语义分析阶段填写,内存地址在目标代码生成阶段填写等。符号表的实现可使用记录结构来完成,在词法分析阶段符号表的操作主要包含两个:插入和查找。具体的符号表实现及操作方式参见第 7 章。

4. 错误处理

一个好的编译程序在每次编译源程序时应尽量发现更多的错误,并应能准确地通知出错位置和错误类型,这样,用户就可以迅速地改正程序错误,加快程序的调试速度。词法错误通常有以下几种情况:(1) 非法字符,是指程序语言的字符集以外的字符。例如,@对 L 语言是非法的。为了检查非法字符,编译程序需要保持一张合法字符集表,每当读入一个字符时,首先判断该字符是否属于合法字符集。当通知非法字符时,需指出其行列位置。(2) 关键字拼写错误,例如,than(其实应该是 then)。关键字拼错这种错误在词法分析时无法发现,通常把它当作标识符处理,待到语法分析阶段才能发现。(3) 注释或字符常数不闭合,例如,/ * …,'ABC…等。为了防止这种错误产生,一般限定注释或字符串常数的长度,或者注释只到本行为止。(4) 变量说明有重复,如"int c;"和"char c;"。在语义分析阶段时才能发现重复说明的错误。

对词法错误的校正一般做法是:删除一个字符、插入一个字符或替换一个字符等。大部分情况下,编译程序只是输出校正信息,供程序员校正时参考。

至此,对词法分析器的详细设计过程有了深入的了解,下面将介绍状态转换图,它是一种设计词法分析器的很好的工具。

3.2.3 状态转换图

状态转换图是设计词法分析程序的一种很好的方法,它既可以描述单词的结构,也可以识别单词。只要用程序实现了识别单词的状态转换图就可以完成词法分析器。

状态转换图是一个有限图,结点用圆圈表示,称为**状态**。状态之间用带箭头的弧线连接,称为**边**。由状态 0 到状态 1 的边上标记的字符表示使状态 0 转换到状态 1 的输入字符或字符类。例如,图 3-3(a)表示在状态 0 下,若输入的字符是 a,则读进 a,并转换到状态 1;若输入的字符是 b,则读进 b,并转换到状态 2。一张状态转换图只包含有限个状态(即有限个结点),其中,有一个初态(用"⇒"表示),至少有一个终态(用双圈表示)。用状态转换图识别单词时从初态开始,读进输入符号串的一个符号 a,沿着状态转换标记为 a 的边进入下一状态,重复执行直到进入终结状态。即,如果存在一个从起始状态到终结状态的路径,路径上的标记用连接运算符连接在一起形成一个符号串,如果它和输入符号串相同,则称该输入符号串可以接受;如果不能进入任何一个终结状态,则称该状态转换图不能识别或接受这个输入符号串。例如,图 3-3(b)是识别 L 语言定义的标识符的状态转换图,其中,状态 0 为初态,状态 2 为终态。用此状态转换图识别标识符的过程是:从初态 0 开始,读取一个字符,如果该字符是字母,则读入它,并转向状态 1,否则,识别标识符失败;在状态 1,读取下一个字符,若该字符为字母或数字,则读进,状态仍然处于状态 1(可利用 while 循环实现);若在状态 1 读入的字符不是字母或数字时,就转向状态 2(该字符已读进);状态 2 是接受状态,意味着已识别出一个标识符,识别过程结束。然而此时已读入了一个不是字母或数字的字符,它不属于刚刚识别的标识符的一部分,而属于下一个单词,因此,输入指针必须回退一个字符,将其退回给扫描缓冲区,并在终态结点上标上星号*。图 3-3(c)中给出了识别整数的状态转换图,图 3-3(d)是识别实数的状态转换图,不带正负号,既可以识别整数,也可以识别带指数和(或)小数的实数。

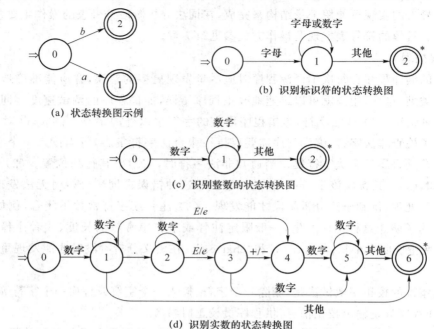

图 3-3　状态转换图

高级语言主要包括五种单词,每种单词都有其构成规则,包含多个状态转换图,每个图说明一组单词的构成,设计时首先画出每种单词的状态转换图,然后根据状态转换图编写识别该类单词的函数。

3.2.4　L 语言词法分析器的设计与实现

如图 3-4 所示,L 语言词法分析器的输入为 L 源程序(文本文件),输出为一个单词序列文件(即:token 文件)和一个符号表文件,可能还有错误信息。

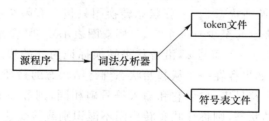

图 3-4　词法分析器的输入和输出

1. 数据结构

(1) token 结构

```
typedef structWordToken{
    int code;          //单词种别编码
    int addr;          //单词在符号表中登记项的指针,仅用于标识符或常
                       数,其他情况下为 0
}WT;
```

（2）符号表文件结构

符号表用来存放 L 语言源程序中出现的标识符和常数，文件结构如下：

```
typedef structWordSymble
{
    int number;              //序号
    char name[30];           //名字,假设长度为 30
    int type;                //类型
    ……                      //根据需要可添加其他相关信息栏
}WS;
```

2．词法分析器的流程图

词法分析器的流程图如图 3-5 所示。

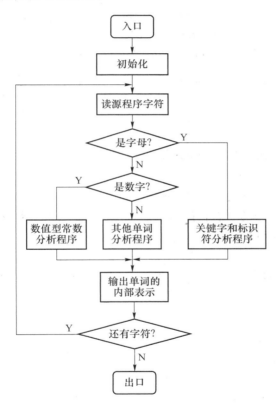

图 3-5　词法分析程序流程图

3．词法分析器的实现

主程序的实现可以描述如下：

（1）读入源文件到缓冲区；

（2）从缓冲区读入一个非空字符,列计数加 1,继续读入字符(每读入一个字符,列计数加 1),直到一个单词读完(单词结束的标志是单词分隔符,如空格符号、换行符和界符等,但单词的分隔符不属于该单词)；

（3）通过首字符判断该单词属于标识符(含关键字)、常数还是其他单词符号,并通过各类单词分析程序完成识别工作；

（4）将识别出的单词及其种别编码写入 token 文件中，并且，若该单词符号是标识符或常数，也要将其有关信息填入符号表。

用来识别不同类型单词符号的程序 sort( )可描述如下：

```
//------------------------------------------------------------
void sort(char ch){                        //L 语言种别编码(见表 3-1)
    WT word；
    word.addr = 0；
    if (isalpha(ch))  word = RecogId(ch)；  //若是字母,则进入判别标识符或
                                            //关键字程序
    else if(isdight(ch)) word = RecogNum(ch)；  //若是数字,则进入识别整数或
                                                //实数程序
    else if (ch ==' = ')) word.code = 29；  //若是 = ,则给出该符号种别编码
    else if (ch =='+ '))   word.code = 25；  //若是 + ,则给出该符号种别编码
    else if (ch ==  其他符号)) word.code = 种别编码；
                                            //若是其他符号,则返回该
                                            //符号种别编码
    else error()；                          //否则出错处理,意味着出现了无法识
                                            //  别的字符
    cout << word.code <<" , "<< word.addr；
}
//------------------------------------------------------------
```

下面是根据图 3-3(2)中的状态转换图写出的识别标识符和关键字的子程序 RecogId( )，其他单词符号的识别程序可类似得到。

```
//------------------------------------------------------------
WT RecogId(char ch){                       //ch 为给定字符串的第一个字符
    WT word；
    word.addr = 0；
    charstr[ ] = " "；
    //在开始状态 0
    do{
        str = str + ch；                   //将读入的字母或数字合并成一个标识符
        getchar(ch)；                       //保持在状态 1
    }while(isalpha(ch) || isdigit(ch))；
    /* 进入结束状态 2,在关键字表中查询 str,若为关键字就返回其种别编码,否则返回 0*/
    word.code = reserve(str, keywordtab)；
    if(word.code != 0)
        return  word；                     //返回关键字的种别编码和单词记号
    else{
        word.code = 39；
        word.addr = insert(str, idtable)； //把 str 插入标识符表,返回入口地址
```

```
        return word;                    //返回标识符的种别编码39(见表3-1)
    }
}
//------------------------------------------------------------
```

3.3　正规表达式与有限自动机

为了讨论词法分析程序的自动生成,通常要引入正规式的概念。我们可以将正规式理解为程序设计语言中单词的词型公式。正规式是用表达式的形式来表示单词的构成,正规文法是从产生单词的观点来描述单词,有限自动机是从识别的观点来描述单词,三者在单词的描述上是等价的。

3.3.1　正规式与正规集

字母表 Σ 上的正规式用来描述一种称为正规集的语言。下面是正规式和正规集的递归定义:

(1) ε 和 ϕ 都是 Σ 上的正规式,它们所表示的正规集分别为 $\{\varepsilon\}$ 和 ϕ;

(2) 对任何 $a \in \Sigma$,a 是 Σ 上的一个正规式,它所表示的正规集为 $\{a\}$;

(3) 假定 U 和 V 都是 Σ 上的正规式,它们所表示的正规集分别记为 $L(U)$ 和 $L(V)$,那么,$(U|V)$、$(U \cdot V)$ 和 U^* 也都是正规式,它们所表示的正规集分别为 $L(U) \bigcup L(V)$、$L(U)L(V)$(连接积)和 $(L(U))^*$(闭包)。

仅由有限次使用上述三步骤而得到的表达式才是 Σ 上的**正规式**,仅由这些正规式所表示的集合(即 Σ 上的语言)才是 Σ 上的**正规集**。

正规式的运算符"|"读为"或","·"读为"连接","＊"读为"闭包"(即任意有限次的自重复连接);在不致混淆时,括号可以省去,但规定算符的优先顺序为:先"＊",次"·",最后"|"。连接符"·"一般可省略不写。

例 3.2　当 $\Sigma = \{0, 1\}$ 时,下面是 Σ 上的正规式和相应的正规集:

正规式	正规集
$(0|1)^*$	包括空串在内的所有二进制字符串
$0(0|1)^*0$	长度至少为 2,以 0 开始和结束的二进制字符串
$0^*10^*10^*10^*$	所有包含 3 个 1 的二进制字符串

例 3.3　设 $\Sigma = \{a, b\}$,试写一个正规式,使其表示的正规集为"不以 a 开头,但以 aa 结尾的字符串集合"。

由于 $\Sigma = \{a, b\}$,若不以 a 开头,则必以 b 开头,而结尾由题目已知,中间部分没有限制,为 a、b 组成的任意长度的字符串。于是,符合题意的正规式为:$b(a|b)^* aa$

若两个正规式所表示的正规集相同,则认为二者是**等价**的。两个等价的正规式 U 和 V 记为 $U=V$。例如,$b(ab)^* = (ba)^* b$,$(a|b)^* = (a^* b^*)^*$。

令 U、V、W 均为正规式,显然,下列关系成立:

(1) 交换律:$U | V = V | U$

(2) 结合律:$U | (V | W) = (U | V) | W$

$$U(VW) = (UV)W$$

(3) 分配律：$U(V \mid W) = UV \mid UW$

$$(U \mid V)W = UW \mid VW$$

(4) $\varepsilon U = U\varepsilon = U$

3.3.2 确定有限自动机(DFA)

有限自动机,也称作有穷自动机,是一种识别正规集的装置,它能够准确识别正规文法所定义的语言和正规式所表示的集合。有限自动机分为确定有限自动机和不确定有限自动机两种,下面首先介绍确定有限自动机。

一个确定有限自动机(Deterministic Finite Automata, DFA)是一个五元组,形如:

$$M = (S, \Sigma, \delta, S_0, F)$$

DFA 组成

其中:

(1) S 是一个有限集,它的每个元素称为一个**状态**;

(2) Σ 是一个有穷字母表,它的每个元素称为一个**输入字符**;

(3) δ 是**状态转换函数**,是在 $S \times \Sigma \rightarrow S$ 上的单值部分映射。$\delta(s_1, a) = s_2$ 表示当现行状态为 s_1,输入字符为 a 时,将转换到下一状态 s_2。我们称 s_2 为 s_1 的一个**后继状态**;

(4) S_0 是唯一的**初态**,且 $S_0 \in S$;

(5) F 是一个**终态集**,可以为空,且 $F \subseteq S$。

显然,一个 DFA 可用一个矩阵表示,该矩阵的列表示状态,行表示输入字符,矩阵元素表示 $\delta(s, a)$ 的值。这样的矩阵称为**状态转换矩阵**。例如,有 DFA $M = (\{0, 1, 2, 3\}, \{a, b\}, \delta, 0, \{3\})$,其中,$\delta$ 为:

$$\delta(0, a) = 1 \qquad \delta(0, b) = 2$$
$$\delta(1, a) = 3 \qquad \delta(1, b) = 2$$
$$\delta(2, a) = 1 \qquad \delta(2, b) = 3$$
$$\delta(3, a) = 3 \qquad \delta(3, b) = 3$$

DFA M 的状态转换矩阵如表 3-2 所示。

表 3-2　M 的状态转换矩阵

状态	输入	
	a	b
0	1	2
1	3	2
2	1	3
3	3	3

一个 DFA 既可以表示成状态转换矩阵的形式,也可以表示成一张(确定的)状态转换图。假定 DFA M 含有 m 个状态和 n 个输入字符,那么,其状态转换图则含有 m 个状态结点,每个结点至多有 n 条箭弧射出与其他结点相连接,每条箭弧用 Σ 中的一个不同输入字符做标记,整张图含有唯一的一个初态结点和若干(可以为 0)终态结点。初态结点冠以双箭头"⇒",终态结点用双圈表

DFA 的表示方式

示,若 $\delta(s_i,a)=s_j$,则从结点 s_i 到结点 s_j 画标记为 a 的弧。图 3-6 即为上例中 DFA M 对应的状态转换图。

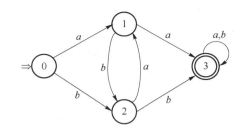

图 3-6 M 的状态转换图

对于 Σ^* 中的任何字符串 α,若存在一条从初态结点到某一终态结点的通路,且这条通路上所有弧的标记符连接成的字符串等于 α,则称 α 可为 DFA M 所**识别**(**读出**或**接受**)。若 M 的初态结点同时又是终态结点,则空字 ε 可为 M 所识别。DFA M 所能识别的字符串的全体记为 $L(M)$。

3.3.3 不确定有限自动机(NFA)

不确定有限自动机是确定有限自动机 DFA 的一般化,其定义与 DFA 类似。不确定有限自动机的基本特征在于,当一个状态遇到同一个输入符号时,可能有多种不同的转换。

一个**不确定有限自动机**(Nondeterministic Finite Automata,NFA)也是一个五元组,形如:

$$M=(S,\Sigma,\delta,S_0,F)$$

其中:

(1) S 是一个有限状态集;

(2) Σ 是一个有穷输入字母表;

(3) δ 是状态转换函数,是在 $S\times\Sigma^*$ 到 S 的子集的一个映射,即:

$$\delta:S\times\Sigma^*\to 2^S$$

(4) S_0 是一个非空**初态集**,且 $S_0\subseteq S$;

(5) F 是一个终态集,可以为空,且 $F\subseteq S$。

NFA 可以用状态转换图来表示,结点表示状态,有标记的弧代表转换函数。一个含有 m 个状态,n 个输入字符的 NFA 表示的状态转换图:有 m 个状态结点,每个结点可射出若干条弧与其他结点相连接,每条弧用 Σ 上一个字(这些字可以相同,也可以是 ε)来标记(称为输入字)。整个图至少有一个初态结点以及若干个(可以为 0)终态结点,某些结点即可以是初态结点,又可以是终态结点。

例 3.4 对于正规式 $0(0|1)*0$ 的 NFA,如图 3-7 所示。图中,在状态 1 处有两个标注为 0 的转换,一个到达状态 1,另一个到达状态 2。

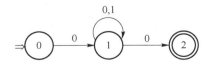

图 3-7 $0(0|1)*0$ 的 NFA

对于 Σ^* 中的任何字符串 α,若存在一条从初态结点到某一终态结点的通路,且这条通路上所有弧的标记字依序连接成的字符串(忽略标记为 ε 的弧)等于 α,则称 α 可为 NFA M 所**识别**(**读出**或**接受**)。若 M 的某些结点既是初态结点又是终态结点,或者存在一条从某个初态结点到某个终态结点的通路,其上所有弧的标记均为 ε,则空字 ε 可为 M 所接受。NFA M 所能识别的字符串的全体记为 $L(M)$。

容易看出,DFA 是 NFA 的特例,那么,如何从 NFA 得到等价的 DFA 呢?这需要用到 NFA 的确定化技术。

对于任意两个有限自动机 M 和 M',若有 $L(M) = L(M')$,则称 M 和 M' 是**等价**的。对于每个 NFA M,都存在着一个 DFA M',使得 $L(M) = L(M')$。与某一 NFA 等价的 DFA 不唯一。

从 NFA 构造等价的 DFA,通常使用**子集法**,其基本思路是:DFA 的每一个状态与 NFA 的一组状态相对应,用 DFA 的一个状态去记录在 NFA 读入一个输入符号后可能达到的状态集合。下面先介绍一下与状态集合 I 有关的几个运算。

状态集合的运算

(1) **状态集合 I 的 ε 一闭包**,记为 $\varepsilon\_Closure(I)$,定义为:
- 若 $q \in I$,则 $q \in \varepsilon\_Closure(I)$;
- 若 $q \in I$,则从 q 出发经任意条 ε 边而能到达的状态 q' 都属于 $\varepsilon\_Closure(I)$。

(2) **状态集合 I 的 α 弧转换**,记为 I_α,定义为:

$$I_\alpha = \varepsilon\_Closure(J)$$

其中,J 是所有那些可从 I 中的某一状态结点出发经过一条 α 弧而到达的状态的全体。例如,从图 3-8 中可以得到以下结果:

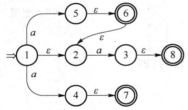

图 3-8 一个 NFA 的例子

若 $I_1 = \{1\}$,则 $\varepsilon\_Closure(I_1) = \{1, 2\}$;

若 $I_2 = \{5\}$,则 $\varepsilon\_Closure(I_2) = \{5, 6, 2\}$;

若 $I_3 = \{1, 2\}$,则 $J = \{5, 3, 4\}$,于是有 $I_{3a} = \varepsilon\_Closure(\{5, 3, 4\}) = \{2, 3, 4, 5, 6, 7, 8\}$。

将 NFA 确定化,需要经过两个步骤。

首先,改造 NFA 的状态图。由于 NFA 的初态和终态结点都可能有多个,而且每条弧上的标记可能是 Σ^* 上的一个字符串,因此,需要将其改造为只有一个初态结点和一个终态结点,且每条弧上的标记只能是单个输入符号或者 ε 的状态图。具体做法是:

NFA 到 DFA 的转化

(1) 增加状态 X 和 Y,使其成为新的唯一的初态和终态。从 X 引 ε 弧到原初态结点,从原终态结点引 ε 弧到 Y 结点。

(2) 依据图 3-9 中的规则对状态图进行替换,不断重复这一过程,直到图中每条边上的标记转化为 Σ 上的单个符号或者 ε 为止。

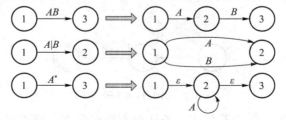

图 3-9 替换规则

其次,使用子集法将改造后的 NFA 确定化。具体做法是:

(1) 对 $\Sigma = \{a_1, \cdots, a_k\}$,构造一个 $k+1$ 列的状态转换表,列为状态,行为输入字符。置该表的首行首列为 $\varepsilon\_Closure(X)$,X 为第一步完成后的唯一的开始状态。

（2）若某行的第一列的状态已确定为 I，则计算第 $i+1(i = 1, 2, \cdots, k)$ 列的值为 I_{ai}，然后，检查该行上的所有状态子集，看其是否已在第一列出现。若未出现，则将其添加到后面的空行上。重复这一过程，直到所有状态子集均在第一列中出现为止。

（3）将每个状态子集视为一个新的状态，即可得到一个 DFA。初态就是首行首列的状态，终态就是含有原有终态的所有状态。

例 3.5 将图 3-10 中 NFA 确定化。

首先，改造 NFA 的状态图，改造后的结果如图 3-11 所示。

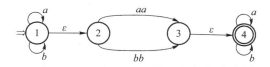

图 3-10　接受包含 aa 或 bb 的字的 NFA

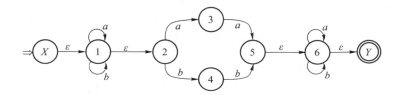

图 3-11　改造后的 NFA

其次，使用子集法将改造后的 NFA 确定化。先构造一个 3 列的状态转换表，$\varepsilon\_Closure(X)$ 作为该表的首行首列值，由图 3-11 可知，$\varepsilon\_Closure(X)$ 为 $\{X, 1, 2\}$；接着，求该集合的 I_a 和 I_b，如表 3-3 所示。

表 3-3　状态转换表（1）

I	I_a	I_b
$\{X, 1, 2\}$	$\{1, 2, 3\}$	$\{1, 2, 4\}$

检查该行上所有表项的值，看其是否已在第一列出现过，若没有出现，则将其添加到第一列。比如，表 3-3 中的 $\{1, 2, 3\}$ 和 $\{1, 2, 4\}$ 在第一列都没有出现过，将其加入第一列，继续求其 I_a 和 I_b 的值，重复这一过程，最后得到表 3-4。

表 3-4　状态转换表（2）

I	I_a	I_b
$\{X, 1, 2\}$	$\{1, 2, 3\}$	$\{1, 2, 4\}$
$\{1, 2, 3\}$	$\{1, 2, 3, 5, 6, Y\}$	$\{1, 2, 4\}$
$\{1, 2, 4\}$	$\{1, 2, 3\}$	$\{1, 2, 4, 5, 6, Y\}$
$\{1, 2, 3, 5, 6, Y\}$	$\{1, 2, 3, 5, 6, Y\}$	$\{1, 2, 4, 6, Y\}$
$\{1, 2, 4, 5, 6, Y\}$	$\{1, 2, 3, 6, Y\}$	$\{1, 2, 4, 5, 6, Y\}$
$\{1, 2, 4, 6, Y\}$	$\{1, 2, 3, 6, Y\}$	$\{1, 2, 4, 5, 6, Y\}$
$\{1, 2, 3, 6, Y\}$	$\{1, 2, 3, 5, 6, Y\}$	$\{1, 2, 4, 6, Y\}$

重命名所有状态,如表 3-5 所示。

表 3-5　状态转换表(3)

状态	a	b
S	A	B
A	C	B
B	A	D
C	C	E
D	F	D
E	F	D
F	C	E

据表 3-5,可以得到与给定的 NFA 等价的 DFA,如图 3-12 所示。

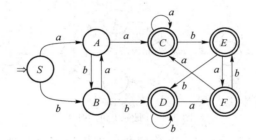

图 3-12　与图 3-11 等价的 DFA

3.3.4　正规文法与有限自动机的等价性

对于正规文法 G 和有限自动机 M,如果 $L(G) = L(M)$,则称 G 和 M 是等价的。关于正规文法和有限自动机的等价性,体现在以下两个方面:

(1) 对任一右线性或左线性正规文法 G,都存在一个有限自动机 M,使得 $L(M) = L(G)$;

(2) 对任一有限自动机 M,都存在一个右线性正规文法 G_R 和左线性正规文法 G_L,使得 $L(M) = L(G_R) = L(G_L)$。

1. 正规文法转换为有限自动机

已知正规文法(右线性)$G_R = (V_T, V_N, S, P)$,令 NFA $M = (Q, \Sigma, \delta, S, F)$,根据正规文法的 4 个部分求 NFA 的 5 个部分的方法是:

(1) 输入字母表 Σ,为文法终结符号集合 V_T;

(2) 初始状态 S,为开始符号 S;

(3) 状态集合 Q:增加一个终态 T,将 $Q = T \cup V_N$ 作为状态集合;

(4) 终态集合 F:若 P 中含有产生式 $S \rightarrow \varepsilon$,则 $F = \{T, S\}$,否则,$F = \{T\}$;

(5) 状态转换函数 δ 的构造方法:

* 对 P 中的产生式 $A \rightarrow aB$,$\delta(A, a) = B$,画从 A 到 B 的弧,弧上标记 a;

* 对 P 中的产生式 $A \rightarrow a$,$\delta(A, a) = T$,画从 A 到 T 的弧,弧上标记 a;

* 对于 V_T 中的每个 a,$\delta(T, a) = \phi$,表示在终态下没有动作。

例 3.6　假设右线性正规文法 $G_R = (\{0, 1\}, \{A, B, C, D\}, A, P)$,其中,$P$ 为:

$$A \rightarrow 0 \mid 0B \mid 1D \qquad B \rightarrow 0D \mid 1C$$
$$C \rightarrow 0 \mid 0B \mid 1D \qquad D \rightarrow 0D \mid 1D$$

如图 3-13 所示,可以得到与之等价的有限自动机 $M = (\{T, A, B, C, D\}, \{0, 1\}, \delta, A, \{T\})$, δ 可由图得到。

2. 有限自动机转换为正规文法

已知 NFA $M = (Q, \Sigma, \delta, S_0, F)$,求等价的右线性正规文法 $G_R = (V_T, V_N, S, P)$,也就是说,根据 NFA 的 5 个部分求正规文法的 4 个部分,其方法是:

(1) 终结符号集合 V_T,为字母表 Σ;

(2) 开始符号 S,为初始状态 S_0;

(3) 非终结符集合 V_N,为有限自动机的状态集合 Q;

(4) 产生式 P 的构造方法:对任何 $a \in \Sigma, A, B \in Q$,若有 $\delta(A, a) = B$,则

- 当 $B \notin F$ 时,令 $A \rightarrow aB$;
- 当 $B \in F$ 时,令 $A \rightarrow a \mid aB$;
- 当 $S_0 \in F$ 时,令 $S_0 \rightarrow \varepsilon$。

例 3.7　给定如图 3-14 所示的有限自动机 $M = (\{A, B, C, D\}, \{0, 1\}, \delta, A, \{B\})$,于是可以得到与之等价的右线性正规文法 $G_R = (V_T, V_N, A, P)$,其中,$V_T = \{0, 1\}, V_N = \{A, B, C, D\}, P$ 为:

$$A \rightarrow 0 \mid 0B \mid 1D \qquad B \rightarrow 0D \mid 1C$$
$$C \rightarrow 0 \mid 0B \mid 1D \qquad D \rightarrow 0D \mid 1D$$

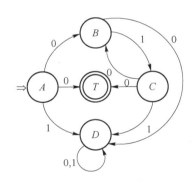

图 3-13　由 G_R 得到的有限自动机

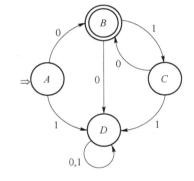

图 3-14　给定的有限自动机

3.3.5　正规式与有限自动机的等价性

不仅正规文法和有限自动机是等价的,正规式和有限自动机也是等价的,即,由正规式所描述的语言和有限自动机所识别的语言相同。其等价性体现在以下两个方面:

(1) 对任何有限自动机 M,都存在一个正规式 r,使得 $L(r) = L(M)$;

(2) 对任何正规式 r,都存在一个有限自动机 M,使得 $L(M) = L(r)$。

1. 不确定有限自动机转换为正规式

对于 Σ 上的 NFA M,令每条弧可用一个正规式来标记,以此来构造 Σ 上的正规式 r,使得 $L(r) = L(M)$。步骤如下:

首先,在 M 的状态转换图上加入两个结点,一个为 X,另一个为 Y。从 X 用 ε 弧连接到 M

正则表达式到
有限自动机

43

的所有初态结点,从 M 的所有终态结点用 ε 弧连接到 Y,从而形成一个新的 NFA,记为 M',它只含一个初态结点 X 和一个终态结点 Y。显然有,$L(M) = L(M')$,即,这两个 NFA 是等价的。

其次,逐步消去 M' 中的所有结点,直到仅剩下 X 和 Y 为止。在消除过程中,逐步用正规式来标记箭弧。消弧过程很直观,只需反复使用图 3-15 中的替换规则即可。

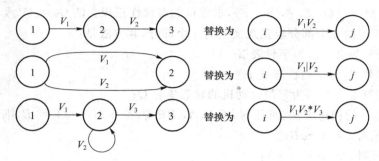

图 3-15 替换规则

最后,从结点 X 到 Y 的弧上的标记即可得到所求的正规式 r。

例 3.8 图 3-16(a)给出了一个 NFA M,下面将求出与之等价的正规式 r。

首先,如图 3-16(b)所示,加入结点 X 和 Y,形成一个新的 NFA M';然后,利用替换规则逐步消去 M' 中的结点,直到仅剩下 X 和 Y 为止,如图 3-16(c)所示;最后,从 X 和 Y 之间弧上的标记可以看出,$r = (a|b)(a|b)^*$。

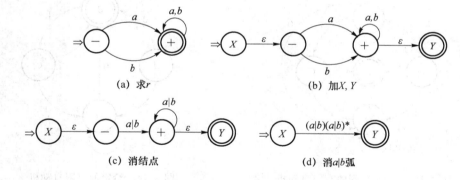

图 3-16 由 NFA 构造正规式

2. 正规式转换为不确定有限自动机

从 Σ 上的一个正规式 r 构造 Σ 上的 NFA M,其基本思想介绍如下:

首先分析 r,将其分解成子表达式,然后使用下面的规则(1)至(3),为 r 中的每个基本符号(ε 或字母表符号)构造 NFA。基本符号对应正规式定义的(1)和(2)两部分。若符号 a 在 r 中多次出现,则为其每次出现都要构造 NFA。

由正则表达式
到 NFA

然后,据 r 的语法结构,使用下述规则(4)将这些 NFA 归纳组合起来,直至获得整个正规式的 NFA 为止。构造过程中所产生的中间 NFA 具有如下性质:①只有一个终态;②没有弧进入开始状态;③没有弧离开终态。在下面的 NFA 中,x 是初始状态,y 是接受状态。

（1）对正规式 ϕ 构造 NFA，如图 3-17(a)所示。

（2）对于 ε 构造 NFA，如图 3-17(b)所示。显然，它识别 $\{\varepsilon\}$。

（3）对 Σ 中的每个符号 a 构造 NFA，如图 3-17(c)所示，它识别 $\{a\}$。

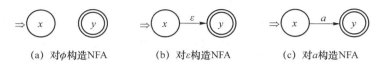

(a) 对 ϕ 构造 NFA (b) 对 ε 构造 NFA (c) 对 a 构造 NFA

图 3-17 识别正规式 ϕ、ε 和 a 的 NFA

（4）如果 $N(s)$ 和 $N(t)$ 分别是正规式 s 和 t 的 NFA，则：

① 如图 3-18 所示，对正规式 $s|t$ 构造合成的 NFA $N(s|t)$。加入结点 x 和 y，从 x 引 ε 弧到 $N(s)$ 和 $N(t)$ 的初始状态，从 $N(s)$ 和 $N(t)$ 的接受状态引 ε 弧到结点 y。$N(s)$ 和 $N(t)$ 的初始和接受状态不再是 $N(s|t)$ 的初始和接受状态。这样，从 x 到 y 的任何路径必须独立完整地通过 $N(s)$ 或 $N(t)$。可以看出，该合成的 NFA 能够识别 $L(s)\bigcup L(t)$。

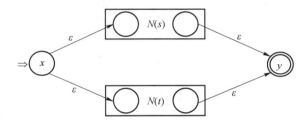

图 3-18 识别正规式 $s|t$ 的 NFA

② 如图 3-19 所示，对正规式 st 构造合成的 NFA $N(st)$。$N(s)$ 的初始状态成为合成后的 NFA 的初始状态，$N(t)$ 的接受状态成为合成后的 NFA 的接受状态，$N(s)$ 的接受状态和 $N(t)$ 的初始状态合并，且合并后的这个状态不作为合成后的 NFA 的接受状态或开始状态。从 x 到 y 的路径必须首先经过 $N(s)$，再经过 $N(t)$，该路径上的标记拼成 $L(s)L(t)$ 中的串。由于没有边进入 $N(t)$ 的初始状态或离开 $N(s)$ 的接受状态，因此，在 x 到 y 的路径中不存在 $N(t)$ 回到 $N(s)$ 的现象，所以，合成后的 NFA 能够识别 $L(s)L(t)$。

③ 如图 3-20 所示，对正规式 s^* 构造合成的 NFA $N(s^*)$。同样，x 和 y 分别是新的初始状态和接受状态。在此合成的 NFA 中，可以沿 ε 边直接从 x 到 y，这意味着 $\varepsilon \in L(s^*)$；也可以从 x 经过 $N(s)$ 一次或多次。很明显，该 NFA 能够识别 $L(s^*)$。

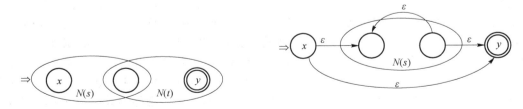

图 3-19 识别正规式 st 的 NFA　　　　　图 3-20 识别正规式 s^* 的 NFA

④ 对于括起来的正规式 (s)，则使用 $N(s)$ 本身作为其 NFA。

需要注意的是，对每次构造的新状态都要赋予不同的名字，从而使得所有的状态名都不相同。

例 3.9　构造与正规式 $r = 01^*|1$ 等价的有限自动机。首先,将 r 分解为最基本的子表达式 1 和 0,接着按如下步骤进行:

（1）如图 3-21(a)所示,构造与正规式 1 和 0 等价的有限自动机;

（2）如图 3-21(b)所示,构造与 1^* 等价的有限自动机;

（3）如图 3-21(c)所示,将 0 和 1^* 的有限自动机连接,构造与 01^* 等价的有限自动机;

（4）如图 3-21(d)所示,将 01^* 和 1 的有限自动机合并,构造与 $01^*|1$ 等价的有限自动机。

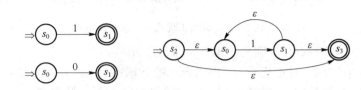

(a) 分别与1和0等价的自动机　　　　(b) 与1*等价的有限自动机

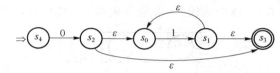

(c) 与01*等价的有限自动机

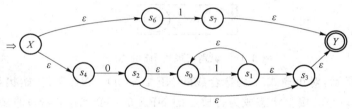

(d) 与01*|1等价的有限自动机

图 3-21　与正规式 r 等价的有限自动机的构造过程

3.3.6　DFA 的化简

DFA 化简指的是,寻找一个状态数最少的 DFA M',使得 $L(M) = L(M')$。每个正规集都可以由一个状态数最少的 DFA 所识别,如果不考虑状态名不同所带来的差异的话,则该 DFA 是唯一的。

化简是消去 DFA 中多余或无用状态、并合并等价状态的过程。所谓**多余状态**是指,从初始状态出发,读入任何输入串都无法到达的那个状态,或者说,从该状态没有通路能够到达终态。假定 s 和 t 是 M 的两个不同状态,二者**等价**是指:如果从状态 s 出发能读出某个字 w 而停于终态,则从 t 出发也能读出同样的字 w 而停于终态;反之,若从 t 出发能读出某个字 w 而停于终态,则从 s 出发也能读出同样的字 w 而停于终态。如果 DFA 的两个状态 s 和 t 不等价,则称 s 和 t 是**可区别的**。比如,终态与非终态是可区别的,因为终态能够读出空字 ε,非终态则不能读出 ε。

1. 等价状态

在有限自动机中,状态 s 和 t 等价需满足以下条件:

（1）一致性条件:s 和 t 同时为可接受状态或不可接受状态;

（2）蔓延性条件:对所有输入符号,s 和 t 都能转换到等价的状态中。

2．基本思想

DFA 化简的基本思想是：把 DFA M 的状态分成一些不相交的子集，使得任何不同子集中的状态都是可区别的，而同一子集中的状态都是等价的。然后，从每个子集中选出一个状态作为代表，同时消去其他等价状态。这种方法称为"分割法"，其具体过程是：

DFA 化简

(1) 将 M 的所有状态分成两个子集：终态集和非终态集；

(2) 考察每个子集，若发现某子集中的状态不等价，则将其划分为两个集合；

(3) 重复第(2)步，继续考察已得到的每个子集，直到没有任何一个子集需要继续划分为止。此时，DFA 的状态被分割成若干个互不相交的子集；

(4) 从每个子集中选出一个状态作为代表，即可得到最简 DFA。

3．注意事项

状态合并时需要注意以下两点：

(1) 由于子集中的状态都是等价的，因此，要将原来进入(离开)该子集中每个状态的弧改为进入(离开)所选的代表状态；

(2) 含有原来初态的子集仍为初态，含有原来各终态的子集仍为终态。

例 3.10　化简图 3-22(a)中的 DFA。

(1) 将 DFA 中的所有状态分为终态集和非终态集，得到：

$$\Pi_0 = \{\{S, A, B\}, \{C, D, E, F\}\}$$

(2) 考察 Π_0，首先查看子集 $\{S, A, B\}$ 的状态转换情况，有：$\delta(S, a) = A$，$\delta(A, a) = C$，$\delta(B, a) = A$。显然，当读入 a 时，状态 A 和状态 S、B 分别进入不同的子集中，故可将 $\{S, A, B\}$ 划分为 $\{A\}$ 和 $\{S, B\}$。类似地，状态 C、D、E、F 在读入 a、b 后均转移到同一子集中，因此，不可区分。于是，可以得到如下新的划分：

$$\Pi_1 = \{\{A\}, \{S, B\}, \{C, D, E, F\}\}$$

(3) 进一步考察 Π_1，首先查看子集 $\{S, B\}$ 的状态转换情况，有：$\delta(S, b) = B$，$\delta(B, b) = D$。显然，当读入 b 时，状态 S 和 B 分别进入不同的子集中，故可将 $\{S, B\}$ 划分为 $\{S\}$ 和 $\{B\}$。由于 $\{A\}$ 和 $\{C, D, E, F\}$ 不能再划分，也就是说，所有子集都不能再划分，因此，可以得到如下新的划分：

$$\Pi_2 = \{\{A\}, \{S\}, \{B\}, \{C, D, E, F\}\}$$

(4) 从 Π_2 的每个子集中选出一个状态作为代表，这里用 $\{C\}$ 代表 $\{C, D, E, F\}$，其余子集用自身做代表，最后得到仅含有 4 个状态的最小 DFA，如图 3-22(b)所示。

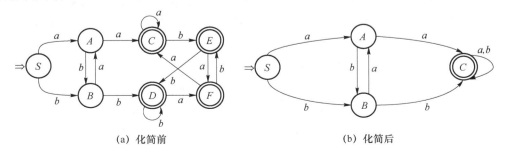

(a) 化简前　　　　　　　　　　　(b) 化简后

图 3-22　DFA 的最小化

3.3.7 化简的DFA到程序的表示

如果对DFA的每一个状态都先确定它所要完成的任务,再把从状态出发的弧上所标记的输入字母视为控制条件,那么DFA实际上就是一个程序流程图。

例如,识别标识符的DFA如图3-3(b)所示,如果赋予状态0,1,2一定的操作,则可得识别标识符的程序流程图(如图3-23)所示。

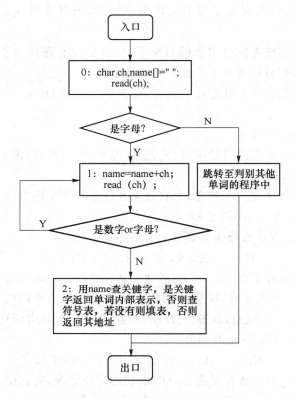

图 3-23 识别标识符的程序流程图

在流程图0框中,name用来存放读入的单词,先将它置空。语句read(ch)读入一个字符存入ch中,并根据ch的值是否为字母符号决定是否转入1框,如果ch=字母,则转入1框。在1框中,先将ch连接到name,再读入下一个输入字符,如果ch=字母或数字,则重复执行1框中的操作,否则进入2框。进入2框则表明name已经存放了一个单词,可以用name先查找关键字表,如果是关键字,则返回关键字的内部表示,如果不是关键字则用name去查找符号表,如果没查到,则用name去填符号表;否则返回该标识符在符号表中的地址。

下面通过例子展示直接用程序代码来表示DFA。

例3.11 有化简后的DFA $M = (\{0,1,2,3,4\}, \{d, +, -, *\}, t, 0, \{2,4\})$ 与之对应的状态转换矩阵如表3-6所示,其中 d 表示0,1,2,…,9。用程序表示该DFA。

表 3-6　DFA *M* 的状态转换矩阵

状态	输入			
	d	$+$	$-$	$*$
0	2	1	1	3
1	2	—	—	3
2	2	—	—	4
3	4	—	—	—
4	4	—	—	—

在考虑 DFA *M* 的程序表示时,可将与每一个状态有关的动作设计成一段程序,然后通过箭弧上的字符将各状态联结起来,从而可得如下程序段:

```
state = 0;
c = getchar();
while(c != '\0')
    {
        switch ( state )
            {
                case 0: if ( isdigit ( c ) )   state = 2;
                        else if ( c == ' + '||' - ') state = 1;
                        else if ( c == ' * ')    state = 3;
                        else error( );
                        break;
                case 1: if ( isdigit ( c ) )   state = 2;
                        else if ( c == ' * ')    state = 3;
                        else error( );
                        break;
                case 2: if ( isdigit ( c ) )   state = 2;
                        else if ( c == ' * ')    state = 4;
                        else error( );
                        break;
                case 3: if ( isdigit ( c ) )   state = 4;
                        else error( );
                        break;
                case 4: if ( isdigit ( c ) )   state = 4;
                        else error( );
            }
        c = getchar();
    }
```

3.4 词法分析器的自动生成

本节将介绍用于自动构造语言词法分析器的工具,该工具称为 LEX 编译器,简称 LEX。它是以有限自动机理论为基础而进行设计的。

3.4.1 LEX 概述

LEX(Lexical Ananlyzer Generator)是一个词法分析程序的自动生成器,源于贝尔实验室,1972 年首先在 UNIX 系统上得以实现,其输入是用 LEX 语言编写的源程序,它将基于正规式的模式说明与词法分析器要完成的动作组织在一起,而输出则是用 C 语言描述的词法分析器。

由于 LEX 存在多个不同的版本,因此,这里仅讨论所有或大多数版本均具有的特征。本书使用的是 FLEX,它是 LEX 的扩充,可在 MS-DOS 下运行。使用 LEX 时,通常可按下述步骤进行:

第一步,LEX 读取符合规定格式的源程序(文本文件,后缀为.l),输出一个 C 语言的源程序。LEX 源程序符合 LEX 源语言规范,其中包含了用正规式描述的单词说明和对应的 C 语言源代码。LEX 编译器通过对源程序 lex.l 进行扫描,将其中的正规式转换为相应的 NFA,进而转换为等价的 DFA,并对 DFA 化简,最终产生用该 DFA 驱动的 C 语言词法分析函数 yylex(),并将其写入 C 源代码文件 lexyy.c 中。lex.l 中定义的与正规式匹配的动作(C 语言源代码)将被直接插入 lexyy.c 中。

第二步,编译 lexyy.c,并将其链接到一个主程序上,从而得到一个可运行的程序 lexyy.exe。

第三步,运行 lexyy,函数 yylex() 将对所输入的程序设计语言源代码文件进行分析,在识别输入流中某一字符序列与所定义的单词正规式匹配时执行与其对应的 C 语言代码。

3.4.2 LEX 语言规范

使用 LEX 产生词法分析器的关键在于设计 LEX 源程序。LEX 源程序文件包括 3 个部分,它们是说明部分、翻译规则和辅助程序,由符号"%%"分开,形如:

说明部分	/* 含正规式的辅助定义和 C 语言的说明信息 */
%%	
规则部分	/* 转换规则 */
%%	
辅助程序	/* 规则部分所需的辅助过程的 C 代码 */

第一部分是说明部分,出现在第 1 个%%之前,包括变量声明、常量定义和正规式定义。其中,变量声明、常量定义遵循 C 语言规范,将在后续的 C 程序中使用;定义正规式时,先定义它的名字,从新的一行的第 1 列开始写,后跟所表示的正规式,之间用空格隔开。需要注意的是,正规式定义行中不能加注释,它会导致 LEX 误认为注释也是正规式定义的一部分。另外,包括在分隔符"%{"和"%}"之间的内容将被直接插到由 LEX 产生的 C 代码中,它位于任何过程的外部。

如何在 LEX 中表示正规式,表 3-7 给出了常用的 LEX 元字符约定及其描述。

表 3-7　Lex 中的元字符约定

格　式	说　明
a	字符 a
$\backslash a$	当 a 与某个元字符相同时,当作字符,如"\("表示字符"("为左括号
$a*$	正规式 a 可重复零次或多次
a^+	正规式 a 可重复一次或多次
$a?$	a 是一个可选的正规式
$a\|b$	正规式 a 或正规式 b
(a)	( )内优先级高于( )外
$[abc]$	字符 a、b 或 c 中的任何一个
$[a-d]$	字符 a、b、c 或 d 中任意一个
$[\hat{}ab]$	除了 a、b 外的任意字符
$.$	除了换行符之外的任一字符
$"test"$	双引号内的每个字符(包括元字符)都按字符处理
ab	正规式 a 与正规式 b 的连接
$\{xxx\}$	名字为 xxx 的正规式
$r\{m,n\}$	m、n 是正整数,正规式 r 的 $m\sim n$ 次重复
$<EOF>$	匹配文件结束标志

例 3.12　给出带符号实数的正规式表示,其中可能包含一个小数部分或一个以字母 E 开头的指数部分:

$$("+"|"-")?\ [0-9]+(".\ "[0-9]+)?\ (E("+"|"-")?\ [0-9]+)?$$

例 3.13　整数和标识符的正规式可定义如下:

```
digit        [0-9]
letter       [a-zA-Z]
number       {digit}+
id           {letter}({letter}|{digit})*
```

第二部分是规则部分,由一组正规式以及当每个正规式被匹配时所采取的动作组成,动作由 C 代码实现,它指出当匹配相对应正规式时应执行的动作。形如:

$$p_1 \quad \{动作1\}$$
$$p_2 \quad \{动作2\}$$
$$\vdots$$
$$p_n \quad \{动作n\}$$

其中,p_i 表示正规式,{动作 i}表示匹配 p_i 时词法分析器应执行的程序段。上述规则完全决定了最终所生成的词法分析器的功能,分析器只能识别符合正规式 p_1、p_2、$\cdots$、p_n 的单词符号。

当最终得到的词法分析器被语法分析器调用时,它将逐一扫描输入串的每个字符,直到发现能与正规式 p_i 匹配的最长前缀为止,并将该字符串截下来放在缓冲区 yytext 中,然后调用{动作 i}。当{动作 i}执行完后,词法分析器就识别出了一个单词符号,并将控制返回给语法分析器。若没有返回,词法分析器将继续寻找后续词法单元,直到有一个动作引起控制返回为止。这种重复地搜索词法单元,直到显式返回的方式,便于词法分析器处理空白和注释。当词法分析器被再次调用时,就从剩余的输入串开始识别下一个单词符号。每次词法分析器仅返回一个值(记号)给语法分析器,记号的属性值通过全局变量 yylval 传递。

第三部分是动作所需要的辅助程序,主要包括一些 C 代码,将被直接输出到 lexyy.c 的尾部。这里可定义一些处理正规式的 C 语言函数、主函数以及 yylex( )要调用的函数 yywrap( )等。这些函数也可以分别编译,然后在连接时装配在一起。如果要将 LEX 输出作为独立程序进行编译,则此处必须得有一个主程序。

关于 LEX 源程序的构成,下面进一步通过例子来说明。

例 3.14 以下是统计文件中标识符个数的扫描程序:

```
digit        [0 — 9]
letter       [a — zA — Z]
%{
int count = 0; / * 全局变量定义 * /
%}
% % / * 翻译规则部分 * /
{letter}({letter}|{digit}) *      {count ++ ;}
% % / * 辅助程序部分 * /
int main(void){
yylex( );
printf("This file has % 5d identifiers",count);
return 0;
}
```

例 3.15 编写一个 LEX 源文件,使其能够将文本中的十进制数替换成十六进制数,并打印被替换的次数。

```
%{
# include < stdlib. h>
# include < stdio. h>
int count = 0; / * 全局变量定义 * /
%}
digit     [0 — 9]
% % / * 翻译规则部分 * /
{digit} +     { int n = atoi(yytext); print(" % x", n); if (n > 9) count ++ ;}
% % / * 辅助程序部分 * /
int main( ){
    yylex( );
    fprintf(stdout, "number of replacements =  % d", count);
    return 0;
}
int yywrap( ){
    return 1;
```

}

表 3-8 列出了 LEX 常用的内部名字,在与正规式匹配的动作函数或辅助过程中可以使用。

表 3-8　一些 LEX 常用的内部名字

Lex 内部名字	说　明
lexyy. c 或 lex. yy. c	LEX 输出文件名
yylex	LEX 扫描程序
yytext	当前行为匹配的串
yyin	LEX 输入文件(默认:stdin)
yyout	LEX 输出文件(默认:stdout)
input	LEX 缓冲的输入程序
ECHO	LEX 默认行为(将 yytext 打印到 yyout)

3.4.3　使用 LEX 自动生成 L 语言的词法分析器

LEX 可被用来编写任意一种语言的词法分析程序,本节将给出能够生成 L 语言词法分析器部分功能的 LEX 源程序。该程序能够识别整数、实数、算符、部分关键字和标识符,能够删除多余的空白和注释。读者可据其补充其他功能,以识别更多的单词符号。

```
%{
# include <math.h>
# include <stdlib.h>
# include <stdio.h>
%}
DIGIT    [0-9]
ID       [a-z][a-z0-9]*
%%  /* 翻译规则部分 */
{DIGIT}+                  {printf("整数: % s(% d)\n", yytext, atoi(yytext));}
{DIGIT}+"."{DIGIT}*    {printf("实数: % s(% g)\n", yytext, atof(yytext));}
if | then | begin | end | program | while | repeat {printf("关键字: % s\n", yytext);}
{ID}                     {printf("标识符: % s\n", yytext);}
"+"|"-"|"*"|"/"    {printf("算符: % s\n", yytext);}
"{"["^\n]*"}";        /* 删除注释,假定 L 语言的注释用{ }括起来 */
[\t\n\x20]+ ;         /* 删除多余空格,不执行任何动作,直接用一个分号即可 */
/* 下面的"."表示将上述规则之外的其他符号均视作不能识别 */
.                        {printf("不能识别的字符: % s\n",yytext);}
%%  /* 辅助程序部分 */
int main(int argc,char *argv[ ]){
    ++argv; --argc; /* 跳过执行文件名到第一个参数 */
    if(argc>0)  yyin = fopen(argv[0], "r");
    else yyin = stdin;
    yylex( );
```

```
    return 0;
}
int yywrap( ){
    return 1;
}
```

3.5　本章小结

本章主要介绍了与词法分析有关的内容,具体包括:词法分析器的功能,单词符号的类型和内部表示,如何设计一个词法分析器,正规表达式与有限自动机原理,以及词法分析器的自动生成等。应重点掌握词法分析器的工作原理,以及利用状态转换图设计词法分析程序的技术。同时,对正规式,正规集和有限自动机中的相关概念和算法要有所了解,并熟悉词法分析器自动生成工具 LEX 的使用方法。

3.6　习　　题

1. 什么是扫描器?扫描器的功能是什么?

2. 选择题

1)设有 C 语言程序段如下:

```
while (i && ++ j)
{
    c = 2.19;
    j + = k;
    i ++ ;
}
```

则经过词法分析后可以识别的单词个数是____个。

A. 19　　　　　　　　B. 20　　　　　　　　C. 21　　　　　　　　D. 23

2)下面____不是预处理程序完成的功能。

A. 滤掉源程序中的注释　　　　　　B. 查找源程序中的无用字符

C. 进行宏定义　　　　　　　　　　D. 实现文件包含的嵌入和条件编译的嵌入等

3. 试说明如何进行词法分析程序的设计。

4. 给定语言 $L=\{$ 偶数个 a,后接奇数个 b,再接偶数个 $a\}$

(1) 给出描述该语言的正规式。

(2) 构造识别该语言的状态转换图。

5. 什么叫作正规式和正规集。

6. 设 $M=(\{x,y\},\{a,b\},\delta,x,\{y\})$ 为一个非确定的有限自动机,其中,δ 定义如下:

$$\delta(x,a)=\{x,y\} \qquad \delta(x,b)=\{y\}$$
$$\delta(y,a)=\phi \qquad \delta(y,b)=\{x,y\}$$

试构造相应的确定有限自动机 M'。

7. 设计一个最小化的 DFA,其输入字母表是{0,1},接受以 0 开始以 1 结尾的所有序列。

第4章 自上而下语法分析

语法分析是编译程序的核心部分,其主要任务是在词法分析识别出的源程序的单词符号串的基础上,分析并判定单词串是否构成语法结构正确的语句。语法分析器将为语法正确的语句生成中间表示形式,供语义分析阶段使用;当单词符号串的语法结构不正确时,分析器将报告相应的出错信息。

4.1 概　述

语法分析本质上是文法句型的识别与分析。程序设计语言的语法结构是通过上下文无关文法描述的,因此语法分析实际上就是依据文法,判定输入单词符号串是否符合文法产生式的句子,并且识别出句子中的各个语法单位。

语法分析树能够清晰地展示出语句的组成结构,是描述语法分析结果的有效方式。如果在句型识别过程中,能够构建与之匹配的语法分析树,即端末结点与输入单词串一致,则表明待识别的符号串是文法的句子。

按照语法分析树的建立方法,语法分析技术可以分为自上而下分析和自下而上分析两大类。自上而下分析过程从语法分析树的根结点,即文法的开始符号出发,通过推导不断地将新的分支添加到树中,以自顶向下的方向试图为输入符号串构造相应的语法分析树。自下而上分析过程采用了相反的方式,从语法分析树的叶子结点,即输入符号串出发,以自底向上的方向试图为输入符号串构造相应的语法分析树。

语法分析的
方法分类

本章将讨论自上而下的语法分析方法,第5章介绍自下而上的语法分析方法。

4.2 自上而下分析基本思想

从推导的角度看,自上而下分析过程实质上是不断建立直接推导的过程。如果采用最左推导方式,那么分析的每一步都是以当前句型中最左边的非终结符产生式的右部符号串,替换这个非终结符而生成新的句型。或者说,是对非终结符号进行展开,生成语法分析树下一层分支的过程。

自上而下语法
分析举例

文法中的非终结符号可能具有多个候选式,这种情况下,推导过程中将难以确定应该使用哪个候选式完成展开动作。因此,自上而下的分析可能产生一定的试探过程。

例 4.1 判断输入串 $w = a * b$ 是否为如下文法的句子

$$S \rightarrow aAb$$
$$A \rightarrow ** \mid *$$

动画:自上而下语法
分析过程实例

依据文法自上而下地为输入串 w 构造语法分析树时,首先由文法的开始符号 S 出发,选择其唯一的候选式,展开语法树的第一层子结点。此时,输入符号'a'得到了匹配,如图4-1左侧子树所示。输入串的扫描指针将向右移动到下一个输入符号'$*$'。

然后,利用句型中最左侧的非终结符 A 进行推导时,发现 A 具有两个候选式。如果采用简单的策略,可以指定利用 A 的第一个候选式 $A \rightarrow **$ 进行推导,如图4-1中间子树所示,当前输入符号'$*$'得到了匹配。但是,扫描指针向右移动到下一个输入符号'b',与语法树叶子结点中的第二个'$*$'不匹配。此时,需要重新选用 A 的另一个产生式 $A \rightarrow *$ 进行推导尝试,如图4-1右侧最终语法树所示。在这种尝试下,输入串中后续符号都能够得到匹配,从而完成了为 w 构造语法树的任务,证明了 w 是一个句子。

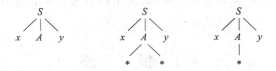

图 4-1　不确定的自上而下语法分析

通过上面的例子可以看出,自上而下分析过程是一种通过使用非终结符号不同的候选式,试探地匹配输入串的过程。每当某个选择匹配失败时,就需要撤销所构造的失败分支,从而选取另一个候选再次进行尝试,这一过程称为**回溯**。

除了上述情形将产生回溯,有一种特殊形式的文法将使得自上而下分析过程陷入循环中。

例4.2　判断输入串 $w = baaa$ 是否为如下文法的句子

$$S \rightarrow Sa$$
$$S \rightarrow b$$

自上而下为输入串 w 构建语法分析树将以文法的开始符号 S 作为根结点。由于输入串的第一个符号为'b',为与'b'匹配则应选用 $S \rightarrow b$ 来进行推导。但是,这样将无法推导出 w 后边的部分,如图4-2的第一棵子树所示。通过回溯采用 $S \rightarrow Sa$ 推导时,却无法确定什么时候应该采用 $S \rightarrow b$ 进行推导,从而出现图4-2所示的后续多次回溯的情况。

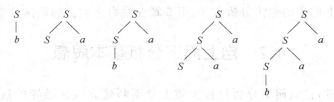

图 4-2　包含循环的语法分析过程

例4.2中,利用 S 进行推导时,在没有识别出任何输入符号的情况下,又因为重新要求 S 进行新的匹配而产生了循环。上述文法在生成语句时出现的循环试探过程,是由于文法中存在特殊形式的产生式,其左部符号与右部的第一个符号相同。这种递归定义的非终结符在匹配输入时,只有经过若干次递归选择后,才能选择递归终止产生式。由于递归定义出现在产生式右部的第一个位置,或者说左端,因此产生式称为左递归产生式。

带有回溯的自上而下分析是一个穷举式的试探过程,当分析不成功时则推翻当前的分析,并退回到适当位置,再重新试探其余候选进行推导。通过记录已使用过的产生式,直到将所有可能的推导序列都测试完成仍不成功时,才会确认输入串不是文法的句子。

回溯分析功能强大,任何上下文无关文法都可以通过这种方法进行识别。但是,在编译程序真正实现时,往往是边进行语法分析边插入语义动作,完成语义分析,因而带有回溯的分析代价很高、效率很低,在实用编译程序中几乎不使用这种方法。虽然非确定的分析方式并不实用,但它却展示了编译程序的许多特性。

通过对文法进行限制可以避免回溯,构造确定的自上而下分析过程。虽然,不是每一个上下文无关文法都能构造一个确定的自上而下分析器,但是能用确定的自上而下分析方法进行分析的上下文无关文法,有充分的能力定义大多数常用的高级程序设计语言,用以构造有效的编译程序。

4.3　LL(1)分析

LL(1)文法是上下文无关文法的一个真子集,是能够实现确定的自上而下分析技术的最大一类文法。LL(1)中的第一个 L 表示从左到右扫描输入串,第二个 L 表示分析采用最左推导,1 表示分析的每一步只需向前查看一个输入符号,就能确定采取何种动作。LL(k)分析也是有可能的,LL(k)分析利用向前查看的 k 个符号进行语法分析。但是,向前查看 1 个符号最为常见。

4.3.1　消除左递归

1. 左递归文法

由上所述,递归定义的文法可以用于生成符号串重复形式的结构。但是左递归文法却无法构造确定的自上而下分析方法。

假定文法非终结符 A 的产生式为

$$A \rightarrow A\alpha \mid \beta$$

其中, β 的首字符不是 A。这种形式的产生式称为直接左递归产生式。如果文法中至少含有一条左递归产生式,则称文法是左递归文法。

此外,考虑如下形式的文法

$$A \rightarrow B\alpha \mid \beta$$
$$B \rightarrow A\gamma \mid \delta$$

文法中不含有任何直接左递归产生式。但是,利用文法推导符号串的过程中,可能存在类似 $A \Rightarrow B\alpha \Rightarrow A\gamma\alpha$ 的推导过程,出现了间接的左递归形式,也

消除左递归

将面临直接左递归相同的问题。因此,存在 $A \overset{+}{\Rightarrow} A\cdots$ 推导形式的文法也是左递归文法。

2. 消除直接左递归

文法的左递归可以通过产生式的形式变换而消去。直接左递归形式的产生式 $A \rightarrow A\alpha \mid \beta$,通过引入新的非终结符 A',可以改写为

$$A \rightarrow \beta A'$$
$$A' \rightarrow \alpha A' \mid \varepsilon$$

改写后的文法与原文法具有不同的形式,不包含直接左递归。但是,两个文法的语言是等价的。也就是说,两种文法能够推出的符号串是相同的。

例 4.3　消除算术表达式文法的左递归

$$E \rightarrow E + T \mid T$$
$$T \rightarrow T * F \mid F$$
$$F \rightarrow (E) \mid i$$

$(G4.1)$

通过观察可以发现,非终结符 E 和 T 的产生式中含有直接左递归。依据消除左递归的文法变换规则,消去直接左递归后的表达式文法为

$$E \rightarrow TE'$$
$$E' \rightarrow +TE' \mid \varepsilon$$
$$T \rightarrow FT'$$
$$T' \rightarrow *FT' \mid \varepsilon$$
$$F \rightarrow (E) \mid i$$

$(G4.2)$

一般而言,假设文法中非终结符 A 的全部产生式为

$$A \rightarrow A\alpha_1 \mid A\alpha_2 \mid \cdots \mid A\alpha_m \mid \beta_1 \mid \beta_2 \mid \cdots \mid \beta_n \mid$$

其中,β_i 的首字符都不是 A,可将产生式改写为

$$A \rightarrow \beta_1 A' \mid \beta_2 A' \mid \cdots \mid \beta_n A'$$
$$A' \rightarrow \alpha_1 A' \mid \alpha_2 A' \mid \cdots \mid \alpha_m A' \mid \varepsilon$$

从而消除关于 A 的直接左递归。

表达式文法的左递归性

根据表达式的定义,表达式文法的基本形式为

$$E \rightarrow E + E \mid E * E \mid (E) \mid i$$

这个文法由于无法处理运算符之间的优先关系而具有二义性。

通过将相同优先级别的运算符归纳在一组中,可以描述运算符之间的优先级别。因此,可以将优先级别高的乘法与优先级别低的加法进行分组,得到如下文法

$$E \rightarrow E + E \mid T$$
$$T \rightarrow T * T \mid F$$
$$F \rightarrow (E) \mid i$$

$(G4.3)$

其中,加法被归在非终结符 E 的规则中,而乘法被归在非终结符 T 的规则中,更高优先级别的括号运算被归在非终结符 F 的规则中。这样,在构造语法分析树时,乘法运算将作为加法运算的操作数而进行分组。或者说,语法树中加法将比乘法更靠近树的根结点,具有更低的优先级别,如图 4-3 所示。

但是,上述文法仍然具有二义性,原因是文法无法描述相同优先级别运算符的结合性,如图 4-4 所示。为了满足数学算术运算的左结合性,需要强制产生式从左侧产生相同优先级别的运算符号。因此,算术表达式采用左递归形式的文法$(G4.1)$。

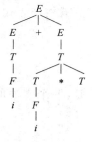

图 4-3　表达式文法$(G4.3)$包含的优先关系

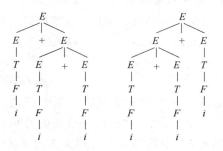

图 4-4　表达式文法$(G4.3)$具有二义性

左递归文法无法建立确定的自上而下的语法分析,那么将文法改为如下右递归形式的文法可以吗?右递归文法与左递归文法的形式基本类似,并且具有相同的语言集合。但是,利用两个文法为相同的输入串构建语法分析树将发现,左递归文法使得相同优先级别的运算符具有左结合性,而右递归文法使得运算符具有了右结合性,如图4-5所示。

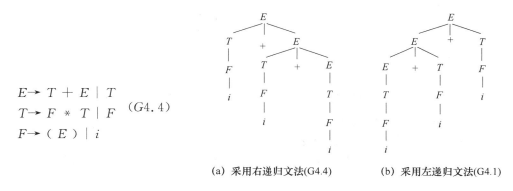

$$E \rightarrow T + E \mid T$$
$$T \rightarrow F * T \mid F \qquad (G4.4)$$
$$F \rightarrow (E) \mid i$$

(a) 采用右递归文法(G4.4)　　　　(b) 采用左递归文法(G4.1)

图 4-5　表达式 $i+i+i$ 的语法分析树

3. 消除所有左递归

考虑文法

$$S \rightarrow Qc \mid c$$
$$Q \rightarrow Rb \mid b \qquad (G4.5)$$
$$R \rightarrow Sa \mid a$$

文法虽然不含有直接左递归,但是存在类似 $S \Rightarrow Qc \Rightarrow Rbc \Rightarrow Sabc$ 的推导,因此,S、Q、R 都是间接左递归的。上述通过产生式形式变换的方法,无法消除多步推导而产生的间接左递归。那么,如何消除一个文法的一切左递归?

如果一个文法不存在循环或 ε 产生式,执行算法4.1能保证消除所有左递归。其中,循环是指推导中出现了以相同非终结符开始和结束的推导过程,即形如 $A \overset{+}{\Rightarrow} A$ 的推导。循环将导致分析程序进入无穷循环,因此带有循环的文法不会作为程序设计语言的文法出现;ε 产生式是形如 $A \rightarrow \varepsilon$ 的产生式,程序设计语言的文法中确实存在 ε 产生式,但是通常都是在有限的情形中,因此算法对于大多数文法都是有效的。

算法4.1的基本思想是通过代入的方式,使得经过若干步推导才会展现出来的左递归显式地呈现于产生式中。例如,对不含有直接左递归形式的产生式

$$A \rightarrow B\alpha \mid \beta$$
$$B \rightarrow A\gamma \mid \delta$$

将 B 代入 A 的含义是,利用 B 的产生式的右部,替换 A 的产生式右部中的 B,于是可得

$$A \rightarrow A\gamma\alpha \mid \delta\alpha \mid \beta$$

将隐藏在产生式中的左递归表示为直接左递归的形式。

代入实质上是将非终结符经过推导后的形式直接呈现于产生式中。需要注意,只有通过代入有可能产生左递归的情形下,才进行代入动作。换句话说,只有 B 出现在 A 的产生式右部的最左端,将 B 的右部代入 A 的右部后才有可能展现出潜在的左递归。如果在其他位置进行代入,只是增加了产生式右部符号串的长度,不可能出现直接左递归。此外,代入还必须遵循一定的顺序,不能将 B 代入 A 后,又试图将 A 代入 B,这样将无法停止代入动作。

算法 4.1　消除文法的全部左递归

（1）将文法 G 的所有非终结符按任意一种顺序排列成 A_1，A_2，$\cdots$，A_n；

（2）for（i = 1；i <= n；i++）

　　{ for（j = 1；j <= i - 1；j++）

　　　　{ 将形如 $A_i \rightarrow A_j \gamma$ 的产生式改写为 $A_i \rightarrow \delta_1 \gamma | \delta_2 \gamma | \cdots | \delta_k \gamma$；}

　　　　　　　　　　//A_j 的产生式为 $A_j \rightarrow \delta_1 | \delta_2 | \cdots | \delta_k$

　　消除 A_i 的产生式的直接左递归；

　　}

（3）化简（2）所得的文法，即删除从开始符号出发无法到达的非终结符的产生式。

例 4.4　消除文法（$G4.5$）的左递归。

第 1 步，将非终结符排序为 R、Q、S。

第 2 步，考察 R，R 不含直接左递归，将 R 代入到 Q 的有关候选式，Q 的产生式变为

$$Q \rightarrow Sab | ab | b$$

第 3 步，Q 的产生式不含直接左递归。将 R 和 Q 分别代入 S 的有关候选式（R 无法代入）后，S 的产生式变为

$$S \rightarrow Sabc | abc | bc | c$$

第 4 步，消除 S 的直接左递归后，最终的文法为

$$S \rightarrow abcS' | bcS' | cS'$$
$$S' \rightarrow abcS' | \varepsilon$$
$$Q \rightarrow Sab | ab | b$$
$$R \rightarrow Sa | a$$

显然，由 S 出发进行推导时，将无法遇见非终结符 Q 和 R，因此关于 Q 和 R 的产生式是多余的。经化简后所得的文法是

$$S \rightarrow abcS' | bcS' | cS'$$
$$S' \rightarrow abcS' | \varepsilon \qquad\qquad (G4.6)$$

注意，由于对非终结符排序的不同，最后所得的文法在形式上可能不一样。但不难证明，它们都是等价的。例如，若对文法（$G4.5$）的非终结符排序选为 S、Q、R，那么，最后所得的无左递归，并且与文法（$G4.6$）等价的文法为

$$S \rightarrow Qc | c$$
$$Q \rightarrow Rb | b$$
$$R \rightarrow bcaR' | caR' | aR'$$
$$R' \rightarrow bcaR' | \varepsilon$$

4.3.2　FIRST 集、提取左因子

回顾例 4.1 中为输入串构建语法分析树的过程中产生的回溯，是由于面临下一输入符号时，非终结符的多个候选式都可以完成匹配工作，因此无法判断由哪个候选完成展开动作，而产生了试探的过程。为了消除回溯就必须确保进行输入串匹配时，文法的非终结符能够根据所面临的输入符号，准确地指派某一个候选式去执行任务。也就是，任何其他候选式肯定无法完成匹配工作。这样，将不会出现利用候选式试探性地执行任务的过程。

例 4.5 判断输入串 $w = pccadd$ 是否为如下文法的句子

$$S \rightarrow pA \mid qB$$
$$A \rightarrow cAd \mid a$$

输入串语法分析树的构造过程如图 4-6 所示。以开始符号为根结点,为了与输入符号 'p' 相匹配,使用 S 的第一个候选式完成推导,此时句型变为 pA;进而使用 A 展开树的下一层分支,为了与输入符号 'c' 相匹配,使用 A 的第一个候选式完成推导,得到句型 $pcAd$;下一个输入符号仍然是 'c',继续使用 A 的第一个候选式完成推导,得到句型 $pccAd$;最后,由 A 完成输入符号 'a' 的匹配,这次需要选择 A 的第二个候选式完成推导。最终,构造出了与输入串相匹配的语法树。

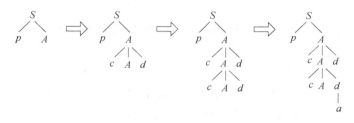

图 4-6　输入串 $pccadd$ 确定的自上而下语法分析

依据上述文法为输入串构建语法分析树时,每一步都能够确定应该采用的候选式,没有任何的试探过程。这是因为文法的特点在于,具有相同左部的产生式,右部符号串由不同的终结符开始。因此,在推导过程中完全可以根据当前的输入符号,决定选择相应的候选式进行推导。也就是,哪个候选式的第一个符号与当前输入符号相同就选择哪个候选式。同时,其他候选式因为不能生成与输入符匹配的符号而无法完成推导工作,所以分析过程是唯一确定的。

例 4.6 判断输入串 $w = ccap$ 是否为如下文法的句子

$$S \rightarrow Ap \mid Bq$$
$$A \rightarrow a \mid cA$$
$$B \rightarrow b \mid dB$$

输入串语法分析树的构造过程如图 4-7 所示。由根结点 S 出发构造语法树时,对于左部相同但右部以不同非终结符开始的产生式来说,在推导过程中选用哪个候选式不像例 4.5 所示的文法那样直观。输入串的第一个符号是 'c',选择 $S \rightarrow Ap$ 或是 $S \rightarrow Bq$,需要知道 $Ap \overset{+}{\Rightarrow}$ 或 $Bq \overset{+}{\Rightarrow}$ 能够推导出的符号串的首个终结符号是什么。由于 'c' 是 Ap 能够推导出的符号串的首个终结符,但不是 Bq 能够推导出的符号串的首个终结符,因此仍然能够确定应该选择 $S \rightarrow Ap$ 向下推导。

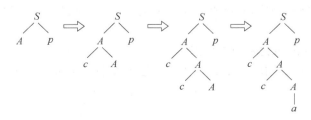

图 4-7　输入串 $ccap$ 确定的自上而下语法分析

依据例 4.6 所示的文法为输入串构建语法分析树时,每一步也能够确定应该采用的候选式。文法具有与例 4.5 所示的文法类似的特点,相同左部的产生式右部由不同的终结符或非终结符开始。因为相同左部产生式的各个候选式能够得到的符号串的首个终结符不相同,推导过程中依然可以根据当前的输入符号,决定选择哪个候选式进行推导,而其他候选式无法完成匹配工作。

此外,两个文法中都不含有空产生式。空产生式将为推导带来新的问题,将在下一节进行讨论。

1. FIRST 集

为了构造不带有回溯的自上而下分析的文法,需要判断相同左部产生式的各个候选式,能够推导出的符号串的首个终结符是否相同。

定义 4.1 文法所有非终结符的每个候选式 α,其**终结首符集**FIRST(α)为

$$\text{FIRST}(\alpha) = \{\ \alpha\ |\ \alpha \overset{*}{\Rightarrow} a\cdots,\ a \in V_T\ \}$$

FIPST 集

特别是,若 $\alpha \overset{*}{\Rightarrow} \varepsilon$,则 $\varepsilon \in \text{FIRST}(\alpha)$。

FIRST(α)是 α 可能推导出的所有符号串的首个终结符或 ε 构成的集合。如果非终结符 A 的所有候选首符集两两不相交,即 A 的任何两个不同候选 α_i 和 α_j

$$\text{FIRST}(\alpha_i) \bigcap \text{FIRST}(\alpha_j) = \phi$$

那么,当要求 A 匹配输入串时,A 就能根据所面临的输入符号 a,准确地指派终结首符集中包含 a 的候选式去执行任务,其他候选式一定无法完成推导工作。

2. 提取左公因子

许多文法都存在着同一非终结符的候选首符集相交的情况。例如,条件语句的产生式

$$S \rightarrow \text{if } B \text{ then } S \text{ else } S$$
$$|\text{if } B \text{ then } S$$

就是这样一种情形。注意,if、else 和 then 是程序设计语言的关键字,即文法的终结符,不是终结符号串。

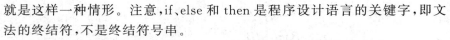

消除回溯

通过文法的形式变换可以提取左公因子,将文法改造为任何非终结符的所有候选首符集两两不相交的形式。假定关于 A 的产生式如下

$$A \rightarrow \alpha\beta_1\ |\ \alpha\beta_2\ |\ \cdots\ |\ \alpha\beta_n\ |\ \gamma_1\ |\ \gamma_2\ |\ \cdots\ |\ \gamma_m\ |$$

其中,每个 γ 不以 α 开头。通过引入新的非终结符 A',由 A' 生成左公因子 α 后面的符号串 β,可以将产生式改写为

$$A \rightarrow \alpha A'\ |\ \gamma_1\ |\ \gamma_2\ |\ \cdots\ |\ \gamma_m\ |$$
$$A' \rightarrow \beta_1\ |\ \beta_2\ |\ \cdots\ |\ \beta_n\ |$$

经过反复提取公共左因子,就能够将每个非终结符(包括新引进者)的所有候选首符集变为两两不相交。

例 4.7 提取条件语句文法的左公因子

经过上述文法的形式变换,提取条件语句文法的左公因子可得文法

$$S \rightarrow \text{if } B \text{ then } S\ S'$$
$$S' \rightarrow \text{else } S\ |\ \varepsilon$$

消除左递归和提取左公因子无法保证将一个文法转换为 LL(1) 文法,但是在大多数情况下,这两项技术都非常有效。

4.3.3　FOLLOW 集

当一个文法不含左递归,并且满足每个非终结符的所有候选首符集两两不相交的条件时,仍然不一定能进行有效的自上而下分析。

例 4.8　判断输入串 $w = abd$ 是否为如下文法的句子

$$S \rightarrow aA \mid d$$
$$A \rightarrow bAS \mid \varepsilon$$

文法满足相同左部的候选式终结首符集两两不相交,此外还包含特殊的产生式 $A \rightarrow \varepsilon$。输入串语法分析树的构造过程如图 4-8 所示。在推导的第二步到第三步,即 $abAS \Rightarrow abS$ 时,最左侧的非终结符 A 面临输入符号'd'的匹配工作,然而 A 的候选式的首符集都不包含'd'。但是,A 具有空产生式,可以利用产生式 $A \rightarrow \varepsilon$ 进行推导,此时,对于'd'的匹配依赖于 A 后面的 S。S 的第二个候选式的终结首符集合包含'd',所以匹配成功。

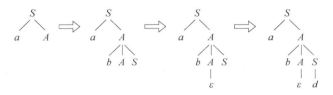

图 4-8　输入串 $w = abd$ 确定的自上而下语法分析

由上述推导过程可以看出,'d'是在句型或句子推导过程中,紧跟在非终结符 A 后面出现的终结符。为了能够使用空产生式,需要判断非终结符的后跟终结符是否与下一输入符号相匹配。

定义 4.2　文法非终结符 A 的**后跟符号集**FOLLOW(A)如下

$$\text{FOLLOW}(A) = \{\, a \mid S \overset{*}{\Rightarrow} \cdots Aa \cdots, \quad a \in V_T \,\}$$

当非终结符 A 面临输入符号 a,且 a 不属于 A 的任意候选首符集,但 A 的某个候选首符集包含 ε 时,只有当 $a \in \text{FOLLOW}(A)$,则允许 A 自动匹配。

FOLLOW 集

如果在例 4.8 的基础上,为非终结符 A 增加一个产生式 $A \rightarrow d$,将文法稍加修改为

$$S \rightarrow aA \mid d$$
$$A \rightarrow bAS \mid \varepsilon \mid d$$

文法依然满足相同左部的候选式终结首符集两两不相交的条件。但是,为输入串 abd 构造语法分析树的第二步到第三步时,非终结符 A 面临输入符号 d 的匹配工作。A 的第三个候选式的首符集包含 d;此外,A 具有空产生式,S 能够推导出的 d 属于 A 的后跟终结符集。此时

$$\text{FIRST}(A) \bigcap \text{FOLLOW}(A) = \{\, d \,\}$$

那么,A 应该自己完成 d 的推导工作,还是应该利用空产生式将工作交由 S 来完成,无法立即决定。在尝试用 A 的第三个候选式进行推导后,将出现语法树构造失败而产生回溯。

由此可以看出,当某非终结符含有空产生式时,其非空产生式右部的首符集两两不相交,而且与推导过程中紧跟其右边可能出现的终结符集也不相交,则仍可构造确定的自上而下分析。

4.3.4 LL(1) 文法

通过上面的讨论,可以定义满足构造不带回溯的自上而下分析的文法条件。

定义 4.3 如果一个文法 G 满足以下条件

(1) 文法不含左递归。

(2) 文法中每一个非终结符 A 的各个产生式的候选首符集两两不相交。即

$$A \rightarrow \alpha_1 \mid \alpha_2 \mid \cdots \mid \alpha_n$$

则

$$\mathrm{FIRST}(\alpha_i) \bigcap \mathrm{FIRST}(\alpha_j) = \phi \quad (i \neq j)$$

LL(1)文法

(3) 文法中的每个非终结符 A,如果 A 的某个候选的首符集包含 ε,而且

$$\mathrm{FIRST}(A) \bigcap \mathrm{FOLLOW}(A) = \phi$$

则称文法 G 为 $LL(1)$ 文法。

LL(1) 分析法

利用 $LL(1)$ 文法可以对输入串进行有效的无回溯的自上而下分析。假设当前需要利用非终结符 A 进行输入符号为 a 的匹配工作,A 的所有产生式为 $A \rightarrow \alpha_1 \mid \alpha_2 \mid \cdots \mid \alpha_n$

(1) 若 $a \in \mathrm{FIRST}(\alpha_i)$,则指派 α_i 去执行匹配任务。

(2) 若 a 不属于任何一个候选首符集,则

① 若 ε 属于某个 $\mathrm{FIRST}(\alpha_i)$ 且 $a \in \mathrm{FOLLOW}(A)$,则指派 α_i 去执行匹配任务;

LL(1)分析法

② 否则,a 的出现是一种语法错误。

根据 LL(1)文法的条件,每一步分析工作都是确定的。

4.4 递归下降分析法

文法产生式的右部表明了非终结符进行输入串识别时的工作过程,递归下降分析直接利用程序模拟文法产生式生成语言的过程,对于手写语法分析程序最为适合。确定的递归下降分析方法是编译程序中使用最为广泛的一种分析程序。

4.4.1 基本思路

递归下降分析程序由一组子程序组成,每个非终结符对应一个子程序。非终结符相应产生式的右部展示了子程序代码的结构,子程序的函数体依据候选式中的各个符号完成工作。由于文法通常是递归定义的,因此子程序也是递归的。这样一组子程序组合起来,实现的自上而下分析过程,称为递归下降分析法。

递归下降分析法

递归下降分析过程的调用,从文法开始符号对应的子程序入手,遇到终结符时进行输入串中符号的匹配工作,遇到非终结符就调用相应非终结符的子程序。如果所有非终结符都展开为终结符并得到匹配,分析成功结束;否则,表明输入符号串有语法错误。

例如,考虑文法($G4.1$)中 F 的产生式

$$F \rightarrow (E) \mid i$$

当 F 面临的下一个输入符号是"("时,就应当使用第一个候选式完成识别工作;面临变量时就应当使用第二个候选式;而当面临任何其他输入符号时,则表明输入串出现了语法错误。根据这一原则,设计一个与文法符号同名的函数完成识别工作,代码如下所示。函数 match 用于进行输入符号的匹配工作。其中,sym 是词法分析器给出的当前单词符号,getSymbol 的功能是取下一单词赋予 sym。单词符号采用了 3.1 节表 3-1 中的编码。

```
void F( )
{
  if( match( 44 ) )
  {   E( );
    if(match( 45 )) return;
    else exit;
  }
  if( match( 39 ) ) return;
  else exit;
}
```

```
bool match(int expectedSym)
{
  if (sym == expectedSym)
  { getSymbol();
    return true;
  }
  else
  { error("缺少"expectedSym);
    return false;
  }
}
```

但是,为非终结符号 E 编写分析程序不像 F 的一样简单。E 的产生式是左递归形式 $E \rightarrow E + T \mid T$。依据左递归文法编写的程序在执行时将陷入无限循环。

一个递归下降分析程序能正确工作的必要条件是其源文法是 LL(1) 文法。对一个 LL(1) 文法,可以构造一个不带回溯的自上而下的语法分析程序。如果能用某种高级语言写出所有的子程序,那就可以用这个语言的编译系统来产生整个分析程序。

4.4.2 流程设计

采用巴科斯范式(BNF)描述文法产生式使得文法表达形式严谨、简洁。此外,通过扩充 BNF 的符号增加其描述能力,可以实现不通过文法形式变换消除左递归的情况下,设计递归下降分析程序。扩展 BNF 是为了更紧密地映射递归下降分析程序的代码而设计的。

1. 扩展 BNF

重复和可选结构在程序设计语言中非常普遍,因此在文法规则中也是一样的。通过增加以下元符号对 BNF 进行扩展,得到的扩展 BNF 可以方便地表示重复和可选结构。

用{ }描述重复

{α}表示符号串 α 出现零次或多次。例如,"字母开头的,字母和数字组成的标识符"可以表示为

$$<标识符> \rightarrow <字母> \{ <字母> \mid <数字> \}$$

此外,还可以通过上标表示符号串出现的最大次数,下标表示出现的最小次数。

符号串的重复形式是由文法规则中的递归产生式描述的。如下形式的左递归文法

$$A \rightarrow x \mid y \mid \cdots \mid z \mid Av$$

可以表示为

$$A \rightarrow (x \mid y \mid \cdots \mid z)\{v\}$$

其中,( )表示串之间的拼接。$(\alpha \mid \beta)\gamma$ 是对 $\alpha\gamma \mid \beta\gamma$ 的拼接符号串的简洁表示方法。

利用上述符号,使用扩展 BNF 描述算术表达式文法

$$E \rightarrow T\{ +T \}$$
$$T \rightarrow F\{ *F \}$$
$$F \rightarrow (E) \mid i$$

{ }中的内容可以直接映射为分析程序中的循环结构。

用( )提取公共因子

如果候选式以相同的符号开头,则不知道应该选择哪个候选完成下一步的推导。( )可用于提取出一个非终结符多个产生式右部的公共因子。假设,非终结符 A 具有如下形式的产生式

$$A \rightarrow xy \mid xw \mid \cdots \mid xz$$

则可以将其改写为

$$A \rightarrow x(y \mid w \mid \cdots \mid z)$$

用[ ]描述可选结构

特殊的,如果产生式具有形式为 $A \rightarrow xy \mid x$,提取出左因子后可得 $A \rightarrow x(y \mid \varepsilon)$。这种情况下,可用[ ]将产生式改写更加的简洁形式。

$[\alpha]$ 表示符号串 α 出现 1 次或不出现。因此,$A \rightarrow x(y \mid \varepsilon)$ 可改写为 $A \rightarrow x[y]$。例如,具有左公因子的 if 语句的文法

$$S \rightarrow \text{if } B \text{ then } S \text{ else } S$$
$$\mid \text{if } B \text{ then } S$$

利用[ ]可以提取出左公因子,而改写为

$$S \rightarrow \text{if } B \text{ then } S [\text{ else } S]$$

2. 语法图法

扩展 BNF 也可以采用语法图显式地进行设计。文法中的非终结符都将对应一张语法图。图中结点表示产生式右部的终结符或非终结符,非终结符表示调用与其对应的子过程,终结符表示匹配输入串中的相应符号。结点之间的连线具有方向,表明执行顺序。算术表达式的扩展 BNF 对应的语法图如图 4-9 所示。

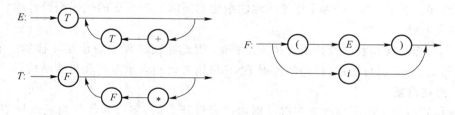

图 4-9 文法的状态转换图

根据状态转换图很容易写出递归的语法分析程序,程序编写方式如下。

(1) 语法分析器由开始符号的语法图出发,输入指针指向输入符号串的第一个符号。

(2) 依据箭头的指向设计程序的控制流程,如果遇到:

① 标记为终结符的结点,则判断与输入符号是否匹配。如果匹配,移动输入指针指向下一个输入符号。

② 标记为非终结符 A 的结点,语法分析器进入 A 的语法图,不移动输入指针。

4.4.3　程序实现

算术表达式的文法形式简单,非终结符具有较少的候选式。当文法产生式形式比较复杂时,难以简单地将匹配工作分配给相应的候选式。通过计算不同候选式的 FIRST 集,可以快速、准确地进行自上而下的分析。

一般地,假设文法非终结符 A 的产生式形如 $A \to \alpha_1 \mid \alpha_2 \mid \cdots \mid \alpha_n$。关于 A 的子程序需要完成以下任务:

(1) 检查当前输入符号以确定使用 A 的哪个候选式。如果输入符号 a 属于 $\mathrm{FIRST}(\alpha_i)$,则选择 α_i 进行推导,生成语法树中 A 的下一层结点。

(2) 如果输入符号不属于 $\mathrm{FIRST}(A)$,但有 $\varepsilon \in \mathrm{FIRST}(A)$。那么,判断输入符号是否属于 $\mathrm{FOLLOW}(A)$,如果属于,A 将自动匹配;否则,就认为输入串出现了语法错误。

对于非终结符 A 的任一候选式 α_i,假设 α_i 形如 $\beta_1 \beta_2 \cdots_n$,则需要依次处理 α_i 中的每个文法符号 β_i。此时,需要根据 β_i 是终结符或非终结符分别采取不同的方法。如果 β_i 是终结符,则判断其是否与当前的输入符号匹配。使用 4.3.2 节的 match 函数,若匹配,则读取下一个输入符号;否则报告错误。此外,如果 β_i 是非终结符,则调用该非终结符相应的子程序 $\beta_i()$。

非终结符 A 及其任一候选式 α_i 的子程序如下面代码所示。

```
void A( )                              void αi( )
{                                      {
    getSymbol();                           依次处理 β1 至 βn;
    if ( sym ∈ FIRST(α1))              }
    { makeTree(A,α1); α1( ); }
    else if ( sym ∈ FIRST(α2))
    { makeTree(A,α2); α2( ); }
                ⋮
    else if(ε∈FIRST(A)&&sym ∈ FOLLOW(A))
      return;
    else error;                        //出错处理
}
```

扩展 BNF 改变了文法的形式。就算术表达式的扩展 BNF 来说,如何保持表达式的左结合性是程序设计过程中需要考虑的问题。以产生式 $E \to T\{ + T\}$ 为例,可以通过在循环过程中将上一次循环构建的子树作为本次循环构建的子树的左子树,实现加法运算的左结合性。

抽象语法树

语法分析树清晰展示了推导的各个步骤以及输入串的语法结构。例如,表达式的语法分析树展示了表达式的运算及其左右操作数的构成方式,如图 4-10(a)所示。语法制导的语义分析方法与语句的语法结构直接相关。表达式的含义正是需要将操作数进行相关运算。

有一种更为简单的方法能够表示相同的信息,如图 4-10(b)所示。树的根结点为运算符,而左右操作数作为左右子树。这种树是源代码结构的抽象表示,称为**抽象语法树**。抽象语法树虽然不同于语法分析树,但是却包含了进行语义分析的全部信息。语法分析程序通过语法分析树展示了所有语法分析步骤,但通常将构造出一棵抽象语法树。

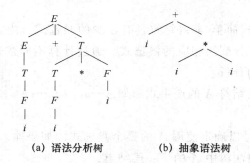

(a) 语法分析树　　　　(b) 抽象语法树

图 4-10　表达式 $i+i*i$ 的语法分析

例如,下述伪代码将实现算术表达式的语法分析,并为其构建抽象语法树。为了便于理解程序,函数 match 采用了字符串类型的形参。

```
syntaxTree E()
{
    leftTree = term();
    while(match(" + "))
    {   tree = makeTree(" + ",leftTree);
        rightTree = term();
        tree = makeTree(" + ",rightTree);
        leftTree = tree;
    }
    return tree;
}
```

4.4.4　L 语言设计与实现

本节以 L 语言中几种最常见的、基本的语法单位的分析为例,介绍如何实现 L 语言的递归下降语法分析程序。程序采用了简化的设计方式,去除了语法分析树的具体构造方法和错误处理的过程,当出现错误时将终止分析过程。

L 语言源程序的组织结构(忽略注释等与语法分析无关的内容)包括三部分,分别是程序头、说明部分和可执行部分。L 语言程序的特点是每部分都由前导词开始,程序头以关键字 program 开头,变量说明以 var 开头,常量说明以 const 开头,由 begin 开始到 end 之间是可执行语句。

词法分析程序将源程序变成 token 串存放在 token 文件中,作为语法分析程序的输入文件。语法分析程序的任务就是不断读入 token 文件中的单词,判断单词串构成的语法单位是否符合语法规则,即是否为语法正确的程序,直到 token 文件结束。L 语言的文法参见第 2 章,根据语法结构描述,可以构造如下递归下降分析程序的总控程序。

```
//--------------------------------------------------------------
void parser( )                                    //从 token 文件中读取单词,根据
                                                      定义进行分析
```

```
{
    if (! match("pragram"))  exit;
    if (! isidentifier(sym))  error("缺少程序名字");
    if (! match(";"))  exit;                    //程序头结束
    if (match("const")) const_st();else exit;   //常量说明语句
    if (match("var")) var_st();else exit;       //变量说明语句
    if (match("begin")) stSort();else exit;     //过程体
    if (match("end")) return success;           //分析成功返回
}
//--------------------------------------------------------------
```

L 语言的执行语句分为五种,包括由关键字 for、while 和 repeat 引导的循环语句,由关键字 if 引导的分支语句,以及以标识符开头的赋值语句。每当分析程序读到相应的关键字,则表明一个新的语法结构的开始,进而识别该语法单位是否符合文法定义。总控程序中的函数 stSort( )将根据所读入的第一个单词对语句进行分类,以便调用不同的函数进行不同的处理。

```
//--------------------------------------------------------------
syntaxTree stSort()
{
    if (match("if ")) ifStat( );                //if 语句分析模块
    else if (match("while")) whileStat( );      //while 语句分析
    else if (match("repeat")) repeatStat( );    //repeat 语句分析
    else if (match("for")) forStat( );          //for 语句分析
    else assignStat( );                         //赋值语句分析
}
//--------------------------------------------------------------
```

下面以 if 语句为例来说明不同类型语句语法分析程序的实现。子程序采用递归下降分析法,并以抽象语法树作为语法分析的输出。

```
//--------------------------------------------------------------
syntaxTree ifStat( )
{
    subTree = bexp( );                          //处理 if 之后的布尔表达式
    tree = makeTree("if",subTree);
    if (match("then"))
      { subTree = stSort();                     //调用函数处理 then 后的语句
        tree = makeTree("if",subTree);}
    else exit;
    if(match("else"))
      { subTree = stSort();                     //调用函数处理 else 后的语句
        tree = makeTree("if",subTree);}
    return tree;
```

```
    }
//-------------------------------------------------------------------
```

悬挂 else 问题

由于可选 else 的影响,文法具有二义性。例如,利用文法为语句

$$if\ true\ then\ if\ false\ then\ x := x + y\ else\ x := x * y$$

构建语法分析树时,有两种构造方式,如图 4-11 所示。左图表明 else 部分与第一个 if 语句配对,右图表明 else 部分与第二个 if 语句配对,这种二义性称为悬挂 else 问题。

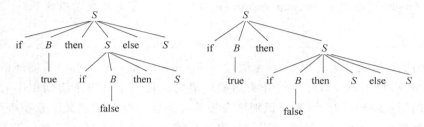

图 4-11 悬挂 else 问题

程序设计语言通常采用最近嵌套规则解决悬挂 else 问题。最近嵌套规则要求 else 部分与距离其最近的一个尚未得到匹配的 if 语句配对,也就是为语句构造如图 4-11 右侧所示的语法分析树。

通常,在文法产生式中建立最近嵌套规则将增加文法的复杂性,但是分析过程却非常容易实现最近嵌套规则。即使这是一个二义性文法,利用其编写程序时,只要每当遇到 else 关键字时,就匹配其分析程序,则正好与消除二义性的最近嵌套原则相对应。

4.5 预测分析法

预测分析技术采用非递归调用的方式实现无回溯的自上而下的语法分析。应用预测分析技术实现的识别程序称为预测分析程序。

预测分析法

4.5.1 预测分析过程

1. 分析栈

预测分析程序使用分析栈实现句子的分析。分析栈用来存放句子分析过程中所产生的文法符号序列。此外,在各种分析技术的实现中,通常总是约定在输入符号串后面放置符号‘♯’,作为输入的结束标识。符号‘♯’称为右端标志符号,不是文法符号。

自上而下的语法分析从文法开始符号出发,预测分析程序也是从将 S 放入分析栈开始。因此,分析开始时,栈和输入串的初始情形为

符号栈　　　　　　　　输入串

♯S　　　　　　　　　　w♯

分析程序通过将栈顶的非终结符号替换为合适的候选式推进分析。在一系列成功的推导或匹配动作后,分析栈中已经没有了任何可以进行推导的非终结符,或与输入符号相匹配的终结符,而且输入串中的各个符号也得到了匹配。那么,分析栈最终将形成如下情形

符号栈　　　　　　　　输入串

♯　　　　　　　　　　♯

句子的结束符相匹配,表示分析成功。需要注意,为了判断是否得到成功分析的情形,初始时将右端标志符号先于文法的开始符号放入了分析栈中。换句话说,为句子增加了♯,也需要为推导句子的开始符号后面增加♯。

2. 预测分析表

预测分析表是一个 $M[A,a]$ 形式的二维表格,其中 A 为非终结符,a 是终结符或'♯'。分析表的垂直维度包含对应文法所有的非终结符,水平维度列举了文法所有的终结符以及右端标志符'♯'。表格中的表项 $M[A,a]$ 中存放着一条关于 A 的产生式,表明当 A 面临输入符号 a 的推导时,所应采用的候选式。以表达式文法($G4.1$)为例,其分析表如表 4-1 所示。

表 4-1　文法的预测分析表

	i	$+$	$*$	$($	$)$	♯
E	$E{\rightarrow}TE'$			$E{\rightarrow}TE'$		
E'		$E'{\rightarrow}+TE'$			$E'{\rightarrow}\varepsilon$	$E'{\rightarrow}\varepsilon$
T	$T{\rightarrow}FT'$			$T{\rightarrow}FT'$		
T'		$T'{\rightarrow}\varepsilon$	$T'{\rightarrow}*FT'$		$T'{\rightarrow}\varepsilon$	$T'{\rightarrow}\varepsilon$
F	$F{\rightarrow}i$			$F{\rightarrow}(E)$		

表格项 $M[A,a]$ 中也可能存放一个"出错标志",指出 A 根本不该面对输入符号 a,也就是 a 的出现是语法错误。在表 4-1 中,空白格均暗含"出错标志"。

3. 分析过程

分析程序初始化时,将'♯'压入栈底,然后压入文法开始符号,使得 S 位于栈顶,准备开始后续的推导动作。预测分析程序分析过程中,将重复弹出栈顶符号,根据栈顶符号 X 与当前输入符号 a,决定所应采取的分析动作。

当栈顶符号是非终结符号时,则将其替换为分析表中相应的候选式而实现后续的推导和匹配动作。需要注意,为了实现最左推导,需要将候选式的各个符号按逆序压入栈中,保证处于最左侧的文法符号先被弹出栈顶。当栈顶符号是终结符号时,则判断是否与当前的输入符号相匹配。因此,每当弹出栈顶符号 X 之后,分析程序都将执行下述四种可能的动作之一。

预测分析程序
工作过程

(1) 若 $X = a = $ '♯',则分析成功而结束。

(2) 若 $X = a \neq $ '♯',则将 X 从分析栈顶弹出,让 a 指向下一个输入符号。

(3) 若 X 是一个非终结符,则查看分析表 M。若 $M[A,a]$ 中存放着关于 X 的一个产生式,那么,首先将 X 弹出分析栈顶,然后,将产生式的右部符号串按逆序逐一推进分析栈。若右部符号为 ε,则意味着什么也不入栈。

(4) 其他情况,即 $X \in V_T$,且 $X \neq a$;或者 $X \in V_N$,且 $M[A,a]$ 中存放着"出错标志",则调用出错处理程序 error。

依据上述过程,构造预测分析程序的总控程序如算法 4.2 所示。由于需要不断地弹出栈顶符号完成相应的动作,因此程序的主体是一个循环语句。循环体的内部将根据栈顶符号的不同情况完成推导或匹配动作,因此由分支语句构造。如果在分析过程中构造语法分析树,可以在将每个非终结符或终结符压入栈中时,构造树中相应的结点。

算法 4.2 预测分析程序。

```
push('#'); push(S);
a = getNext();flag = true;
while (flag)
{
    X = pop(Stack);
    if (X∈V_T)
        {if (X == a)  a = getNext();
         else error;}
    else if (X =='#')
        {if (X == a)  flag = false;
         else error;}
    else if (M[X, a] is "X→Y_1Y_2…Y_k") push(Y_k,Y_{k-1},…,Y_1);
    else error;
}
```

LL(1)分析法
控制程序

依据算法 4.2,对输入符号串 $i+i*i$ 进行预测分析的过程如表 4-2 所示。

表 4-2 $i+i*i$ 的分析过程

步骤	符号栈	输入串	动作	步骤	符号栈	输入串	动作
0	#E	$i+i*i$#	$E→TE'$	9	#E'T'i	$i*i$#	i 匹配
1	#E'T	$i+i*i$#	$T→FT'$	10	#E'T'	$*i$#	$T'→*FT'$
2	#E'T'F	$i+i*i$#	$F→i$	11	#E'T'F*	$*i$#	$*$匹配
3	#E'T'i	$i+i*i$#	i 匹配	12	#E'T'F	i#	$F→i$
4	#E'T'	$+i*i$#	$T'→\varepsilon$	13	#E'T'i	i#	i匹配
5	#E'	$+i*i$#	$E'→+TE'$	14	#E'T'	#	$T'→\varepsilon$
6	#E'T+	$+i*i$#	$+$匹配	15	#E'	#	$E'→\varepsilon$
7	#E'T	$i*i$#	$T→FT'$	16	#	#	接受
8	#E'T'F	$i*i$#	$F→i$				

注意,左递归的消除并不会改变待识别的语言,但却改变了文法和语法分析树。这种改变导致了分析程序的构造变得复杂化。例如,表达式文法经过消除左递归之后输入串的语法分析不再能够表达左结合性了。分析程序仍应该构造恰当的左结合性语法分析树。可以采用的策略是,由于产生式形式为 $E→TE'$ 和 $E'→+TE'$,针对 TE' 将 E' 左侧的 T 生成的子树作为参数传递给 E' 的子程序,作为 E' 生成的加法运算的左操作数。

4.5.2 预测分析表的构造

预测分析表是预测分析的核心。对于任意的文法 G,构造其预测分析表 $M[A, a]$ 的基本思想与 $LL(1)$ 分析法相对应,包含如下两种情形。

(1) 对于产生式 $A→\alpha$,$a∈FIRST(\alpha)$,那么,当 A 呈现于分析栈栈顶,且 a 是当前输入符号时,α 应被当作是 A 唯一合适的全权代表。因此,$M[A, a]$ 中应放进产生式 $A→\alpha$。

（2）当 $\varepsilon \in \mathrm{FIRST}(\alpha)$ 时,如果面临的输入符号 a(包括♯)属于 $\mathrm{FOLLOW}(A)$,则认为 A 可以进行自动匹配,应将 $A \rightarrow \alpha$ 放在 $M[A, a]$ 中。

由上所述,为了构造预测分析表 M,需要构造文法符号的 FIRST 集和 FOLLOW 集。

1. FIRST 集的构造

FIRST 集中的元素是文法符号能够推导出的符号串的首个终结符。设文法的任一文法符号 $X, X \in (V_T \bigcup V_N)$,通过使用算法 4.3 中的规则,直至再没有新的终结符号或 ε 加入 FIRST 集合中,可以构造出 $\mathrm{FIRST}(X)$ 集。

算法 4.3　构造文法符号 X 的 FIRST 集合。

（1）若 $X \in V_T$,则 $\mathrm{FIRST}(X) = \{X\}$。

（2）若 $X \in V_N$,且有产生式 $X \rightarrow a \cdots$,则将 a 加入 $\mathrm{FIRST}(X)$ 中;特别地,如果 X 有产生式 $X \rightarrow \varepsilon$,则将 ε 也加入 $\mathrm{FIRST}(X)$ 中。

（3）若 $X \rightarrow Y \cdots$ 是一条产生式,其中 $Y \in V_N$,则将 $\mathrm{FIRST}(Y)$ 中的所有非 ε 符号都加到 $\mathrm{FIRST}(X)$ 中。

（4）若 $X \rightarrow Y_1 Y_2 \cdots Y_k$ 是一条产生式,其中 $Y_1 \cdots Y_{i-1}$ 都是非终结符,而且对于任何 $j(1 \leqslant j \leqslant i-1)$,$\mathrm{FIRST}(Y_j)$ 都含有 ε,即 $Y_1 \cdots Y_{i-1} \overset{*}{\Rightarrow} \varepsilon$,则将 $\mathrm{FIRST}(Y_i)$ 中的所有非 ε 元素都加到 $\mathrm{FIRST}(X)$ 中;特别地,如果对于任何 $j(j=1,2,\cdots,k)$,$\mathrm{FIRST}(Y_j)$ 均含有 ε,即 $Y_1 \cdots Y_{i-1} \overset{*}{\Rightarrow} \varepsilon$,则将 ε 加到 $\mathrm{FIRST}(X)$ 中。

依据算法 4.3,可以对文法 G 的任何符号串 $\alpha \in (V_T \bigcup V_N)^*$,构造集合 $\mathrm{FIRST}(\alpha)$。设 $\alpha = X_1 X_2 \cdots X_n$,那么

（1）若 $\alpha = \varepsilon$,则 $\mathrm{FIRST}(\alpha) = \{\varepsilon\}$。

（2）若 $\alpha \neq \varepsilon$,则 $\mathrm{FIRST}(\alpha) = \mathrm{FIRST}(X_1) \backslash \{\varepsilon\}$;

（3）若 $X_1 \cdots X_{i-1} \overset{*}{\Rightarrow} \varepsilon$,则将 $\mathrm{FIRST}(X_i) \backslash \{\varepsilon\}$ 加至 $\mathrm{FIRST}(\alpha)$ 中;特别是,$X_1 \cdots X_n \overset{*}{\Rightarrow} \varepsilon$,则将 ε 也加至 $\mathrm{FIRST}(\alpha)$ 中。

2. FOLLOW 集的构造

FOLLOW 中的元素是句型中会紧跟在非终结符后出现的终结符号。对于文法 G 的每个非终结符 A 构造 $\mathrm{FOLLOW}(A)$ 的方法是连续使用下面的规则,直至再没有新的终结符号可以被加入任何 FOLLOW 集合中为止。

算法 4.4　构造文法符号的 FOLLOW 集合。

（1）对于文法的开始符号 S,置♯于 $\mathrm{FOLLOW}(S)$ 中。

（2）若 $A \rightarrow \alpha B \beta$ 是一条产生式,则将 $\mathrm{FIRST}(\beta) \backslash \{\varepsilon\}$ 加至 $\mathrm{FOLLOW}(B)$ 中。

（3）若 $A \rightarrow \alpha B$ 是一条产生式;或 $A \rightarrow \alpha B \beta$ 是一条产生式,且 $\varepsilon \in \mathrm{FIRST}(\beta)$(即 $\beta \overset{*}{\Rightarrow} \varepsilon$),则将 $\mathrm{FOLLOW}(A)$ 加至 $\mathrm{FOLLOW}(B)$ 中。

例 4.8　构造文法 $(G4.2)$ 每个非终结符的 FIRST 和 FOLLOW 集合。

$E \rightarrow TE'$	$\mathrm{FIRST}(E) = \{(, i\}$	$\mathrm{FOLLOW}(E) = \{), ♯\}$
$E' \rightarrow +TE' \mid \varepsilon$	$\mathrm{FIRST}(E') = \{+, \varepsilon\}$	$\mathrm{FOLLOW}(E') = \{), ♯\}$
$T \rightarrow FT'$	$\mathrm{FIRST}(T) = \{(, i\}$	$\mathrm{FOLLOW}(T) = \{+,), ♯\}$
$T' \rightarrow *FT' \mid \varepsilon$	$\mathrm{FIRST}(T') = \{*, \varepsilon\}$	$\mathrm{FOLLOW}(T') = \{+,), ♯\}$
$F \rightarrow (E) \mid i$	$\mathrm{FIRST}(F) = \{(, i\}$	$\mathrm{FOLLOW}(F) = \{*, +,), ♯\}$

3. 构造预测分析表

在对文法 G 的每个非终结符 A 及其任意候选 α 都构造出 $\mathrm{FIRST}(\alpha)$ 和 $\mathrm{FOLLOW}(A)$ 之

后,便可以利用其来构造 G 的分析表 $M[A, a]$。对于产生式 $A \rightarrow \alpha$,如果 $a \in \text{FIRST}(\alpha)$,则将 $A \rightarrow \alpha$ 放入 $M[A, a]$ 中。当 $\varepsilon \in \text{FIRST}(\alpha)$ 时,如果 $a \in \text{FOLLOW}(A)$,则将 $A \rightarrow \alpha$ 放在 $M[A, a]$ 中。构造分析表 M 的方法如算法 4.5 所示。

算法 4.5 构造文法的预测分析表。

(1) 对文法 G 的每条产生式 $A \rightarrow \alpha$,执行第 2 步和第 3 步;

(2) 对每个终结符 $a \in \text{FIRST}(\alpha)$,将 $A \rightarrow \alpha$ 加至 $M[A, a]$ 中;

(3) 若 $\varepsilon \in \text{FIRST}(\alpha)$,则对任何 $b \in \text{FOLLOW}(A)$,将 $A \rightarrow \alpha$ 加至 $M[A, b]$ 中;

(4) 将所有无定义的 $M[A, a]$ 标上"出错标志"。

文法 G 的预测分析表 M 不含多重定义,当且仅当 G 是 $LL(1)$ 文法。

例 4.9 构造文法(G4.2)的预测分析表。

依次扫描各个产生式,执行算法的第 2 步和第 3 步,如下所示。

对于 $E \rightarrow TE'$,$\text{FIRST}(TE') = \{(, i\}$,则置 $M[E, (]$ 和 $M[E, i]$ 为 $E \rightarrow TE'$;

对于 $E' \rightarrow +TE'$,$\text{FIRST}(+TE') = \{+\}$,则置 $M[E', +]$ 为 $E' \rightarrow +TE'$;

对于 $E' \rightarrow \varepsilon$,$\text{FOLLOW}(E') = \{), \#\}$,则置 $M[E',)]$ 和 $M[E, \#]$ 为 $E' \rightarrow \varepsilon$;

对于 $T \rightarrow FT'$,$\text{FIRST}(FT') = \{(, i\}$,则置 $M[T, (]$ 和 $M[T, i]$ 为 $T \rightarrow FT'$;

对于 $T' \rightarrow *FT'$,$\text{FIRST}(*FT') = \{*\}$,则置 $M[T', *]$ 为 $T' \rightarrow *FT'$;

对于 $T' \rightarrow \varepsilon$,$\text{FOLLOW}(T') = \{+,), \#\}$,则置 $M[T', +]$、$M[T',)]$ 和 $M[T', \#]$ 为 $T' \rightarrow \varepsilon$;

对于 $F \rightarrow (E)$,$\text{FIRST}((E)) = \{(\}$,则置 $M[F, (]$ 为 $F \rightarrow (E)$;

对于 $F \rightarrow i$,$\text{FIRST}(TE') = \{i\}$,则置 $M[F, i]$ 为 $F \rightarrow i$。

最终可得表 4-1 所示的预测分析表。

例 4.10 构造 if 语句文法的预测分析表。

$S \rightarrow \text{if } B \text{ then } S S'$ $\text{FIRST}(S) = \{ \text{if} \}$ $\text{FOLLOW}(S) = \{ \text{else}, \# \}$

$S' \rightarrow \text{else } S \mid \varepsilon$ $\text{FIRST}(S') = \{ \text{else}, \varepsilon \}$ $\text{FOLLOW}(S') = \{ \text{else}, \# \}$

$B \rightarrow \text{true} \mid \text{false}$ $\text{FIRST}(B) = \{ \text{true}, \text{false} \}$ $\text{FOLLOW}(B) = \{ \text{then} \}$

首先构造文法各非终结符的 FIRST 集和 FOLLOW 集。然后依次扫描各个产生式,执行算法的第 2 步和第 3 步,可得表 4-3 所示的预测分析表。

表 4-3 if 语句文法的预测分析表

	if	else	true	false	#
S	$S \rightarrow \text{if } B \text{ then } S S'$				
S'		$S' \rightarrow \text{else } S \mid \varepsilon$			$S' \rightarrow \varepsilon$
B			$B \rightarrow \text{true}$	$B \rightarrow \text{false}$	

表 4-3 中的项目 $M[S', \text{else}]$ 包括两项内容,这与悬挂 else 二义性对应。此时,倾向于使用产生式 $S' \rightarrow \text{else } S$ 而不是 $S' \rightarrow \varepsilon$,这正好与最近嵌套规则对应。通过这样的修改,表格变为没有二义性的。于是可以直接使用这个文法进行分析,就像是一个 LL(1) 文法。

4.6   LL(1) 分析中的错误处理

语法错误是高级语言程序设计中最容易出现的错误,编译程序中的语法分析程序应至少能判断出一个程序在语句构成上是否正确,如果源程序包括语法错误,尽可能地判断具体的错误发生的位置和原因,给出有意义的错误信息,以便用户对源程序进行调试。反之,若程序中没有语法错误,分析程序不应声称有错误存在。

有些分析程序还可以进行错误校正,试图从给出的不正确的程序中推断出正确的程序,如跳过某些单词、添加标点符号等。若语法分析器发现了错误但不做错误校正,则很难生成有意义的错误信息。语法分析中的错误处理方法通常有以下几种。

(1) 忽略方式:在分析某个句子时,当碰到某个不适当的符号时,忽略后继符号,直到遇到界符为止。与此同时,还应该从分析栈内移出该句已识别的部分。

(2) 删除符号:这种方法很容易实现,完全不需要改变分析栈。当读入不适当的符号之后,就删除这个符号及后继的一些符号,直到遇到合适的符号为止。

(3) 插入符号:在某些情况下,如缺少运算符、分界符等,以语法分析程序所做的工作最少为原则,在适当的位置添加适当的符号是合理的,此时应通知用户缺少相应的符号,但语法分析可以按正确结果继续进行。

(4) 在产生式的适当位置添加相应的错误信息,或对产生式进行某些形式的改变以便能尽快从某种类型的错误中恢复过来。

存在的多种不同的语法分析方法处理和发现错误的方式也可能不一样。在预测分析过程中,出现了两种情况,则说明遇到了语法错误。第一,栈顶的终结符与当前输入符号不匹配;或者,非终结符 A 处于栈顶,面临输入符号 a,但分析表项 $M[A, a]$ 为空。

发现错误后,要尽快地从错误中恢复过来,使分析能继续进行下去。错误恢复的基本做法是跳过输入串中的一些符号直至遇到"同步符号"为止。这种做法的有效性依赖于同步符号集的选择,可以从以下几个方面考虑。

(1) FOLLOW(A)

如果忽略一些输入符号直到遇见 FOLLOW(A) 中的符号,然后再将 A 从栈中弹出,那么就可能使分析过程继续下去。

(2) 将较高层的开始符号作为同步符号

语法结构之间常常存在层次结构,例如表达式是赋值语句的内层结构。如果语法要求语句以分号作为结束符,那么下一条语句开头的关键字将不在表达式的 FOLLOW 集中。在赋值语句后缺少分号的情况下,可能导致下一条语句开头的关键字被忽略。因此,可以将高层次语句的开始符号作为同步符号。

(3) FIRST(A)

当 FIRST(A) 中的某个符号在输入中出现时,可以根据 A 恢复语法分析。

(4) ε 产生式

一个非终结符的 ε 产生式可以当作默认值使用,这样可能推迟某些错误检查,但会减少在错误恢复期间必须考虑的非终结符数。

(5) 所有终结符

如果栈顶的终结符号与输入符号不匹配,一种简单的想法就是将该终结符号弹出栈,并发出一条信息称已经插入了这个终结符号,同时继续进行语法分析。也就是,将不包括自身在内的所有终结符作为当前输入符的同步符号。

LL(1)分析中的
错误处理

例 4.9 对输入串$)i*+i$进行带有错误恢复的语法分析。

对表 4-1 所示的 LL(1) 分析表加入同步符号后,如表 4-4 所示。其中,"synch"表示由相应非终结符的后跟符号集得到的同步符号。

表 4-4　加入同步符号的 LL(1) 分析表

	i	$+$	$*$	$($	$)$	$\#$
E	$E{\rightarrow}TE'$			$E{\rightarrow}TE'$	synch	synch
E'		$E'{\rightarrow}+TE'$			$E'{\rightarrow}\varepsilon$	$E'{\rightarrow}\varepsilon$
T	$T{\rightarrow}FT'$	synch		$T{\rightarrow}FT'$	synch	synch
T'		$T'{\rightarrow}\varepsilon$	$T'{\rightarrow}*FT'$		$T'{\rightarrow}\varepsilon$	$T'{\rightarrow}\varepsilon$
F	$F{\rightarrow}i$	synch		$F{\rightarrow}(E)$	synch	synch

分析时,若发现 $M[A,a]$ 为空,则跳过输入符号 a;若该项为"同步",则弹出栈顶的非终结符;若栈顶的终结符号不匹配输入符号,则弹出栈顶的终结符。对输入串$)i*+i$带有错误恢复的分析过程如表 4-5 所示。

表 4-5　$)i*+i$ 带有错误恢复的分析过程

	符号栈	输入符号串	动作		符号栈	输入符号串	动作
0	$\#E$	$)i*+i\#$	错,跳过)	9	$\#\,E'$	$+i\#$	
1	$\#E$	$i*+i\#$	$i\in \text{FIRST}(E)$	10	$\#\,E'T+$	$+i\#$	
2	$\#E'T$	$i*+i\#$		11	$\#\,E'T$	$i\#$	
3	$\#E'T'F$	$i*+i\#$		12	$\#E'T'F$	$i\#$	
4	$\#\,E'T'i$	$i*+i\#$		13	$\#\,E'T'i$	$i\#$	
5	$\#\,E'T'$	$*+i\#$		14	$\#E'T'$	$\#$	
6	$\#\,E'T'F*$	$*+i\#$		15	$\#\,E'$	$\#$	
7	$\#\,E'T'F$	$+i\#$	错,$M[F,+]=$synch	16	$\#$	$\#$	接受
8	$\#\,E'T'$	$+i\#$	F 已弹出栈				

4.7　本章小结

本章讨论自上而下的语法分析技术,主要包括带回溯的分析技术与无回溯的分析技术。由于带回溯的自上而下分析技术效率低下,因而往往不采用此技术,而将重点放在无回溯的递归下降分析技术和预测分析技术上。为应用这类技术,必须首先判别条件是否满足,不满足时要进行文法的等价变换,使其转换为无左递归和无回溯的 LL(1) 文法。要求掌握 LL(1) 文法和预测分析表的构造方法,并且熟练地运用递归下降分析技术和预测分析技术进行句型分析。

4.8　习　　题

1. 一个文法 G 是 LL(1) 文法的充要条件是什么?
2. 已知文法 $G[S]$:

$$S{\rightarrow}AB$$
$$A{\rightarrow}bB\,|\,Aa$$
$$B{\rightarrow}Sb\,|\,a$$

消除该文法的左递归。

3. 下面文法中哪些是 LL(1) 的,说明理由。

$$① \quad S \rightarrow Abc \qquad\qquad ② \quad S \rightarrow ABBA$$
$$A \rightarrow a \mid \varepsilon \qquad\qquad\quad A \rightarrow a \mid \varepsilon$$
$$B \rightarrow b \mid \varepsilon \qquad\qquad\quad B \rightarrow b \mid \varepsilon$$
$$③ \quad S \rightarrow Ab \qquad\qquad\quad ④ \quad S \rightarrow aSe \mid B$$
$$A \rightarrow a \mid B \mid \varepsilon \qquad\quad B \rightarrow bBe \mid C$$
$$B \rightarrow b \mid \varepsilon \qquad\qquad\quad C \rightarrow cCe \mid d$$

4. 已知文法 $G[S]$:

$$S \rightarrow a \mid \wedge \mid (T)$$
$$T \rightarrow T, S \mid S$$

(1) 消除文法的左递归。

(2) 经改写后的文法是否是 LL(1) 的?

(3) 对改造后的文法的每个非终结符写出不带回溯的递归子程序。

5. 对文法 $G[S]$:

$$S \rightarrow aBcD \mid cD$$
$$B \rightarrow Bb \mid b$$
$$D \rightarrow d \mid D;D$$

(1) 消除左递归和回溯。

(2) 对改造后的文法的每个非终结符,构造递归下降分析子程序。

6. 设文法 $G[S]$:

$$S \rightarrow (L) \mid aS \mid a$$
$$L \rightarrow L, S \mid S$$

(1) 消除左递归和提取左因子。

(2) 计算每个非终结符的 FIRST 集和 FOLLOW 集。

(3) 构造预测分析表。

7. 已知文法 $G[A]$ 为:

$$A \rightarrow A \vee B \mid B$$
$$B \rightarrow B \wedge C \mid C$$
$$C \rightarrow \neg D \mid D$$
$$D \rightarrow (A) \mid i$$

(1) 该文法是否为 LL(1) 文法,为什么?

(2) 给出与 $G[A]$ 等价的 LL(1) 文法 $G'[A]$。

(3) 构造 $G'[A]$ 的预测分析表。

8. 已知文法 $G[A]$ 为:

$$A \rightarrow aABl \mid a$$
$$B \rightarrow Bb \mid d$$

(1) 给出与 $G[A]$ 等价的 $LL(1)$ 文法 $G'[A]$。

(2) 构造 $G'[A]$ 的预测分析表。

(3) 给出输入串 $aadl \sharp$ 的分析过程。

第5章　自下而上语法分析

自下而上语法分析技术进行文法句子的识别,实质上是推导的逆过程。从语法分析树的角度,是从输入符号串开始,将其作为语法分析树的端末结点。然后向着根结点方向,试图为输入串构造语法分析树。如果能够成功构建,则输入符号串被判定为文法的句子。

自下而上语法
分析举例

5.1　移进-归约方法

自下而上语法分析需要通过分析栈展开分析动作。通常,还要求在输入符号串左端增加一个标志符号'♯'。分析开始前需要将左端标志符移入分析栈,分析栈和输入串的初始情形为

分析栈　　　　　　　　输入串

♯　　　　　　　　　　w♯

自下而上语法分析技术的基本思想是将输入串 w 的符号自左至右逐一移进分析栈。移进过程中,一旦发现栈顶形成某个产生式的右部时,就将这部分符号串替换为相应产生式的左部。上述替换过程称为**归约**,被归约的栈顶符号串称为**可归约串**。因此,自下而上分析法也称为移进-归约法。移进-归约动作将不断重复,直至栈顶呈现如下格局

可归约串

分析栈　　　　　　　　输入串

♯S　　　　　　　　　　♯

表示分析成功。输入串 w 的各个符号最终归约为文法的开始符号 S。

例5.1　判别输入串 $w=abbcde$ 是否为下述文法的句子。

利用自下而上分析方法,为输入串构建语法分析树的过程如图 5-1 所示。分析栈中的移进—归约步骤如表 5-1 所示,首先初始化分析栈,然后将下一个输入符号'a'移进分析栈。由于并未形成任何可归约的符号串,于是将下一个输入符号'b'移进分析栈。此时,利用第(2)条产生式将栈顶的 b 归约为 A。分析过程中先后在第 2、第 4、第 7 和第 9 四步中使用(2)、(3)、(4)和(1) 号产生式进行了四次归约,最终分析成功结束。

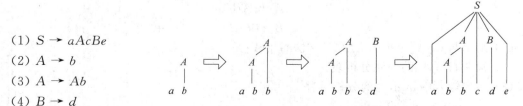

动画:自下而上语法
分析过程实例

(1) $S \rightarrow aAcBe$

(2) $A \rightarrow b$

(3) $A \rightarrow Ab$

(4) $B \rightarrow d$

图 5-1　自下而上构建输入串 $abbcde$ 的语法分析树

表 5-1　输入串 abbcde 的自下而上分析过程

	分析栈	输入串	动作		分析栈	输入串	动作
0	#	abbcde#	移进	6	#aAc	de#	移进
1	#a	bbcde#	移进	7	#aAcd	e#	归约 B→d
2	#ab	bcde#	归约 A→b	8	#aAcB	e#	移进
3	#aA	bcde#	移进	9	#aAcBe	e#	归约为 S
4	#aAb	cde#	归约 A→Ab	10	#S	#	接受
5	#aA	cde#	移进				

注意，第 4 步如果没有使用产生式(3)，而是用产生式(2)将栈顶的 b 归约为 A，后续分析将无法归约至 S。为了能够进行正确的自下而上的语法分析，分析器需要能够根据当前分析栈的情况，以及输入串的后续符号，确定在第 4 步必须使用产生式(3)进行归约。也就是说，找到方法确定此时栈顶的 Ab 是可归约串，而 b 不是可归约串。因此，精确定义可归约串是自下而上分析的关键问题。

5.2　规范归约

5.2.1　规范归约和句柄

回顾例 5-1，分析中各步归约所使用的产生式正好对应于输入串的最右推导的各个步骤

$$S \rightarrow aAcBe \qquad B \rightarrow d \qquad A \rightarrow Ab \qquad A \rightarrow b$$
$$S \Rightarrow \quad aAcBe \Rightarrow aAcde \Rightarrow aAbcde \Rightarrow abbcde$$
$$\xleftarrow{\qquad\qquad} \text{归约方向}$$

只是顺序相反。对应于最右推导的自上而下、从右至左语法分析树的构造过程，移进-归约过程采用自下而上、从左至右的方式构造语法分析树，展示了输入串最右推导的逆过程。注意，移进-归约从左至右将输入符号移进分析栈，每步归约都是先构造语法分析树最左侧子树，实现了**最左归约**。

在形式语言中，最右推导通常被称为**规范推导**，由规范推导所得的句型称为**规范句型**（由于是最右推导过程中得到的句型，也称为**右句型**）。规范推导的逆过程称为**规范归约**。

规范归约的每一步，都是将下一个输入符号移进分析栈，以期待栈顶呈现出为了得到归约路径上的下一个规范句型而应该被归约的串。规范归约的可归约串称为**句柄**。

定义 5.1　假定 α 是文法 G 的一个句子，称序列 α_n，α_{n-1}，$\cdots$，α_0 是 α 的规范归约，如果此序列满足

（1）$\alpha_n = \alpha$；

（2）α_0 为文法的开始符，即 $\alpha_0 = S$；

（3）对任何 i（$0 < i \leqslant n$），α_{i-1} 是 α_i 经将句柄替换为相应产生式左部符号而得到的。

5.2.2　短语

规范归约的句柄实际上是最右推导过程中的每一步被推导出的某个产生式的右部。因此，通过描述句型推导过程中能够被推导出的串可以刻画句柄，这样的串称为句型的短语。

定义 5.2 设文法 G, S 是其开始符号。假定 $\alpha\beta\delta$ 是 G 的一个句型,如果有

$$S \overset{*}{\Rightarrow} \alpha A\gamma \quad 且 \quad A \overset{+}{\Rightarrow} \beta$$

则称 β 是句型 $\alpha\beta\gamma$ 相对于非终结符 A 的**短语**。特别是,如果 $A \Rightarrow \beta$,则称 β 是句型 $\alpha\beta\gamma$ 相对于 A 的**直接短语**。

注意,作为短语的两个条件均是不可缺少的。仅有 $A \overset{+}{\Rightarrow} \beta$ 未必意味着 β 是句型 $\alpha\beta\delta$ 的一个短语,还必须要有 $S \overset{*}{\Rightarrow} \alpha A\gamma$ 这一条件。句子的语法树能够展示出句子推导过程中经历的所有句型,非常有助于判断输入串的短语。

例 5.2 判定如下算术表达式文法的句子 $i_1 * i_2 + i_3$ 的短语。

句子 $i_1 * i_2 + i_3$ 的语法分析树如图 5-2(a)所示。从语法树可以看出 i_1、i_2 和 i_3 是句子中通过直接推导产生的串,因此均为直接短语。此外,$i_1 * i_2$ 是句型 $T + i_3$ 中由 T 推导出的,也是句子 $i_1 * i_2 + i_3$ 的短语。最特殊的,$i_1 * i_2 + i_3$ 是由开始符号 E 推导出的,也是短语。但是,尽管有 $E \overset{*}{\Rightarrow} i_2 + i_3$,而 $i_2 + i_3$ 并不是句子 $i_1 * i_2 + i_3$ 的短语,因为不存在从文法开始符号 E 到 $i_1 * E$ 的推导。

假设给定另一个句型 $E + T * F + i$,语法分析树如图 5-2(b)所示。可以看出,句型的短语包括 $T * F$、i、$E + T * F$ 和 $E + T * F + i$。其中,$T * F$ 和 i 为直接短语。

$E \rightarrow E + T \mid T$
$T \rightarrow T * F \mid F$
$F \rightarrow （E） \mid i$

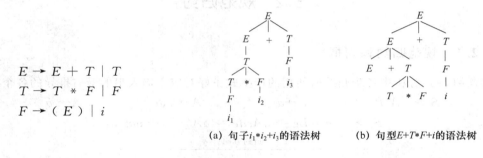

(a) 句子 $i_1 * i_2 + i_3$ 的语法树　　(b) 句型 $E + T * F + i$ 的语法树

图 5-2　例 5.2 示意图

语法分析树需要一层一层构造,因此句柄一定是直接短语。此外,规范归约从最左侧分支开始构造语法分析树,因此**最左直接短语**构成了规范句型的句柄。例 5.2 中,i_1 是句子 $i_1 * i_2 + i_3$ 的最左直接短语,即句柄;$T * F$ 是句型 $E + T * F + i$ 的句柄。

句柄的"最左"特征对于移进-归约来说非常重要。规范归约过程中,如果栈中没有呈现出句柄,则从左至右将下一个输入符号移入栈中。一旦在移入过程中,栈顶呈现句柄则进行归约。因此,规范句型句柄的尾部一定是栈顶符号,而且句柄的右侧一定是终结符,即下一个输入符号。在分析的任一时刻,分析栈和符号串中剩余的部分,组成了一个完整的规范句型。

短语-直接短语
-句柄关系

5.2.3　LR 分析

LR 分析是一种确定的、符合规范归约的自下而上语法分析技术。其中,L 表示从左到右扫描输入串,R 表示构造一个最右推导的逆过程。LR 分析可应用于一大类上下文无关文法的语法分析,并且识别效率良好。然而,LR 分析的一个主要缺点是手工构造分析程序的工作量巨大,通常需要借助于 5.5 节介绍的 YACC 等工具来自动生成 LR 分析器。

规范归约的关键在于寻找句柄。LR 分析法的思想是将句型的识别过程划分为一系列状

态,若干个状态可以识别句型左端的一部分符号,这部分符号正是分析栈中呈现特定句型的句柄时的情形。

LR 分析器由分析程序、分析表和分析栈组成,如图 5-3 所示。分析栈包括文法符号栈和状态栈两部分。LR 分析程序是用于控制分析器动作的总控程序,其任何一步动作都是根据分析栈的栈顶状态,以及输入符号串,通过查找分析表,唯一确定分析动作是移进下一个输入符号,或是栈顶已经呈现出某个句型的句柄,需要进行归约。

LR 分析器结构

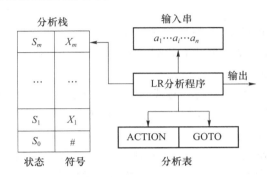

图 5-3 LR 分析器模型

1. LR 分析表

LR 分析表是 LR 分析器的核心部分。如果能为文法 G 构造一个 LR 分析表,则称 G 为 **LR 文法**。虽然并非所有上下文无关文法都是 LR 文法,但是大多数程序语言都可以使用 LR 文法进行描述。5.4 节将详细介绍四种 LR 分析表的构造方法。

LR 分析表是一张二维表,由 ACTION 表(动作表)和 GOTO 表(状态转换表)两部分构成。例如,下述表达式文法的 LR 分析表如表 5-2 所示。文法为每一条产生式进行编号,对应于分析表中具有下标的 r。识别过程中的各个状态由状态的编号表示,其中 0 号状态是分析的初始状态。

(1) $E \rightarrow E+T$
(2) $E \rightarrow T$
(3) $T \rightarrow T*F$
(4) $T \rightarrow F$
(5) $F \rightarrow (E)$
(6) $F \rightarrow i$

表 5-2 LR 分析表

状态	ACTION						GOTO		
	i	$+$	$*$	$($	$)$	$\#$	E	T	F
0	S_5			S_4			S_1	S_2	S_3
1		S_6				acc			
2		r_2	S_7		r_2	r_2			
3		r_4	r_4		r_4	r_4			
4	S_5			S_4			S_8	S_2	S_3
5		r_6	r_6		r_6	r_6			
6	S_5			S_4		r_1		S_9	S_3
7	S_5			S_4					S_{10}
8		S_6			S_{11}				
9		r_1	S_7		r_1	r_1			
10		r_3	r_3		r_3	r_3			
11		r_5	r_5		r_5	r_5			

分析表中，ACTION[S, a]表示状态 S 面对输入符号 a 时应采取的动作。ACTION[S, a]规定的动作包括下述四种之一。

① 移进：S_i 表示将状态 i 移入状态栈，输入符号 a 移入文法符号栈，下一输入符号成为当前输入符号。

② 归约：r_j 表示按产生式(j) $A \rightarrow \beta$ 进行归约。并将 A 移入符号栈，GOTO[S_i, A]中的状态移入状态栈。分析表中的 GOTO[S, X]表示状态 S 面对文法符号 X（终结符或非终结符）时识别应进入的下一状态。为了减少分析表的占用空间，将 X 为终结符号的 GOTO 表与 ACTION 表进行了合并。

③ 接受：acc 表示分析成功，分析器停止工作。

④ 报错：空白表示发现源程序含有错误，调用出错处理程序。

2. 分析栈和分析过程

分析栈包括文法符号栈和相应的状态栈两部分。栈里的每个状态概括了从分析开始直到某一识别阶段的全部分析情形，分析时只需根据栈顶状态和现行输入符号就可以唯一确定下一个动作，确定句柄是否出现在栈顶。

LR 分析过程可以看作是由状态栈、符号栈和输入符号串所构成的三元式的变化过程。与图 5-3 对应，S_0 和 ♯ 是分析初始化时移入栈里的开始状态和句子左端标识。初始时，三元式为

$$\text{状态栈} \quad \text{符号栈} \quad \text{剩余输入符号串}$$
$$(S_0 \qquad \sharp \qquad a_1 a_2 \cdots a_n \sharp)$$

经过多步分析动作之后，当前栈顶状态为 S_m，符号串 $X_1 X_2 \cdots X_m$ 是已移进–归约出的文法符号串。分析过程中的每步结果可以表示为

$$\text{状态栈} \qquad \text{符号栈} \qquad \text{剩余输入符号串}$$
$$(S_0 S_1 \cdots S_m \qquad \sharp X_1 X_2 \cdots X_m \qquad a_i a_{i+1} \cdots a_n \sharp)$$

分析器任何一步动作都是由栈顶状态 S_m 和输入符号 a_i 所唯一决定的，也就是执行 ACTION[S_m, a_i]所规定的动作。任何动作都将引起三元式的变化，达到特定的分析状态，分析器将通过一步一步地变换三元式，直到执行到"接受"或"报错"动作为止。分析器的移进和归约动作的执行方式如下。

$LR()$控制器设计

（1）移进

将 ACTION[S_m, a_i]中的状态 S_{next} 移入状态栈，将输入符号 a_i 移入符号栈，下一输入符号 a_{i+1} 成为当前输入符号。此时三元式变为

$$(S_0 S_1 \cdots S_m S_{next}, \qquad \sharp X_1 X_2 \cdots X_m a_i, \qquad a_{i+1} \cdots a_n \sharp)$$

（2）归约

依据产生式 $A \rightarrow \beta$ 进行归约，如果产生式的右端长度为 r，则状态栈和符号栈栈顶的 r 个元素同时出栈。将 GOTO[S_{m-r}, A]中的状态 S_{next} 移入状态栈，将归约后的符号 A 移入符号栈。此时三元式变为

$$(S_0 S_1 \cdots S_{m-r} S_{next}, \qquad \sharp X_1 X_2 \cdots X_{m-r} A, \qquad a_i a_{i+1} \cdots a_n \sharp)$$

注意，归约动作不改变当前输入符号，执行归约意味着 β（即 $X_{m-r+1} \cdots X_m$）是当前句型中相对于 A 的句柄，而且呈现于栈顶。

例 5.3 利用分析表 5-2 对输入串 $i + i * i$ 进行 LR 分析。

输入串 $i+i*i$ 的分析过程如表 5-3 所示。状态栈中的数字表示状态的编号。由分析过程可以发现,文法符号栈实际上是多余的,因为相关信息已经概括到状态栈里了,保留在这里可以更加明确归约过程。

表 5-3　输入串 $i+i*i$ 的 LR 分析过程

步骤	分析栈		产生式	输入串	说明
	状态栈	符号栈			
0	0	#		$i+i*i$#	0,# 进栈
1	05	#i		$+i*i$#	i,S_5 进栈
2	03	#F	$F \rightarrow i$	$+i*i$#	i,S_5 出栈,F,S_3 进栈
3	02	#T	$T \rightarrow F$	$+i*i$#	F,S_3 出栈,T,S_2 进栈
4	01	#E	$E \rightarrow T$	$+i*i$#	T,S_2 出栈,E,S_1 进栈
5	016	#$E+$		$i*i$#	$+$,S_6 进栈
6	0165	#$E+i$		$*i$#	i,S_5 进栈
7	0163	#$E+F$	$F \rightarrow i$	$*i$#	i,S_5 出栈,F,S_3 进栈
8	0169	#$E+T$	$T \rightarrow F$	$*i$#	F,S_3 出栈,T,S_9 进栈
9	01697	#$E+T*$		i#	$*$,S_7 进栈
10	016975	#$E+T*i$		#	i,S_5 进栈
11	01697 10	#$E+T*F$	$F \rightarrow i$	#	i,S_5 出栈,F,S_{10}进栈
12	0169	#$E+T$	$T \rightarrow T*F$	#	$F*T$,$S_{10,7,9}$出栈,T 和 S_9 进栈
13	01	#E	$E \rightarrow E+T$	#	$T+E$,$S_{9,6,1}$出栈,E 和 S_1 进栈

有时,LR 分析器需要向前查看 k 个输入符号才能决定移进还是归约,这样的分析器称为 LR(k)分析器。

5.3　算符优先分析

算符优先分析方法是根据算符之间的优先关系设计的一种简单、直观的自下而上的语法分析方法,易于手工实现。但是,算符优先分析只适用于算符优先文法,特别适合于分析程序设计语言中的各类表达式。

5.3.1　算符优先文法

算符优先文法首先必须是算符文法,算符文法将终结符号作为文法的算符。

定义 5.3　对于文法 G,如果其任一产生式的右部都不含两个相继或并列的非终结符,即不含如下形式的产生式

$$P \rightarrow \cdots QR\cdots$$

则称文法 G 为算符文法。

因此,算符文法句型的一般形式为

$$\# N_1 a_1 N_2 a_2 \cdots N_n a_n N_{n+1} \#$$

其中,每个 a_i 都是终结符,N_i 是非终结符或 ε。也就是说,算符文法的句型中包含多个终结符,任何两个终结符之间至多只有一个非终结符,保证了算符的相邻性。注意,算符文法句型中的

相邻算符不一定是紧紧挨在一起的两个算符,也包括相隔一个非终结符的一对算符。

回顾 4.2 节,设计算术表达式文法时,为了去除文法的二义性而将算符依据优先级别进行分组,使得优先级别低的算符更接近语法分析树的根结点。换句话说,确保优先级别高的算符先被归约,而构成一个语法单位。因此,文法的产生式实际上包含了相邻算符的归约顺序,即算符的优先级别。为了形式化描述相邻算符的级别关系,引入终结符之间的三种优先关系。

定义 5.4 假定 G 是一个不含 ε 产生式的算符文法。G 的终结符号对 a 和 b 的优先关系包括如下三种形式。

(1) $a \doteq b$

当且仅当文法 G 中含有形如 $P \rightarrow \cdots ab \cdots$ 或 $P \rightarrow \cdots aQb \cdots$ 的产生式

(2) $a \lessdot b$

当且仅当 G 中含有形如 $P \rightarrow \cdots aR \cdots$ 的产生式,而且 $R \overset{+}{\Rightarrow} b \cdots$ 或 $R \overset{+}{\Rightarrow} Qb \cdots$

(3) $a \gtrdot b$

当且仅当 G 中含有形如 $P \rightarrow \cdots Rb \cdots$ 的产生式,而且 $R \overset{+}{\Rightarrow} \cdots a$ 或 $R \overset{+}{\Rightarrow} \cdots aQ$

注意,这三种优先关系是不对称的。例如,表达式 $i_1 + i_2 - i_3$ 中有 $+ \gtrdot -$,但是在表达式 $i_1 - i_2 + i_3$ 中又有 $- \gtrdot +$。

为了构造确定的算符优先分析,需要保证在分析的任意时刻,都能够依据算符之间的优先关系准确地决定应该采取移进还是归约动作,以及确定可归约串。

定义 5.5 如果算符文法 G 中的任意一对终结符 a 和 b,至多只满足下述三种关系之一

$$a \doteq b, \quad a \lessdot b, \quad a \gtrdot b$$

则称 G 是一个算符优先文法。

算符优先文法

5.3.2 算符优先关系表

算符之间的优先关系可由表格直观表示。算符优先关系表的垂直维度表示位于左侧的算符,水平维度是位于右侧的算符,表项的内容是两者的优先关系。例如,算术表达式文法的算符优先关系表如表 5-4 所示,其中空白格表示相应终结符对之间没有优先关系。通过扩展表达式文法增加产生式 $E' \rightarrow \sharp E \sharp$,可以将句子的起始和终止符作为终结符对待。

表 5-4 算术表达式文法的算符优先关系表

	$+$	$*$	$\uparrow$	i	$($	$)$	$\sharp$
$+$	$\gtrdot$	$\lessdot$	$\lessdot$	$\lessdot$	$\lessdot$	$\gtrdot$	$\gtrdot$
$*$	$\gtrdot$	$\gtrdot$	$\lessdot$	$\lessdot$	$\lessdot$	$\gtrdot$	$\gtrdot$
$\uparrow$	$\gtrdot$	$\gtrdot$	$\lessdot$	$\lessdot$	$\lessdot$	$\gtrdot$	$\gtrdot$
i	$\gtrdot$	$\gtrdot$	$\gtrdot$			$\gtrdot$	$\gtrdot$
$($	$\lessdot$	$\lessdot$	$\lessdot$	$\lessdot$	$\lessdot$	$\doteq$	
$)$	$\gtrdot$	$\gtrdot$	$\gtrdot$			$\gtrdot$	$\gtrdot$
$\sharp$	$\lessdot$	$\lessdot$	$\lessdot$	$\lessdot$	$\lessdot$		$\doteq$

$E' \rightarrow \sharp E \sharp$

$E \rightarrow E + T \mid T$

$T \rightarrow T * F \mid F$

$F \rightarrow P \uparrow F \mid P$

$P \rightarrow (E) \mid i$

1. FIRSTVT 集

依据优先关系的定义,为了找出所有满足关系 $\lessdot$ 的终结符对,需要明确非终结符能够推导出的符号串中的第一个终结符。文法每个非终结符 P 的 FIRSTVT 集定义为

FIRSTVT 集

$$\text{FIRSTVT}(P)=\{\ a\ |\ P\overset{+}{\Rightarrow}a\cdots\ 或\ P\overset{+}{\Rightarrow}Qa\cdots,\ a\in V_T,\ Q\in V_N\ \}$$

注意,符号串的第一个终结符不一定是其第一个符号,也可能是第二个符号,前面可以存在一个非终结符。

依据下面两条规则可以构造非终结符 P 的 FIRSTVT 集:

(1) 若有产生式 $P\rightarrow a\cdots$ 或 $P\rightarrow Qa\cdots$,则 $a\in\text{FIRSTVT}(P)$;

(2) 若 $a\in\text{FIRSTVT}(Q)$,且有产生式 $P\rightarrow Q\cdots$,则 $a\in\text{FIRSTVT}(P)$。

规则(1)可以通过直接扫描产生式实现。规则(2)可以利用一个布尔数组 $F[P,a]$ 实现,当且仅当 $a\in\text{FIRSTVT}(P)$ 时 $F[P,a]$ 取值为真。依据规则(1)对数组 $F[P,a]$ 的每个元素赋初值。然后,利用一个栈结构,将所有初值为真的数组元素 $F[P,a]$ 的符号对 (P,a) 压入分析栈。如果栈不空,则弹出栈顶,记作 (Q,a)。对每个形如 $P\rightarrow Q\cdots$ 的产生式,若 $F[P,a]$ 为假,则将其值设为真,并将 (P,a) 压栈。重复上述过程,直至栈空为止。构造 FIRSTVT(P)集的过程如算法 5.1 所示。

算法 5.1 构造文法的 FIRSTVT 集合。

```
insert(P,a)
{
    if (! F[P,a])
    {
        F[P,a] = true;
        push(P,a);
    }
}
```

```
firstVT( )
    for (非终结符 P 和终结符 a)
        F[P,a] = false;
    for (形如 P→a···||P→Qa···的产生式)
        insert(P,a);
    while (! Empty())
    {   (Q, a) = pop();
        for (形如 P→Q···的产生式)
            insert(P,a);
    }
}
```

2. LASTVT 集

为了找出所有满足关系 $\gtrdot$ 的终结符对,需要明确非终结符能够推导出的符号串中的最后一个终结符。文法每个非终结符 P 的 LASTVT 集定义为

$$\text{LASTVT}(P)=\{\ a\ |\ P\overset{+}{\Rightarrow}\cdots a\ 或\ P\overset{+}{\Rightarrow}\cdots aQ,\ a\in V_T,\ Q\in V_N\ \}$$

LASTVT 集的构造算法与 FIRSTVT 集的构造算法类似。依据下面两条规则可以构造非终结符 P 的 LASTVT 集:

LASTVT 集

(1) 若有产生式 $P\rightarrow\cdots a$ 或 $P\rightarrow\cdots a\,Q$,则 $a\in\text{LASTVT}(P)$;

(2) 若 $a\in\text{LASTVT}(Q)$,且有产生式 $P\rightarrow\cdots Q$,则 $a\in\text{LASTVT}(P)$。

3. 优先关系表的构造

依据定义,通过检查文法的每个产生式的每个候选式,可找出所有满足 $a\doteq b$ 关系的终结符对。利用非终结符 P 的 FIRSTVT(P)集,通过检查每个产生式的候选式,就可以确定满足 $\lessdot$ 关系的所有终结符对。若有形如 $\cdots aP\cdots$ 的产生式,那么任何 $b\in$ FIRSTVT(P),则 $a\lessdot b$。利用非终结符 P 的 LASTVT(P)集,通过检查每个产生式的候选式,就可以确定满足 $\gtrdot$ 关系的所有终结符对。若有形如 $\cdots Pb\cdots$ 的产生式,那么任何 $a\in$

LASTVT(P)，则 $a \gtrdot b$。算符文法优先关系表的构造方法如算法 5.2 所示。

算法 5.2 构造文法的优先表。

```
for    (形如 P→X₁X₂…Xₙ 的产生式)
{  for (int i = 1; i < = n −1; i + + )
   {  if (Xᵢ,Xᵢ₊₁∈Vₜ)  Xᵢ≐Xᵢ₊₁;
      else if (i < = n − 2, Xᵢ,Xᵢ₊₂∈Vₜ, Xᵢ₊₁∈Vₙ) Xᵢ≐Xᵢ₊₂;
      else if (Xᵢ∈Vₜ, Xᵢ₊₁∈Vₙ)
          for (a∈FIRSTVT(Xᵢ₊₁))  Xᵢ⋖a;
      else if (Xᵢ∈Vₙ, Xᵢ₊₁∈Vₜ)
          for (a∈LASTVT(Xᵢ)) a⋗Xᵢ₊₁;
   }
}
```

例 5.4 构造算术表达式文法的算符优先关系表。

首先，构造每个非终结符的 FIRSTVT 集和 LASTVT 集。

$E' \to \#E\#$ FIRSTVT(E') = { # }   LASTVT(E') = { # }

$E \to E+T \mid T$ FIRSTVT(E) = { +, *, ↑, (, i } LASTVT(E) = { +, *, ↑,), i }

$T \to T*F \mid F$ FIRSTVT(T) = { *, ↑, (, i } LASTVT(T) = { *, ↑,), i }

$F \to P \uparrow F \mid P$ FIRSTVT(F) = { ↑, (, i }   LASTVT(F) = { ↑,), i }

$P \to (E) \mid i$ FIRSTVT(P) = { (, i }   LASTVT(P) = {), i }

然后，扫描产生式可得

$$\# \doteq \#, (\doteq)$$

# ⋖ FIRSTVT(E')	LASTVT(E') ⋗ #
+ ⋖ FIRSTVT(T)	LASTVT(E) ⋗ +
* ⋖ FIRSTVT(F)	LASTVT(T) ⋗ *
↑ ⋖ FIRSTVT(F)	LASTVT(P) ⋗ ↑
(⋖ FIRSTVT(E)	LASTVT(E) ⋗)

最后，构造文法的优先关系表如表 5-4 所示。从中可以看出，任意终结符号对之间至多只有一种优先关系成立，因此算术表达式的文法是算符优先文法。

5.3.3 算符优先分析算法

1. 算符优先分析过程

构造出文法的算符优先关系表后，就可以依据算符之间的优先关系，进行文法语句的识别。如果分析栈栈顶的终结符优先级别低于下一输入符号，或与之优先级别相同，则应将下一输入符号移进分析栈，等待归约；否则，表明栈中形成了当前优先级别最高的串，应进行归约动作。例如，依据表 5-4 所示的表达式文法的算符优先关系表，对输入串 $i+i*i$ 进行算符优先分析的过程如表 5-5 所示。注意，算符优先分析并不关心归约后的非终结符的名称，可以统一由某一个大写字母表示。

表 5-5　$i+i*i$ 的算符优先分析过程

	分析栈	输入串	动作		分析栈	输入串	动作
0	#	$i+i*i$#	初始状态	6	$\#N+N*$	i#	$+\lessdot*$,*入栈
1	#i	$+i*i$#	$\#\lessdot i$,i入栈	7	$\#N+N*i$	#	$*\lessdot i$,i入栈
2	$\#N$	$+i*i$#	$\#\lessdot i\gtrdot+$,归约为 N	8	$\#N+N*N$	#	$*\lessdot i\gtrdot$#,归约为 N
3	$\#N+$	$i*i$#	$\#\lessdot+$,+入栈	9	$\#N+N$	#	$+\lessdot*\gtrdot$#,归约为 N
4	$\#N+i$	$*i$#	$+\lessdot i$,i入栈	10	$\#N$	#	$\#\lessdot+\gtrdot$#,归约为 N
5	$\#N+N$	$*i$#	$+\lessdot i\gtrdot*$,归约为 N				

2. 最左素短语

算符优先分析方法是通过比较相邻终结符间的优先关系来进行分析的,一般并不等价于规范归约,无法使用句柄的概念。以算术表达式的句型 T_1+i+T_2*F 为例,进行规范归约时句型的短语包括 T_1、i、T_1+i、T_2*F 和 T_1+i+T_2*F,其中 T_1 是句柄,如图 5-4(a)所示。但是,依据算符优先分析,语法分析树将呈现为图 5-4(b)所示的形式。可以看出,由于算符优先分析并未对非终结符定义优先关系,所以无法发现由单个非终结符组成的可归约串,构造的语法树去掉了单个非终结符的归约过程,例如 $T\rightarrow F$。

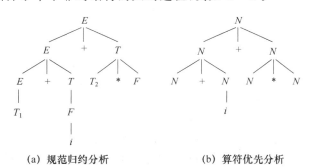

(a) 规范归约分析　　　(b) 算符优先分析

图 5-4　句型 T_1+i+T_2*F 的语法分析树

分析树 VS 语法树

为了描述算符优先分析的可归约串引入素短语的概念。**素短语**是至少包含一个终结符的短语,并且除其自身外不再包含任何更小的素短语。素短语通过不包含其他素短语保证了素短语进行归约的直接性,并且能够依据包含的相邻算符决定优先级别。由于算符优先分析采用从左至右扫描输入串,因此其可归约串是位于句型最左边的素短语,称为**最左素短语**。

算符优先分析法是依据最左素短语的性质,判断算符优先文法句型的可归约串。一个算符优先文法句型的最左素短语 $N_ja_j\cdots N_ia_iN_{i+1}$ 是满足如下条件

$$a_{j-1}\lessdot a_j$$
$$a_j\doteq a_{j+1},\cdots,a_{i-1}\doteq a_i$$
$$a_i\gtrdot a_{i+1}$$

的最左子串。也就是,最左素短语是当前分析栈中包含的终结符优先级别最高的符号串。

3. 算符优先分析法

算符优先分析算法依据算符的优先关系,不断移入优先级别较高或相同的下一输入符,寻找当前句型最左素短语末尾的终结符。然后,通过向左搜索寻找左侧优先级别低的算符,确定最左素短语的首字符。语法结构正

算符优先分析法

确的语句在分析结束时,分析栈将呈现为♯N,输入符号仅剩♯。算符优先分析过程如算法 5.3 所示。

算法 5.3 算符优先分析程序。

```
k = 1; s[k] = '♯';
do
{ a = getNext();
  if (s[k]∈VT)  j = k;
  else  j = k - 1;
  while  (s[j] ⋗ a)
  {  do{
      q = s[j];
      if  (s[j-1]∈VT)  j = j-1;
      else  j = j-2;
     } while(not s[j] ⋖ q);
    //将 s[j+1]…s[k]归约为 N 置于新栈顶
      k = j+1; s[k] = 'N';
  }
  if (s[j] ⋖ a || s[j] ≐ a)
  { k = k+1; s[k] = a; }
  else error;          //栈顶终结符与下一输入符号不存在优先关系
} while(a! = '♯');
```

算符优先分析跳过了所有单非产生式所对应的归约步骤,显然比规范归约要快得多。这既是算符优先分析的优点,同时也是它的缺点。因为忽略非终结符在归约过程中的作用存在某种危险性,可能导致将本来不是句子的输入串误认为是句子,但这种缺陷容易从技术上加以弥补。

5.3.4 优先函数

利用优先关系表来表示每对终结符之间的优先关系存储量大、查找费时。实际应用中,一般不直接使用优先关系表。如果能够给每个终结符赋一个值,即定义终结符的一个函数 f,值的大小反映其优先级别,那么终结符对 a、b 之间的优先关系就转换为两个优先函数 $f(a)$ 与 $f(b)$ 的值的比较。利用优先函数表示终结符之间的优先关系既便于做比较运算,又能节省存储空间。

注意,一个终结符在栈中(左)与在输入串中(右)的优先值是不同的。例如,既存在着 + ⋗),又存在着) ⋗ +。因此,一个终结符 a 应该具有一个左优先数 $f(a)$ 和一个右优先数 $g(a)$ 这样一对函数。根据一个文法的算符优先关系表,将每个终结符 θ 与两个自然数 $f(\theta)$ 和 $g(\theta)$ 对应,如果 $f(\theta)$ 和 $g(\theta)$ 的选择满足如下关系:

$$若 \theta_1 ⋖ \theta_2,则 f(\theta_1) < g(\theta_2)$$
$$若 \theta_1 ≐ \theta_2,则 f(\theta_1) = g(\theta_2)$$
$$若 \theta_1 ⋗ \theta_2,则 f(\theta_1) > g(\theta_2)$$

则称 f 和 g 为优先函数。其中,f 称为**入栈优先函数**,g 称为**比较优先函数**。注意,由于优先函数与自然数对应,对给定的文法,如果存在优先函数,一定存在多个,即 f 和 g 的选择不是唯一的。

1．关系图法

根据优先关系表构造优先函数 f 和 g 的一个简单方法是关系图法。关系图是一张有向图,其构造过程如下:

(1) 对所有终结符 a(包括♯)以 f_a、g_a 为结点名,画出全部 n 个终结符所对应的 $2n$ 个结点;

(2) 若 $a \gtrdot b$ 或 $a \doteq b$ 则画一条从 f_a 到 g_b 的箭弧;若 $a \lessdot b$ 或 $a \doteq b$ 则画一条从 g_b 到 f_a 的箭弧;

(3) 如果用上述方法构造的图中存在环路,则不存在优先函数。存在优先函数时,对每个结点都赋予一个数,此数等于从该结点出发所能到达的结点(包括自身在内)的个数,赋给 f_a 的数作为 $f(a)$,赋给 g_a 的数作为 $g(a)$。

如果存在环路

$$\rightarrow f_a \rightarrow g_b \rightarrow f_c \rightarrow \cdots \rightarrow f_x \rightarrow g_y$$

则有 $f(a) > g(b) \geqslant f(c) \geqslant \cdots \geqslant f(x) \geqslant g(y) > f(a)$,从而导致 $f(a) > f(a)$ 而产生矛盾。

例 5.5　利用关系图法给出表 5-4 的优先关系表所对应的优先函数。

表 5-4 所示优先关系表对应的关系图如图 5-5 所示,从该图所得的函数 f 和 g 如表 5-6 所示。

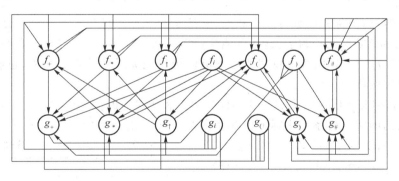

图 5-5　表 5-4 的优先关系表对应的优先关系图

表 5-6　表 5-4 的优先关系表对应的优先函数表

	＋	＊	↑	i	（	）	♯
f	6	8	8	10	2	11	2
g	5	7	10	10	10	2	2

2．逐次加 1 法

有向图法可以在确定的步数内完成优先函数的构造。但是,当结点数目比较多时,有向图会变得十分复杂,可能难于统计每个结点所能到达的结点个数。另一种构造优先函数的方法称为逐次加 1 法。逐次加 1 法是一个迭代的过程,需要多次重复,算法才能够得到收敛。逐次加 1 法优先函数构造的步骤如下:

(1) 初始化,对所有终结符 a,$f(a) = g(a) = 1$

(2) 对于 $a \lessdot b$，如果 $f(a) \geqslant g(b)$，则设 $g(b) = f(a) + 1$

(3) 对于 $a \gtrdot b$，如果 $f(a) \leqslant g(b)$，则设 $f(a) = g(b) + 1$

(4) 对于 $a \doteq b$，如果 $f(a) \neq g(b)$，则设 $f(a) = g(b) = \max(f(a), g(b))$

重复步骤(2)～(4)，直至得到的 f 和 g 的数值不再变化，过程得到收敛。如果 f 和 g 的数值大于 $2n$（n 是文法终结符的个数），则表明对应的优先函数不存在，过程无法收敛。

例 5.6 利用逐次加 1 法求表 5-4 所示优先关系表对应的优先函数。

利用逐步加 1 法求取表 5-4 所示优先关系表对应的优先函数的迭代过程，以及所得的函数 f 和 g 如表 5-7 所示。

表 5-7 优先函数表

迭代次数		+	*	↑	i	(	)	#
0	f	1	1	1	1	1	1	1
	g	1	1	1	1	1	1	1
1	f	2	4	5	6	1	6	1
	g	2	3	5	5	5	1	1
2	f	3	5	6	7	1	7	1
	g	2	4	6	6	6	1	1
3	f	优先函数值与第二次迭代相同，算法收敛						
	g							

虽然实现容易，但优先函数有一个缺点，就是原本不存在优先关系的两个终结符，由于与自然数相对应而变成可比较的了，这样可能会掩盖输入串中的错误。但可以通过检查栈顶符号 θ 和输入符号 a 的具体内容来发现那些不可比较优先关系的情形。此外，也有许多优先关系表不存在对应的优先函数。

例 5.7 利用关系图法给出表 5-8 中优先关系表所对应的优先函数。

表 5-8 给出的优先关系表实际上不存在优先函数。因为，假定存在 f 和 g，则应有

$$f(a) = g(a), f(a) > g(b)$$
$$f(b) = g(a), f(b) = g(b)$$

从而导致矛盾

$$f(a) > g(b) = f(b) = g(a) = f(a)$$

表 5-8 优先关系表

	a	b
a	$\doteq$	$\gtrdot$
b	$\doteq$	$\doteq$

依据表 5-8 绘制的关系图如下图所示，图中含有环路。从依据关系图得到的优先函数表可以明显看出与终结符的优先关系与表 5-8 给出的优先关系是不相符的。

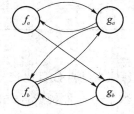

	a	b
a	4	4
b	4	4

5.3.5　算符优先分析中的出错处理

算符优先分析过程中,当栈顶终结符号与下一输入符号之间不存在任何优先关系时将产生语法错误。此时,通常采用在输入端改变、插入或删除符号的方式进行处理。在优先关系表中的空项中,可填入指向处理该项错误的子程序的指示器。采用改变或插入符号的办法,必须注意不要造成无穷的重复过程,始终不能将栈内的符号串归约或将符号移入栈顶。

假定 a 和 b 是栈顶上的两个符号(b 在顶上),c 和 d 为输入符号串中前两个符号,且 b 和 c 之间不存在任何关系。若 $a \lessdot$ 或 $\gtrdot c$,则将 b 从栈顶移去;若 $b \lessdot$ 或 $\gtrdot d$,则将 c 删除。另外一种可能是找出某个 e,使得 $b \lessdot$ 或 $\doteq e \lessdot$ 或 $\doteq c$,并将 e 插入输入端 c 的前面。一般而言,若不能找到单个符号,也可插入一串符号,使得 $b \lessdot$ 或 $\doteq e_1 \lessdot$ 或 $\doteq e_2 \lessdot$ 或 $\cdots \lessdot$ 或 $\doteq e_n \lessdot$ 或 $\doteq c$,选取的办法视具体情况而定。

例如,表 5-9 所示的优先矩阵是在表 5-4 的空项内填上各种不同的处理错误子程序后的结果。每个处理错误子程序进行如下工作:

e_1 表达式以左括号结尾:从栈顶删除'(',给出错误信息"非法左括号"

e_2 标识符 i 或)后跟 i 或(:输入端插入'+',给出错误信息"缺少运算符"

e_3 表达式以右括号开始:删除输入端')',给出错误信息"非法右括号"

e_4 缺少表达式:若栈顶有非终结符 N,则表达式分析完毕。若为空,则在输入端插入 i,给出错误信息"缺少表达式"

利用表 5-9 对输入串 $w =)i)$ 进行带错误处理的算符优先分析过程如表 5-10 所示。

表 5-9　优先关系表(包括出错处理子程序)

	+	*	i	(	)	#
+	$\gtrdot$	$\lessdot$	$\lessdot$	$\lessdot$	$\gtrdot$	$\gtrdot$
*	$\gtrdot$	$\gtrdot$	$\lessdot$	$\lessdot$	$\gtrdot$	$\gtrdot$
i	$\gtrdot$	$\gtrdot$	e_2	e_2	$\gtrdot$	$\gtrdot$
(	$\lessdot$	$\lessdot$	$\lessdot$	$\lessdot$	$\doteq$	e_1
)	$\gtrdot$	$\gtrdot$	e_2	e_2	$\gtrdot$	$\gtrdot$
#	$\lessdot$	$\lessdot$	$\lessdot$	$\lessdot$	e_3	e_4

表 5-10　对输入串 $)i)$ 带错误处理的算符优先分析过程

	分析栈	输入串	说明
0	#	$)i)$ #	初始状态
1	#	$i)$ #	表达式以)开始,调用 e_3
2	#i	$)$ #	#$\lessdot i$,i 入栈
3	#N	$)$ #	#$\lessdot i \gtrdot$),用 $N \rightarrow i$ 归约
4	#N	$)$ #	#和)没有优先关系
5	#N	#	调用 e_3

除了不具有优先关系,算符优先分析的语法错误还包括找到素短语,却不存在于值对应的产生式的右部。此时,错误处理子程序需要确定该"素短语"与哪个产生式的右部最相似。例如,假定从栈中确定的"素短语"是 abc,可是,没有一个产生式,其右部包含 a、b、c 在一起。此时,可考虑是否删除 a、b、c 中的一个。假若有一个产生式其右部为 $aAcB$,则可给出错误信息:"非法 b";若另一个产生式,其右部为 $abdc$,则可给出错误信息"缺少 d"。

注意,在使用算符优先分析法时,非终结符的处理是隐匿的。因此,当素短语与某一产生式右部相匹配时,则意味着其相应的终结符是相同的,而非终结符所占位置也是相同的。若有多个符号序列可以归约,则可设计一个通用的子程序去处理,以确定哪一个产生式右部与该归约序列的距离满足一定的界限(比如限定为 1 或 2)。若存在这样的产生式,则假定以这个产生式为依据,并给出比较具体的错误信息。否则,可给出类似"语句有错"这样的一般性信息。

5.4 LR 分析

本节将介绍 4 种不同的 LR 分析方法，包括 LR(0)分析、SLR(1)分析、LR(1)分析以及 LALR(1)分析。这些方法的不同之处体现在分析表的构造上，但总控程序是相同的，只是具有的分析能力不相同。最后，将简要介绍二义文法在 LR 分析中的应用。

5.4.1 规范句型的活前缀

如 5.2.2 节所述，规范归约过程的任何时刻，分析栈中呈现了规范句型的前面部分，分析栈和输入串剩余部分构成了一个完整的句型。由此，分析栈内句柄形成及形成以前的符号串的形式对于句型的识别，或者说对于句柄的归约，具有重要的意义。识别出分析栈中句型的前面部分就能够确定下一步的动作。

利用符号串前缀的概念可以描述符号串的形成。符号串的前缀是指符号串的任意首部。例如，串 ab 的前缀有 ε、a 以及 ab。

定义 5.6 对于文法 G，若有规范推导

$$S \overset{*}{\Rightarrow} \alpha A\beta \Rightarrow \alpha\gamma\beta, \quad \beta \in V_T^*$$

如果符号串 δ 是 $\alpha\gamma$ 的前缀，则 δ 是句型 $\alpha\gamma\beta$ 的一个活前缀。$\alpha\gamma$ 称为句型 $\alpha\gamma\beta$ 的可归约前缀。

由定义可知，规范句型的活前缀是规范句型的一个前缀，并且不含句柄之后的任何符号。可归约前缀是含有句柄的活前缀。规范归约过程中，任何时刻分析栈中的符号串均为规范句型的活前缀。在活前缀右边添加终结符串(输入串剩余部分)后，则构成一个规范句型。

再次回顾例 5.1 的归约过程

$$S \Rightarrow aAcBe \Rightarrow aAcde \Rightarrow aAbcde \Rightarrow abbcde$$

例 5.1 分析过程中每当分析栈中呈现出当前句型的句柄时，分析栈和输入串的情形如表 5-11 所示。表 5-11 中列举了句型的活前缀，显然，ε、a、aA、aAc 都不只是一个规范句型的前缀。

表 5-11 例 5.1 的 4 次归约过程

	分析栈	输入串	句柄	规范句型	句型的活前缀					
1	#ab	bcde#	b	#abbcde#	ε	a	ab			
2	#aAb	cde#	Ab	#aAbcde#	ε	a	aA	aAb		
3	#aAcd	e#	d	#aAcde#	ε	a	aA	aAc	aAcd	aAcde
4	# aAcBe	#	aAcBe	#aAcBe#	ε	a	aA	aAc	aAcB	aAcBe

LR 分析法并不是直接分析文法符号栈中的符号是否形成句柄。分析的任何时刻，只要已分析过的部分，即分析栈里的文法符号 $X_1 X_2 \cdots X_m$，一直保持为规范句型的活前缀，就表明输入串已被分析过的部分没有语法错误。加上输入串的剩余部分，恰好就是活前缀所属的规范句型。因此，对句柄的识别实际上就是对规范句型活前缀的识别。

LR 分析法利用有穷自动机识别文法所有句型的活前缀。有穷自动机的状态表示了活前缀识别过程中的不同阶段，终结符和非终结符是状态的输入符号。每当符号进入符号栈则表示识别了该符号，而进行状态转换。当识别到可归约前缀时，相当于栈中形成了句柄，到达识别的终态。对于文法 G，首先需要构造一个识别 G 所有活前缀的有穷自动机，然后将其转变为 LR 分析表。

5.4.2　LR(0)分析

LR(0)分析是最简单的一种 LR 分析方法,最容易实现。LR(0)分析法具有很大的局限性,但却是进行其他 LR 分析的基础。LR(0)分析的每一步都是根据当前分析栈的栈顶状态,利用 LR(0)分析表确定应该执行的分析动作,无须向前查看任何输入符号。

1. LR(0)项目和拓广文法

文法 G 的一个**LR(0)项目**,简称**项目**,是指在 G 的某个产生式右部的某个位置添加一个圆点。例如,产生式 $S \rightarrow aAcBe$ 对应有 6 个项目

(1) $S \rightarrow \cdot aAcBe$ 　　　　(4) $S \rightarrow aAc \cdot Be$

(2) $S \rightarrow a \cdot AcBe$ (5) 　　(5) $S \rightarrow aAcB \cdot e$

(3) $S \rightarrow aA \cdot cBe$ 　　　　(6) $S \rightarrow aAcBe \cdot$

产生式 $A \rightarrow \varepsilon$ 只对应一个项目 $A \rightarrow \cdot$。

项目表示分析过程中已经分析过的部分。例如,上述项目(1)表示希望用 S 的右部进行归约,而希望输入符号为 a;项目(2)表示已经与输入符号 a 匹配,需分析 A 推出的符号串;项目(3)表示 A 的右部得到匹配,已经归约为 A,希望遇到输入符号 c;最后,项目(6)表示 S 的右部全部分析完毕,句柄已经形成,可以进行归约。

在一个项目中紧跟在圆点后面的符号称为项目的**后继符号**,表示下一时刻将会遇到的符号。根据圆点所在的位置和后继符号的类型,可以将项目分为以下几种:

(1) 归约项目

圆点在最右端的项目,即后继符号为空。如 $A \rightarrow \alpha \cdot$,表明一个产生式的右部已分析完,句柄已形成,可以归约。

(2) 接受项目

文法的开始符号 S 的归约项目,如 $S \rightarrow \alpha \cdot$,表示最后一次归约,分析成功结束。

(3) 移进项目

后继符号为终结符的项目,如 $A \rightarrow \alpha \cdot a\beta$,其中 a 为终结符,分析动作是将 a 移进分析栈。

(4) 待归约项目

后继符号为非终结符的项目,如 $A \rightarrow \alpha \cdot B\beta$,其中 B 为非终结符,表明所对应的项目等待将非终结符 B 所能推出的串归约为 B,才能继续向后分析。

构造文法 G 的 LR(0)项目时,为使接受状态易于识别,先要对原文法进行拓广。对于右部含有开始符号的文法,拓广文法可以确保在归约过程中,不会混淆是已归约到文法的最初开始符号,还是文法右部出现的开始符号。

假设 S 是文法 G 的开始符号,增加产生式 $S' \rightarrow S$ 即可得到**拓广文法**G',S'为 G' 的开始符号。在拓广文法 G' 中,开始符号 S' 只在左部出现,有且仅有一个接受项目 $S' \rightarrow S \cdot$。此外,$S' \rightarrow \cdot S$ 将作为识别的开始项目。

2. Closure(I)和 GOTO(I, X)函数

若干个项目组成的集合称为**项目集**。设 I 是文法 G 的项目集,**项目集 I 的闭包**Closure(I)是从 I 出发由下面两条规则构造的项目集:

(1) 初始时,将 I 的每个项目都加入 Closure(I)中;

(2) 如果 $A \rightarrow \alpha \cdot B\beta$ 在 Closure(I)中,将所有不在 Closure(I)中的形如 $B \rightarrow \cdot \gamma$ 的项目加入 Closure(I)中;重复执行规则(2),直至没有更多的项目可加入 Closure(I)为止。

直观地说,Closure(I)中的项目 $A\rightarrow\alpha\cdot B\beta$ 表明在分析过程的某一时刻,希望看到从 $B\beta$ 推出的符号串。那么,如果 $B\rightarrow\gamma$ 是一个产生式,实际上是希望看到从 γ 推出的符号串。因此,需要将 $B\rightarrow\cdot\gamma$ 加入 Closure(I)中。

例 5.8 如下表达式拓广文法,设 $I=\{E'\rightarrow\cdot E\}$,计算 Closure($I$)。

$$E'\rightarrow E$$
$$E\rightarrow E+T\,|\,T$$
$$T\rightarrow T*F\,|\,F$$
$$F\rightarrow(E)\,|\,i$$

Closure(I)$=\{E'\rightarrow\cdot E, E\rightarrow\cdot E+T, E\rightarrow\cdot T, T\rightarrow\cdot T*F, T\rightarrow\cdot F, F\rightarrow\cdot(E), F\rightarrow\cdot i\}$

假设项目集 I 中的项目形如 $A\rightarrow\alpha\cdot X\beta$,项目集 I 的**状态转换函数** GOTO(I,X)定义为

$$\text{GOTO}(I,X)=\text{Closure}(\{A\rightarrow\alpha X\cdot\beta\})$$

注意,$A\rightarrow\alpha X\cdot\beta$ 和 $A\rightarrow\alpha\cdot X\beta$ 源于同一个产生式,仅圆点相差一个位置。$A\rightarrow\alpha X\cdot\beta$ 称为 $A\rightarrow\alpha\cdot X\beta$ 的后继项目。因此,GOTO(I, X)是由项目集 I 出发沿标记为 X 的有向边到达 I 的**后继状态**。

例 5.9 令 $I=\{E'\rightarrow E\cdot, E\rightarrow E\cdot+T\}$,求 GOTO($I, +$)。

GOTO($I, +$)就是检查 I 中所有圆点之后紧跟着 $+$ 的项目,即项目

$$E\rightarrow E\cdot+T$$

然后,将这个项目的圆点右移一位,得到项目

$$E\rightarrow E+\cdot T$$

最后,计算项目集 $\{E\rightarrow E+\cdot T\}$ 的闭包,得到

$$\text{GOTO}(I, +)=\{E\rightarrow E+\cdot T, T\rightarrow\cdot T*F, T\rightarrow\cdot F, F\rightarrow\cdot(E), F\rightarrow\cdot i\}$$

3. LR(0)项目集规范族

对于文法 G,通过 Closure 和 GOTO 函数可以构造一个识别 G 的所有规范句型的活前缀 DFA。DFA 的初始状态是由开始项目 $S'\rightarrow\cdot S$ 及其闭包构成的项目集。GOTO 函数将依据不同的后继符号进行新项目集的构造,产生 DFA 新的状态和状态转移。新状态表明识别出同一个句型不同的活前缀,直至可归约前缀。

初始状态以及 GOTO 函数构造出的所有状态称为拓广文法 G' 的**LR(0)项目集规范族**。构造文法 G' 的 LR(0)项目集规范族和识别规范句型活前缀的 DFA 的方法如算法 5.4 所示。这个 DFA 是构造文法 G 的 LR(0)分析表的基础。

算法 5.4 构造 LR(0)项目集规范族和识别活前缀的 DFA:

(1)置项目 $S'\rightarrow\cdot S$ 为初态集的核,计算 Closure($\{S'\rightarrow\cdot S\}$)得到初态项目集,放入项目集规范族 C 中;

(2)重复执行(3),直到 C 中项目集不再增加为止;

(3)for(C 中的每个项目集 I 和每个文法符号 X)

// 用状态转换函数 GO(I, X)对已构造出的项目集求出新的项目集

if(GOTO(I, X)$\neq\phi$ 且 GOTO(I, X)$\notin C$)

{

　　　将 GOTO(I, X)加入 C 中;

　　　在 I 和 GOTO(I, X)之间添加标记为 X 的弧线;

}

例 5.10　构造识别下述拓广文法所有活前缀的 DFA。

(0) $S' \rightarrow E$	(4) $A \rightarrow d$
(1) $E \rightarrow aA$	(5) $B \rightarrow cb$
(2) $E \rightarrow bB$	(6) $B \rightarrow d$
(3) $A \rightarrow cA$	

根据算法 5.4 构造的识别文法所有活前缀的 DFA 如图 5-6 所示。项目集规范族 C 中共有 12 个项目集，GOTO 函数将其连接成一个 DFA，其中 I_0 为初态，I_1 为接受态。

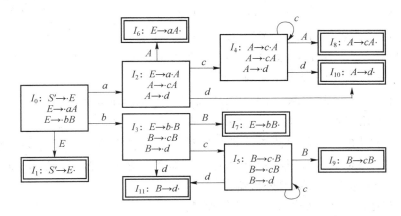

图 5-6　识别例 5.10 文法活前缀的 DFA

4. 有效项目

一个项目 $A \rightarrow \beta_1 \cdot \beta_2$ 称为对活前缀 $\alpha\beta_1$ 是**有效**的，当且仅当存在规范推导

$$S \overset{*}{\Rightarrow} \alpha A\omega \Rightarrow \alpha\beta_1\beta_2\omega$$

其中，$\beta_1\beta_2$ 是规范句型的句柄，ω 是终结符号串。

若归约项目 $A \rightarrow \beta \cdot$ 对活前缀 $\alpha\beta$ 是有效的，则应将符号串 β 归约为 A，即将活前缀 $\alpha\beta$ 变成 αA；若移进项目 $A \rightarrow \beta_1 \cdot \beta_2$ 对活前缀 $\alpha\beta_1$ 是有效的，则句柄尚未形成，下一步动作应该是移进。通常，同一个项目可能对好几个活前缀都是有效的。

文法 G 的一个活前缀 γ 的有效项目集，正是从识别活前缀的 DFA 开始状态出发，经由可以构成 γ 的路径所到达的项目集。直观上说，若 I 是对某个活前缀 γ 有效的项目集，则 GOTO(I, X) 就是对 γX 有效的项目集。

5. LR(0)分析表的构造

一个项目集中可能包含不同类型的项目，包括：

(1) 移进和归约项目同时存在

项目集中含有形如 $A \rightarrow \alpha \cdot a\beta$ 和 $B \rightarrow \gamma \cdot$ 的产生式。由于，LR(0)分析不向前查看输入符号，所以不能确定应该将 a 移进分析栈，还是将 γ 归约为 B。同时存在移进和归约项目的状态称为**移进-归约冲突**。

(2) 归约和归约项目同时存在

项目集中含有形如 $A \rightarrow \alpha \cdot$ 和 $B \rightarrow \beta \cdot$ 的产生式。这种情况下将无法确定归约为 A 还是规约为 B。同时存在归约和归约项目的状态称为**归约-归约冲突**。

如果一个文法 G 的拓广文法 G '的活前缀识别自动机中的每个状态，即项目集中不存在移进-归约冲突和归约-归约冲突,则称 G 为LR(0)文法。

对于 LR(0)文法,可直接从其项目集规范族 C 和识别活前缀的 DFA 中构造出 LR(0)分析表,如算法 5.5 所示。

算法 5.5 构造 $LR(0)$分析表。

假定 $C=\{I_0, I_1, \cdots, I_n\}$,为简便起见,直接用 k 表示项目集 I_k 对应的状态,令包含项目 $S' \to \cdot S$ 的状态为分析器的初态。

(1)若项目 $A \to \alpha \cdot X\beta \in I_k$ 且 $GOTO(I_k, X)=I_j$,那么

① 若 $X \in V_T$,则置 $ACTION[k, X]=S_j$,即将 (j, a)进栈;

② 若 $X \in V_N$,则置 $GOTO[k, X]=j$。

(2)若项目 $A \to \alpha \cdot \in I_k$,则对任何 $a \in V_T$(或结束符♯),置 $ACTION[k, a]=r_j$(设 $A \to \alpha$ 是文法 G' 第 j 个产生式),即用 $A \to \alpha$ 归约。

(3)若项目 $S' \to S \cdot \in I_k$,则置 $ACTION[k, ♯]=acc$,即接受。

(4)分析表中凡不能用规则(1)~(3)填入的空白均置为"出错标志"。

由于 $LR(0)$文法的项目集规范族的每个项目集不含冲突项目,因此,按上述方法构造的分析表的每个表项都是唯一的,即不含多重定义。如此构造的分析表称为**LR(0)分析表**,使用 LR(0)分析表的分析器称作**LR(0)分析器**。

例 5.11 构造例 5.10 文法的 LR(0)分析表。

例 5.10 文法的项目集规范族和识别活前缀的 DFA 如图 5-6 所示。从图中可以看出,所有项目集均不含冲突项目,因此是 LR(0)文法。根据算法 5.5,得到如表 5-12 所示的 LR(0)分析表。

表 5-12 例 5.10 文法的 LR(0)分析表

状态	ACTION					GOTO		
	a	b	c	d	♯	E	A	B
0	S_2	S_3				1		
1		S_6			acc			
2			S_4	S_{10}			6	
3			S_5	S_{11}				7
4			S_4	S_{10}			8	
5			S_5	S_{11}				9
6	r_1	r_1	r_1	r_1	r_1			
7	r_2	r_2	r_2	r_2	r_2			
8	r_3	r_3	r_3	r_3	r_3			
9	r_4	r_4	r_4	r_4	r_4			
10	r_5	r_5	r_5	r_5	r_5			
11	r_6	r_6	r_6	r_6	r_6			

例 5.12　构造表达式拓广文法的 LR(0) 分析表。

识别表达式文法活前缀的 DFA 如图 5-7 所示。注意,在这 12 个项目集里,I_1、I_2、I_9 中存在移进-归约冲突,因此,文法不是 LR(0) 文法,无法构造 LR(0) 分析表。

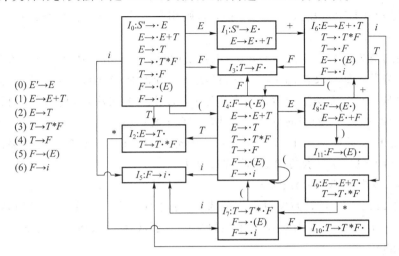

图 5-7　识别例 5.12 文法表达式文法活前缀的 DFA

5.4.3　SLR(1) 分析

LR(0) 文法是一类很简单的文法,很多程序设计语言的文法都无法满足 LR(0) 文法的条件,无法进行 LR(0) 分析。对于这类文法,可以通过考察有关非终结符的 FOLLOW 集,即向前查看一个输入符号,来协助解决 LR(0) 项目集规范族中的一些冲突动作。

例如,假定一个 LR(0) 项目集规范族中含有如下的项目集 I

$$I = \{\ A \rightarrow \alpha \cdot b\beta,\ B \rightarrow \gamma \cdot,\ C \rightarrow \delta \cdot\ \}$$

其中,第一个项目是移进项目,后两个项目是不同的归约项目。项目集中含有移进-归约和归约-归约两种冲突。第一个项目指出应将下一个输入符号 b 移进栈,第二个项目指出应将栈顶部的 γ 归约为 B,栈顶的第三个项目指出应将顶部的 δ 归约为 C。

解决冲突的一种简单的办法是考察 FOLLOW(B) 和 FOLLOW(C)。如果这两个集合不相交,而且也不包含 b,那么,当状态 I_i 面临某输入符号 a,才可以采取如下的冲突解决策略:

(1) 若 $a = b$,则移进;

(2) 若 $a \in$ FOLLOW(B),则用产生式 $B \rightarrow \gamma$ 进行归约;

(3) 若 $a \in$ FOLLOW(B),则用产生式 $B \rightarrow \delta$ 进行归约;

(4) 否则,报错。

一般的,假设 LR(0) 项目集规范族的项目集 I 中有 m 个移进项目

$$\{A_1 \rightarrow \alpha_1 \cdot a_1\beta_1,\ A_2 \rightarrow \alpha_2 \cdot a_2\beta_2,\ \cdots,\ A_m \rightarrow \alpha_m \cdot a_m\beta_m\}$$

和 n 个归约项目

$$\{B_1 \rightarrow \gamma_1 \cdot,\ B_2 \rightarrow \gamma_2 \cdot,\ \cdots,\ B_n \rightarrow \gamma_n \cdot\}$$

那么,只要

$$\{a_1,\ a_2,\ \cdots,\ a_m\} \bigcap \text{FOLLOW}(B_i) = \phi \quad i = 1, 2, \cdots, n$$

$$FOLLOW(B_i) \bigcap FOLLOW(B_j) = \phi \quad i, j = 1, 2, \cdots, n$$

就可以通过检查当前输入符号 a 属于上述 $n+1$ 个集合中的哪一个集合来解决冲突,即

(1) 若 $a \in \{a_1, a_2, \cdots, a_m\}$,则移进 a;

(2) 若 $a \in FOLLOW(B_i), i = 1, 2, \cdots, n$,则用产生式 $B_i \rightarrow \gamma_i$ 进行归约;

(3) 否则,报错。

上述冲突解决方法称为 **SLR(1) 方法**,也就是简单 LR 分析。数字 1 表示在分析过程中最多向前看一个符号。如果文法的 LR(0) 项目集规范族的某些项目集或 LR(0) 分析表中的动作冲突都能用 SLR(1) 方法进行解决,则称文法是 **SLR(1) 文法**,所构造的分析表为 **SLR(1) 分析表**。使用 SLR(1) 分析表的分析器称为 **SLR(1) 分析器**。

SLR(1) 分析表的构造与 LR(0) 分析表的构造类似,只是需要在含有冲突的项目集中进行冲突处理。SLR(1) 分析表的构造如算法 5.6 所示。

算法 5.6 构造 SLR(1) 分析表。

首先,构造出文法的 LR(0) 项目集规范族,并计算所有非终结符的 FOLLOW 集。假定项目集规范族 $C = \{I_0, I_1, \cdots, I_n\}$, I_k 表示项目集的名字, k 表示状态。包含 $S' \rightarrow \cdot S$ 项目的状态 k 为分析器的初态。

(1) 若项目 $A \rightarrow \alpha \cdot X\beta \in I_k$ 且 $GOTO(I_k, X) = I_j$

① 若 $X \in V_T$,则置 $ACTION[k, X] = S_j$,即将 (j, a) 进栈;

② 若 $X \in V_N$,则置 $GOTO[k, X] = j$。

(2) 若项目 $A \rightarrow \alpha \cdot \in I_k$,则对任何 $a \in V_T$(或结束符 ♯),若 $a \in FOLLOW(A)$ 时,置 $ACTION[k, a] = r_j$(设 $A \rightarrow \alpha$ 是文法 G' 的第 j 个产生式),即用 $A \rightarrow \alpha$ 归约。

(3) 若项目 $S' \rightarrow S \cdot \in I_k$,则置 $ACTION[k, ♯] = acc$,即接受。

(4) 分析表中凡不能用规则(1)~(3)填入的空白均置为"出错标志"。

按照算法 5.6 构造的分析表含有 ACTION 和 GOTO 两部分,如果表的每个入口不含多重定义,则称为文法 G 的 SLR(1) 分析表。

例 5.13 构造例 5.12 中文法的 SLR(1) 分析表。

利用 SLR(1) 方法解决例 5.12 中含有冲突的 3 个项目集。

在 I_1 中, $S' \rightarrow E \cdot$, $E \rightarrow E \cdot + T$。由于 $FOLLOW(S') = \{♯\}$,而 $S' \rightarrow E \cdot$ 是唯一的接受项目,因此,当且仅当遇到句子的结束符'♯'时,句子才被接受。又因 $\{♯\} \bigcap \{+\} = \phi$,所以, I_1 中的冲突可以解决。

在 I_2 中, $E \rightarrow T \cdot$, $T \rightarrow T \cdot * F$。由于 $FOLLOW(E) = \{+,), ♯\}$, $FOLLOW(E) \bigcap \{*\} = \phi$,因此,当面对输入符 $+$、)或 ♯ 时,用产生式 $E \rightarrow T$ 进行归约;当面对输入符 $*$ 时移进;其他情况则报错。

在 I_9 中, $E \rightarrow E + T \cdot$, $T \rightarrow T \cdot * F$。与 I_2 类似,由于 $FOLLOW(E) \bigcap \{*\} = \phi$,因此,当面对输入符 $+$、)或 ♯ 时,用产生式 $E \rightarrow E + T$ 进行归约;当面对输入符 $*$ 时,移进;其他情况报错。

所有冲突均可以使用 SLR(1) 方法解决,因此文法 $G5.2$ 是 $SLR(1)$ 文法。依据算法 5.6 构造的文法 SLR(1) 分析表如表 5-13 所示。

表 5-13 例 5.12 文法的 SLR(1) 分析表

状态	ACTION						GOTO		
	i	$+$	$*$	$($	$)$	$\#$	E	T	F
0	S_5			S_4			1	2	3
1		S_6				acc			
2		r_2	S_7		r_2	r_2			
3		r_4	r_4		r_4	r_4			
4	S_5			S_4			8	2	3
5		r_6	r_6		r_6	r_6			
6	S_5			S_4		r_1		9	3
7	S_5			S_4					10
8		S_6			S_{11}				
9		r_1	S_7		r_1	r_1			
10		r_3	r_3		r_3	r_3			
11		r_5	r_5		r_5	r_5			

尽管 SLR(1) 方法能够解决某些 LR(0) 项目集规范族中冲突的项目集。但是,大多数实用的程序设计语言的文法还是无法满足 SLR(1) 文法的条件,无法使用 SLR(1) 方法解决项目集规范族中的动作冲突。

例 5.14 判断如下拓广文法是否为 SLR(1) 文法:

$$(0) \ S' \to S \qquad\qquad (3) \ L \to * R$$
$$(1) \ S \to L = R \qquad\quad (4) \ L \to i$$
$$(2) \ S \to R \qquad\qquad\quad (5) \ R \to L$$

首先构造文法的 LR(0) 项目集规范族,如下所示。

I_0: $S' \to \cdot S$ I_2: $S \to L \cdot = R$ I_6: $S \to L = \cdot R$

     $S \to \cdot L = R$ $R \to L \cdot$ $R \to \cdot L$

     $S \to \cdot R$ I_3: $S \to R \cdot$ $L \to \cdot * R$

     $L \to \cdot * R$ I_4: $L \to * \cdot R$ $L \to \cdot i$

     $L \to \cdot i$ $R \to \cdot L$ I_7: $L \to * R \cdot$

     $R \to \cdot L$ $L \to \cdot * R$ I_8: $R \to L \cdot$

I_1: $S' \to S \cdot$ $L \to \cdot i$ I_9: $S \to L = R \cdot$

                        I_5: $L \to i \cdot$

从中可以发现在项目集 I_2 中存在移进—归约冲突。归约项目 $R \to L \cdot$ 左部非终结符 R 的 FOLLOW$(R) = \{ = , \ \# \}$,移进项目 $S \to L \cdot = R$ 移进下一个输入符号 '='。由于

$$\text{FOLLOW}(R) \cap \{ = \} \neq \phi$$

I_2 中的移进-归约冲突无法使用 SLR(1) 方法解决。这个无二义性的文法不是 SLR(1) 文法。

5.4.4 LR(1) 分析

如上所述,SLR(1) 方法无法解决例 5.14 中项目 I_2 中含有的移进—归约冲突。此外,SLR(1) 方法解决动作冲突时,对于归约项目 $A \rightarrow \alpha \cdot$,只要当前输入符号 $a \in$ FOLLOW(A) 时,就采用产生式 $A \rightarrow \alpha$ 进行归约。但是,如果栈中的符号串为 $\beta\alpha$,归约后变为 βA,再移进输入符号 a,分析栈将变为 βAa,而 βAa 未必是文法规范句型的活前缀。这种情况下,用 $A \rightarrow \alpha$ 进行归约并不正确。例如,图 5-7 所示的识别表达式文法的活前缀 DFA,项目集 I_2 存在移进-归约冲突,即 $\{ E \rightarrow T \cdot , \quad T \rightarrow T \cdot * F \}$。若栈顶状态为 2,栈中符号为 $\sharp T$,当前输入符为 ')',')' $\in$ FOLLOW(E)。此时,按 SLR(1) 方法将使用产生式 $E \rightarrow T$ 进行归约,归约后栈顶符号为 $\sharp E$。再移进当前符 ')' 后,栈中为 $\sharp E$),不是文法规范句型的活前缀。

LR(1) 方法可以解决 SLR(1) 方法在某些情况下存在的动作冲突和无效归约问题。LR(1) 方法是一种规范的 LR 分析法,其功能最强,适用于大多数上下文无关文法,但实现代价比较高。

1. LR(1) 项目

LR(1) 分析需要重新定义项目以包含更多的信息,项目一般形式为

$$[A \rightarrow \alpha \cdot \beta, \ a]$$

其中,$A \rightarrow \alpha \cdot \beta$ 是一个 LR(0) 项目;$a \in V_T$,称为项目的**向前搜索字符**。

LR(1) 每个项目附加 1 个终结符 a 以确切地指出,对于产生式 $A \rightarrow \alpha\beta$,$\beta$ 后跟哪些终结符时才允许将 $\alpha\beta$ 归约为 A。a 将可以保证归约后分析栈呈现下一句型的活前缀。例如,项目 $[S' \rightarrow S, \sharp]$ 表示当面临句子右端结束标识时,才可以将 S 归约为 S'。

一个 LR(1) 项目 $[A \rightarrow \beta_1 \cdot \beta_2, a]$ 对活前缀 $\alpha\beta_1$ 是有效的,如果存在规范推导

$$S \overset{*}{\Rightarrow} \alpha A\omega \Rightarrow \alpha\beta_1\beta_2\omega$$

其中,搜索字符 $a =$ FIRST(ω);或者,当 ω 为 ε 时,a 为 '$\sharp$'。

例 5.15 考虑文法。

$$S \rightarrow BB$$
$$B \rightarrow bB \mid a$$

文法的 LR(0) 项目 $B \rightarrow b \cdot B$,针对不同的搜索字符对不同的活前缀是有效的。由此可得文法的 LR(1) 项目。例如,LR(1) 项目 $[B \rightarrow b \cdot B, \quad b]$,有

$$S \Rightarrow bbBba \Rightarrow bbbBba$$

其中,$\omega = ba$。因此,项目对活前缀 $\gamma = bbb$ 是有效的。

对于相同的 LR(0) 项目 $B \rightarrow b \cdot B$,还存在 LR(1) 项目 $[B \rightarrow b \cdot B, \quad \sharp]$,有

$$S \overset{*}{\Rightarrow} BaB \Rightarrow BbbB$$

其中,$\omega = \varepsilon$。因此,LR(1) 项目 $[B \rightarrow b \cdot B, \quad \sharp]$ 对活前缀 Bbb 是有效的。

注意,向前搜索字符串仅对归约项目 $[A \rightarrow \alpha \cdot, \quad a]$ 有意义,对于移进或待约项目不起作用。归约项目 $[A \rightarrow \alpha \cdot, a]$ 意味着,当它所属的状态呈现在栈顶,而且当前输入符号为 a 时,才可以将栈顶的句柄 α 归约为 A。

2. LR(1) 项目集规范族

有效的 LR(1) 项目集规范族的构造方法与 LR(0) 项目集规范族的构造方法类似,同样需要 Closure(I) 和 GOTO(I, X) 这两个函数。

对于项目集 I,构造 **LR(1) 项目集的闭包** Closure(I) 方法如下:

(1) 将 I 中的所有项目都加入 Closure(I)。

（2）若项目$[A \rightarrow \alpha \cdot B\beta, a] \in \text{Closure}(I)$，对于任何$b = \text{FIRST}(\beta a)$，若$[B \rightarrow \cdot \gamma, b]$不在Closure($I$)中，则将其加进去。

（3）重复执行步骤（2），直到Closure(I)不再增大为止。

LR(1)项目集的闭包Closure(I)的含义为，如果项目集中的项目$[A \rightarrow \alpha \cdot B\beta, \quad a]$对活前缀$\delta\alpha$是有效的，将存在规范推导

$$S \overset{*}{\Rightarrow} \delta A\omega \Rightarrow \delta\alpha B\beta\omega$$

其中，$a = \text{FIRST}(\omega)$。那么，对于形如$B \rightarrow \gamma$的产生式，将存在规范推导

$$S \overset{*}{\Rightarrow} \delta A\omega \Rightarrow \delta\alpha B\beta\omega \Rightarrow \delta\alpha\gamma\beta\omega$$

由此，项目$[B \rightarrow \cdot \gamma, \quad b]$对活前缀$\delta\alpha$也是有效的。其中，$b = \text{FIRST}(\beta\omega)$，即$b = \text{FIRST}(\beta a)$。

假设项目集I中的项目形如$[A \rightarrow \alpha \cdot X\beta, \quad a]$，项目集$I$的**转换函数**GOTO($I$, X)定义为

$$\text{GOTO}(I, X) = \text{Closure}(\{[A \rightarrow \alpha X \cdot \beta, a]\})$$

构造LR(1)项目集规范族仍以项目$[S' \rightarrow \cdot S, \sharp]$为初态集的初始项目，然后利用Closure对其求闭包得到初态项目集，进而应用GOTO函数构造新的项目集，直至项目集规范族不再增大为止。LR(1)项目集规范族的构造方法如算法5.7所示。

算法5.7 构造LR(1)项目集规范族及识别活前缀的DFA。

（1）$C = \{\text{Closure}(\{[S' \rightarrow \cdot S, \quad \sharp]\})\}$；

（2）重复执行动作（3），直到C不再增大为止；

（3）for（C中的每个项目集I和G'的每个符号X）

if（GOTO(I, X)$\neq \phi$且GOTO(I, X)$\notin C$）

｛

　　将GOTO(I, X)加入C中；

　　在I和GOTO(I, X)之间添加标记为X的弧线；

｝

例5.16 构造例5.14文法的LR(1)项目集规范族和识别句型活前缀的DFA。

对于例5.14来说，I_2的冲突不能用SLR(1)方法予以解决。使用算法5.7可以有效地解决I_2中的移进-归约冲突。

由于归约项目的搜索字符集合与移进项目的移进符号不相交，因此，在I_2中，当面对输入符"$\sharp$"时进行归约，面对"＝"时移进，冲突可以解决，该文法是LR(1)文法。

3. LR(1)分析表

LR(1)分析表的构造方法如算法5.8所示。

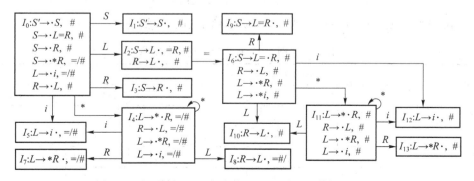

图5-8 识别例5.14文法的LR(1)项目活前缀的DFA

算法 5.8 构造 LR(1)分析表。

假定 $C=\{I_0, I_1, \cdots, I_n\}$, I_k 的下标 k 表示分析表的状态, 含有$[S'\to \cdot S, \sharp]$的状态为分析器的初态。

(1) 若项目$[A\to \alpha \cdot a\beta, b]\in I_k$, 且 GOTO$(I_k, a)=I_j$, 其中 $a\in V_T$, 则置 ACTION$[k, a]=S_j$, 即将输入符号 a 和状态 j 分别移入文法符号栈和状态栈。

(2) 若项目$[A\to \alpha \cdot, a]\in I_k$, 其中 $a\in V_T$, 则置 ACTION$[k, a]=r_j$, 即用产生式 $A\to \alpha$ 进行归约, j 是在文法中对产生式 $A\to \alpha$ 的编号。

(3) 若项目$[S'\to S\cdot, \quad \sharp]\in I_k$, 则置 ACTION$[k, \sharp]=$acc, 表示接受。

(4) 若 GOTO$(I_k, A)=I_j$, 其中 $A\in V_N$, 则置 GOTO$[k, A]=j$, 表示当栈顶符号为 A 时, 从状态 k 转换到状态 j。

(5) 凡不能用规则(1)～(4)填入分析表中的位置, 均置"出错标志"。

依据算法 5.8 构造的分析表, 若不存在多重定义入口, 则称为文法的规范**LR(1)分析表**。规范 LR(1)分析表功能最强, 适用于多种文法, 但实现代价比较高。具有规范 LR(1)分析表的文法称为**LR(1)文法**。注意, 若用上述方法构造的分析表出现冲突时, 则文法不是 LR(1)文法。使用规范 LR(1)分析表的分析器称为**LR(1)分析器**或规范 LR 分析器。

例 5.17 构造如下拓广文法的 LR(1)分析表:

(0) $S'\to S$	(2) $B\to bB$
(1) $S\to BB$	(3) $B\to a$

首先, 将$[S'\to \cdot S, \sharp]$作为初态集的项目, 然后, 利用闭包和 GOTO 函数计算该文法的 LR(1)项目集规范族。图 5-9 给出了项目集族和 GOTO 函数表示的识别活前缀的 DFA。注意, $[B\to \cdot bB, \quad a/b]$是$[B\to \cdot bB, \quad a]$和$[B\to \cdot bB, \quad b]$两个项目的简化表示。

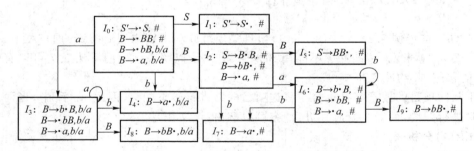

图 5-9 识别例 5.17 文法的 DFA

最后, 执行算法 5.8 可以得到如表 5-14 所示的 LR(1)分析表。

表 5-14 例 5.17 文法的 LR(1)分析表

状态	ACTION			GOTO	
	a	b	$\sharp$	S	B
0	S_4	S_3		1	2
1			acc		
2	S_7	S_6			5
3	S_4	S_3			8
4	r_3	r_3			

续 表

状态	ACTION			GOTO	
	a	b	#	S	B
5			r_1		9
6	S_7	S_6			
7			r_3		
8	r_2	r_2			
9			r_2		

在多数情况下,同一文法的 LR(1)项目集数比 LR(0)项目集数要多,甚至可能多好几倍。之所以这样,是因为同一个 LR(0)项目集的搜索字符集合可能不同,多个搜索字符集合则对应着多个 LR(1)项目集。例 5.17 中的文法是一个 LR(0)文法,其 LR(0)项目集规范族中只有 7 个状态,而 LR(1)项目集规范族中有 10 个状态。

有时,LR 分析需要向前查看 k 个输入才能够确定冲突解决策略,称为 LR(k)分析。LR(k)每个项目需要附带有 k 个终结符,项目的一般形式为

$$[A \rightarrow \alpha \cdot \beta, \quad a_1 a_2 \cdots a_k]$$

其中,$A \rightarrow \alpha \cdot \beta$ 是一个 LR(0)项目,$a_i \in V_T$,$a_1 a_2 \cdots a_k$ 是项目的向前搜索字符串,或称为展望串。归约项目 $[A \rightarrow \alpha \cdot, a_1 a_2 \cdots a_k]$ 意味着当它所属的状态呈现在栈顶且后续的 k 个输入符号为 $a_1 a_2 \cdots a_k$ 时,才可以将栈顶的句柄 $\alpha\beta$ 归约为 A。对多数程序语言的语法来说,向前搜索一个符号就可以确定移进还是归约。

5.4.5 LALR(1)分析

在 LR(1)分析表中,若存在两个状态(项目集)除向前搜索符不同外,其他部分都是相同的,则称这样的两个 LR(1)项目集是**同心的**,相同部分称为同心项目集的心。例如,图 5-9 中的 I_3 和 I_6 是同心的。如果将同心的 LR(1)项目集合并,心仍为相同的一个 LR(0)项目集。超前搜索符集是各同心集超前搜索符的并集,合并同心集后 GOTO 函数自动合并。例如,将 I_3 和 I_6 合并后得到

$$I_{36}: \{ [B \rightarrow b \cdot B, \quad a/b/\#], [B \rightarrow \cdot bB, \quad a/b/\#], [B \rightarrow \cdot a, \quad a/b/\#] \}$$

其中,$[B \rightarrow b \cdot B, \quad a/b/\#]$ 是 $[B \rightarrow b \cdot B, \quad a]$、$[B \rightarrow b \cdot B, \quad b]$ 和 $[B \rightarrow b \cdot B, \quad \#]$ 三个项目的简化表示。若合并 LR(1)项目集规范族中的同心集后没有产生新的冲突,称为 **LALR(1)项目集**。

这种 LR 分析法称为 **LALR 方法**,即向前 LR 分析。LALR 的功能和代价介于 SLR 和规范 LR 之间,可用于大多数程序设计语言的文法,并可高效地实现。对同一个文法来说,LALR 分析表和 LR(0)、SLR 分析表具有相同数目的状态。LALR 分析表比 LR(1)分析表小得多,能力也弱一些,但能够应用于一些 SLR(1)不能应用的情况。文法的描述能力可以形象地表示为

$$LR(0) \subset SLR(1) \subset LR(1) \subset LALR(1) \subset 无二义文法$$

构造 LALR 分析表的基本思想是首先构造 LR(1)项目集族;如果不存在冲突,就将同心集合并;如果合并后的项目集族不存在归约—归约冲突,即不存在同一个项目集中有两个形如 $A \rightarrow c \cdot$ 和 $B \rightarrow c \cdot$ 的产生式具有相同的搜索符,则按这个项目集族构造分析表。合并同心集可

能会推迟发现错误的时间,但错误出现的位置仍是准确的。构造 LALR 分析表的方法如算法 5.9 所示。

算法 5.9 构造 LALR 分析表。

(1) 构造文法 G 的 LR(1)项目集规范族,$C=\{I_0,I_1,\cdots,I_n\}$。

(2) 合并所有的同心集,得到 LALR(1)的项目集族 $C'=\{J_0,J_1,\cdots,J_m\}$。含有项目 $[S' \rightarrow \cdot S,\sharp]$ 的 J_k 为分析表的初态。

(3) 由 C' 构造 ACTION 表,方法与 LR(1)分析表的构造相同。

① 若 $[A \rightarrow \alpha \cdot a\beta,b] \in J_k$,且 $\text{GOTO}(J_k,a)=J_j$,其中 $a \in V_T$,则置 $\text{ACTION}[k,a]=S_j$,即将输入符号 a 和状态 j 分别移入文法符号栈和状态栈。

② 若项目 $[A \rightarrow \alpha \cdot,a] \in J_k$,其中 $a \in V_T$,则置 $\text{ACTION}[k,a]=r_j$,r_j 的含义是按产生式 $A \rightarrow \alpha$ 进行归约,$A \rightarrow \alpha$ 是文法的第 j 个产生式。

③ 若项目 $[S' \rightarrow S \cdot,\sharp] \in I_k$,则置 $\text{ACTION}[k,\sharp]=\text{acc}$,表示分析成功,接受。

(4) 构造 GOTO 表。对于不是同心集的项目集,GOTO 表的构造与 LR(1)的相同;对同心集中的项目集,各个项目集经过转换函数后的项目集如果仍为同心集,则 GOTO 表的构造也相同。

假定 $I_{i1},I_{i2},\cdots,I_{in}$ 是同心集,合并后的新集为 J_k,转换函数 $\text{GOTO}(I_{i1},X)$、$\text{GOTO}(I_{i2},X)$、$\cdots$、$\text{GOTO}(I_{in},X)$ 也为同心集,将其合并后记作 J_i,因此,有 $\text{GOTO}(J_k,X)=J_i$,所以当 X 为非终结符时,$\text{GOTO}(J_k,X)=J_i$,则置 $\text{GOTO}(k,X)=i$,表示在 k 状态下遇到非终结符 X 时,将 X 和 i 分别移到文法符号栈和状态栈。

(5) 分析表中凡不能在步骤(3)和步骤(4)填入信息的空白处均填上"出错标志"。

依据算法 5.9 构造的分析表若不存在冲突,则称其为文法 G 的 **LALR 分析表**,能够构造 LALR 分析表的文法称为 **LALR 文法**,使用 LALR 分析表的分析器称为 **LALR 分析器**。

LALR 与 LR(1)的不同之处在于,当输入串有误时,LR(1)能够及时发现错误,而 LALR 则可能还继续执行一些多余的归约动作,但决不会执行新的移进,即 LALR 能够像 LR(1)那样准确地指出错误发生的位置。

例 5.18 求例 5.17 中文法的 LALR(1)分析表。

根据图 5-9 的 LR(1)项目集规范族,可发现如下的同心集:

$$I_3:[B \rightarrow b \cdot B,a/b] \qquad\qquad I_6:[B \rightarrow b \cdot B,\sharp]$$
$$[B \rightarrow \cdot bB,a/b] \qquad 和 \qquad [B \rightarrow \cdot bB,\sharp]$$
$$[B \rightarrow \cdot a,a/b] \qquad\qquad [B \rightarrow \cdot a,\sharp]$$
$$I_4:[B \rightarrow a \cdot,a/b] \qquad 和 \qquad I_7:[B \rightarrow a \cdot,\sharp]$$
$$I_8:[B \rightarrow bB \cdot,a/b] \qquad 和 \qquad I_9:[B \rightarrow bB \cdot,\sharp]$$

将同心集合并后可得

$$I_{3,6}:[B \rightarrow b \cdot B,a/b/\sharp] \quad [B \rightarrow \cdot bB,a/b/\sharp] \quad [B \rightarrow \cdot a,a/b/\sharp]$$
$$I_{4,7}:[B \rightarrow a \cdot,a/b/\sharp]$$
$$I_{8,9}:[B \rightarrow bB \cdot,a/b/\sharp]$$

同心集合并后仍不包含冲突,因此,文法是 LALR 文法。对文法合并同心集后,可构造出如表 5-15 所示的 LALR(1)分析表,该表与文法的 LR(0)分析表是相同的。

表 5-15　例 5.17 文法的 LALR(1) 分析表

状态	ACTION			GOTO	
	a	b	$\#$	S	B
0	$S_{4,7}$	$S_{3,6}$		1	2
1			acc		
2	$S_{4,7}$	$S_{3,6}$			5
3,6	$S_{4,7}$	$S_{3,6}$			8,9
4,7	r_3	r_3	r_3		
5			r_1		
8,9	r_2	r_2	r_2		

5.4.6　二义文法的应用

就一个文法而言,对于其任何"移进-归约"分析器,尽管栈的内容和下一个输入符号都已清楚,但仍无法确定分析动作是"移进"还是"归约",或者无法从几种可能的归约中确定其一,则称该文法是非 LR 的。LR 文法肯定无二义,任何二义文法绝不是 LR 文法,也不是算符优先文法或 LL(k) 文法,更不存在相应的确定的语法分析器。但是,对某些二义文法可做适当修改,给出优先性和结合性,从而构造出比相应非二义文法更优越的 LR 分析器。

例如,算术表达式的二义文法的拓广形式、LR(0) 项目集规范族以及识别活前缀的 DFA 如图 5-10 所示。

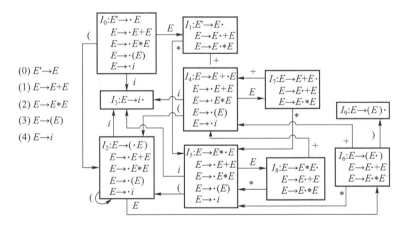

(0) $E' \rightarrow E$
(1) $E \rightarrow E + E$
(2) $E \rightarrow E * E$
(3) $E \rightarrow (E)$
(4) $E \rightarrow i$

图 5-10　二义表达式文法的 DFA

从图 5-10 可以看出,状态 I_1、I_7 和 I_8 中存在移进-归约冲突。

在 I_1 中,归约项目 $E' \rightarrow E \cdot$ 实为接受项目。由于 FOLLOW(E')={#},也就是说,只有遇到句子的结束符号 '#' 才能接受,因而与移进项目的移进符号 '+'、'*' 都不会冲突,所以可用 SLR(1) 方法来解决,即当前输入符为 '#' 时接受,遇 '+' 或 '*' 时移进。

在 I_7 和 I_8 中,由于归约项目 $[E \rightarrow E + E \cdot]$ 和 $[E \rightarrow E * E \cdot]$ 的左部都为非终结符 E,而 FOLLOW(E)={#,+,*},且移进项目均有 '+' 和 '*',即存在

$$\text{FOLLOW}(E) \bigcap \{+,\ *\} \neq \phi$$

因而,I_7 和 I_8 中的冲突不能用 SLR(1) 方法来解决。实际上,可以证明该二义文法用 LR(k)

方法仍不能解决此冲突。

此时,可以定义优先关系和结合性来解决这类冲突。比如,规定'*'优先级高于'+',且都服从左结合,那么在 I_7 中,由于'*'>'+',故遇'*'移进;又因'+'服从左结合,所以遇'+'则用 $E \rightarrow E+E$ 去归约。在 I_8 中,由于'*'>'+',且服从左结合,因此,不论遇到'+'、'*'或'#'号都应归约。文法的 LR 分析表如表 5-16 所示。

表 5-16 二义表达式文法的 LR 分析表

状态	ACTION						GOTO
	+	*	(	)	i	#	E
0			S_2		S_3		1
1	S_4	S_5				acc	
2			S_2		S_3		6
3	r_4	r_4		r_4		r_4	
4			S_2		S_3		7
5			S_2		S_3		8
6	S_4	S_5		S_9			
7	r_1	S_5		r_1		r_1	
8	r_2	r_2		r_2		r_2	
9	r_3	r_3		r_3		r_3	

利用表 5-16 对输入串 $i+i*i$ 进行分析,其过程如表 5-17 所示。

表 5-17 用表 5-16 所示的 LR 分析表对输入串 $i+i*i$ 进行分析的过程

	状态栈	符号栈	输入串	ACTION	GOTO
0	0	#	$i+i*i$#	S_3	
1	03	#i	$+i*i$#	r_4	1
2	01	#E	$+i*i$#	S_4	
3	014	#$E+$	$i*i$#	S_3	
4	0143	#$E+i$	$*i$#	r_4	7
5	0147	#$E+E$	$*i$#	S_5	
6	01475	#$E+E*$	i#	S_3	
7	014753	#$E+E*i$	i#	r_4	8
8	014758	#$E+E*E$	#	r_2	7
9	0147	#$E+E$	#	r_1	1
10	01	#E	#	acc	

显然,对二义文法规定了优先关系和结合性后的 LR 分析速度高于相应的非二义文法的 LR 分析速度。在对输入串 $i+i*i$ 的分析中,用表 5-16 比用表 5-2(同时也是表 5-13)少了 3 步。对于其他的二义文法,用类似的方法也可能构造出无冲突的 LR 分析表。

5.4.7 LR 分析中的出错处理

与算符优先分析器不同,LR 语法分析器只要发现已扫描的输入出现一个不正确的后继符号就会立即报告错误。规范 LR 语法分析器在报告错误之前不会进行任何无效归约;SLR 语法分析器和 LALR 语法分析器在报告错误之前可能执行几步归约,但决不会将出错点的输入符号移进栈。

在 LR 分析中遇到错误时,意味着既不能将输入符号移进栈,又不能对栈顶符号串进行归约。发现错误后,便进入相应的出错处理子程序。处理错误的方法主要有两类:一类是使用插入、删除或修改输入符号的方法,另一类包括检测到某一个不合适的短语时,它不能与任何产生式匹配。此时,错误处理程序可能跳过其中的一些输入符号,将含有语法错误的短语分离出来。分析程序认定含有错误的符号串是由某一个非终结符 A 所推导出的,此时该符号串的一部分已经处理。处理结果反映在栈顶的一系列状态中,剩下的未处理的符号仍在输入缓冲中。分析程序跳过一些输入符号,直至找到某一个符号 a,它能合法地跟在 A 的后面。同时,要将栈顶的内容逐个移去,直到找到一个状态 s,该状态与 A 有一个对应的新状态 GOTO$[s, A]$,并将该新状态推入栈。此时,分析程序就认为它已找到 A 的某个匹配并已将它局部化,然后恢复正常的分析过程。

LR 语法分析器短语级的错误处理比较容易,不必担心不正确的归约,实现方式是通过检查 LR 分析表的每个出错表项,并根据语言的使用情况确定最可能引起的错误以及程序员最容易犯的错误,然后为其编写一个适当的错误处理程序,并将程序指针填在分析表的空项中。

例如,表 5-18 给出了基于表 5-16 的带有错误处理的二义表达式文法的 LR 分析表。其中,出错处理程序定义如表 5-19 所示。

表 5-18 带有错误处理子程序的二义表达式文法的 LR 分析表

状态	ACTION						GOTO
	$+$	$*$	$($	$)$	i	$\#$	E
0	e_1	e_1	S_2	e_2	S_3	e_1	1
1	S_4	S_5	e_3	e_2	e_3	acc	
2	e_1	e_1	S_2	e_2	S_3	e_1	6
3	r_4	r_4	e_5	r_4	e_5	r_4	
4	e_1	e_1	S_2	e_2	S_3	e_1	7
5	e_1	e_1	S_2	e_2	S_3	e_1	8
6	S_4	S_5	e_3	S_9	e_3	e_4	
7	r_1	S_5	e_5	r_1	e_5	e_5	
8	r_2	r_2	e_5	r_2	e_5	e_5	
9	r_3	r_3	e_5	r_3	e_5	e_5	

表 5-19 二义表达式文法 LR 分析表中错误处理子程序的功能

	错误情况	处理方式
e_1	处于状态 0、2、4、5 时,要求输入符号为运算对象,即 id 或左括号,但遇到的是'+'、'*'或'#'	将一个假想的 id 压进栈。状态 3 进栈,即执行在 0、2、4、5 状态下面对 id 时的动作,给出错误信息"缺少运算对象"
e_2	处于状态 0、1、2、4、5 时,遇右括号	从输入缓冲区中删除右括号,给出错误信息:"右括号不匹配"
e_3	处于状态 1、6 时,期望一个操作符,却遇到了 id 或右括号	将符号'+'压栈,状态 4 进栈,给出错误信息"缺少操作符"
e_4	处于状态 6,期望操作符或右括号,却遇到了'#'	将右括号压入栈,状态 9 进栈,给出错误信息"缺少右括号"
e_5	处于状态 3、7、8、9 时,希望输入符号为'+'、'*'或'#'才能进行归约,但遇到的是'i'和'('	将一个假想的操作符'+'压进栈,执行归约,同时给出错误信息"缺少运算符"

例 5.19 对输入串 $i+$) 进行带有错误处理的 LR 分析。

利用表 5-18 对语法错误的表达式 $i+$) 进行 LR 分析的过程如表 5-20 所示。

表 5-20　对输入串 $i+$) 的带错误处理的 LR 分析过程

	状态栈	符号栈	输入串	错误信息和动作
0	0	#	$i+$) #	初始状态
1	03	#i	$+$) #	i 和 S_3 进栈
2	01	#E	$+$) #	归约 i，S_3 出栈，S_1 进栈
3	014	#$E+$	) #	'$+$' 和 S_4 进栈
4	014	#$E+$	#	S_4 遇到 ')'，调用 e_2，删除 ')'，给出信息"右括号不匹配"
5	0143	#$E+i$	#	S_4 遇到 '#'，调用 e_1，压入假想 i，S_3 进栈，给出信息"缺少操作对象"

在第 5 步时，发现栈顶状态为 4，面对的输入符号为 ')'，查表发现出现了错误，调用出错处理程序 e_2 删除 ')'，给出错误信息"右括号不匹配"。继续分析到第 6 步时，栈顶状态 4 面对输入符号 '#'，查表发现出现了错误，调用出错处理子程序 e_1，将一个假想的输入符号 i 压入符号栈，状态 3 进栈，给出错误信息"缺少操作对象"。

总之，LR 分析法在自左至右扫描输入串的过程中就能发现其中的任何错误，并能准确指出出错位置。LR 语法分析器在访问 ACTION 表时，若遇到一个空（或错误）的表项，将检测到一个错误，但在访问 GOTO 表时决不会检测到错误。

5.5　语法分析器的自动产生工具 YACC

YACC(Yet Another Compiler-Compiler) 是一个著名的编译程序自动产生工具，是由 Johnson 等人于 20 世纪 70 年代初期在美国 Bell 实验室研制开发的。早期，YACC 作为 UNIX 系统中的一个实用程序出现，现在，已经被广泛地应用于编译程序的构造之中。

YACC 并不是一个完整的编译程序自动生成器，它只是一个 LALR 语法分析器的自动构造工具，同时，还能根据规格说明中给出的语义子程序建立规定的翻译。

YACC 输入的是待编写语法分析器的语言的语法描述规格说明，输出的是该语言的语法分析器。通常的做法是：首先，将语言的语法规格说明以 YACC 所规定的格式形成一个源文件，后缀为".y"；然后，将这样的源文件翻译为一个 C 程序，其中包含用 C 语言写成的 LALR 分析器和其他用户准备的 C 语言例程。有了这样的语法分析器程序，要想执行具体的语法分析动作还需做一些准备工作。先要对这样的 C 语言程序进行编译，将其编译为可执行的目标程序；然后运行该程序，就能完成待处理源程序的语法分析工作，其输出将以合适的语法树形式予以表达。

YACC 源程序由说明部分、翻译规则和辅助过程三部分组成，形式如下：

说明部分

% %

翻译规则

% %

辅助过程

(1) 说明部分包括两个可选择的部分。第一部分用"%{"和"%}"括起来，说明翻译规则和辅助过程里使用的变量和函数的类型,也包括直接放入输出文件的任何 C 代码;第二部分用"％"开头,说明建立分析程序的有关记号、数据类型以及文法规则的信息,包括终结符及运算符的优先级等,这里说明的记号可供后面两部分引用。

(2) 翻译规则部分位于第一个％％后面,每条规则包括文法的产生式以及相关的语义动作。给定如下形式的产生式:

$$左部→候选 1 | 候选 2 | \cdots | 候选 n$$

在 YACC 中将被写成:

$$左部:候选 1\{语义动作 1\}$$
$$|候选 2 \quad \{语义动作 2\}$$
$$\cdots\cdots$$
$$|候选 n \quad \{语义动作 n\}$$
$$;$$

其中,用单引号括起来的单个字符'c'表示终结符号 c;没有引号的字母数字串,若也没有声明为记号,则表示非终结符;第一个产生式的左部非终结符是文法的开始符号。冒号用来分隔产生式的左右部,右部候选式之间用竖线分隔,在产生式的末尾,用分号表示结束。

YACC 的语义动作是 C 语句序列。在语义动作中,符号 $\$\$$ 表示引用左部非终结符的属性值,而 $\$i$ 表示引用右部第 i 个文法符号的属性值。每当归约一个产生式时,执行与之关联的语义动作,因此,语义动作一般是根据各个 $\$i$ 的值来计算 $\$\$$ 的值。

(3) YACC 源程序的第 3 部分位于第 2 个％％后面,是一些 C 语言过程,其中必须提供名为 yylex 的词法分析器,这可用 Lex 来产生。根据需要,这里还可以加上其他过程,如错误处理过程等。词法分析器 yylex( )返回一个单词符号,包括单词种别和属性值。其中,单词种别,如 DIGIT,必须在 YACC 源程序的第 1 部分说明;而属性值必须通过 YACC 定义的全局变量 yylval 传给语法分析器。

下面以构造台式计算器的翻译程序为例,说明 YACC 的源程序的形成过程。该台式计算器读入一个算术表达式并对其求值,然后打印其结果。假设算术表达式的文法定义为

$$E \rightarrow E + T \mid E - T \mid T$$
$$T \rightarrow T * F \mid F$$
$$F \rightarrow (E) \mid DIGIT$$

其中,DIGIT 表示 0～9 的单个数字。由该文法可以写出如下的 YACC 源程序

```
%{
#include <ctype.h>
%}
%token DIGIT
%%
1ine    : expr '\n'       {printf("%d\n", $1);}
        ;
expr    : expr '+' term   {$$ = $1 + $3;}
        | expr '-' term   {$$ = $1 - $3;}
        | term
        ;
```

```
term       : term'*'factor{ $ $ = $ 1 * $ 3;}
           | factor
           ;
factor     : '(' expr ')'{ $ $ = $ 2;}
           | DIGIT
           ;
%%
main(){
    return yyparse();
}
int yylex(){
    int c;
    while((c = getchar()) == ");       /* 跳过空格 */
    if (isdigit(c)){
        yylval = c-'0';
        return DIGIT;
    }
    if (c =='\n') return 0;            /* 扫描到表达式的末尾时 */
    return c;
}
int yyerror(char * s){
    fprintf(stderr, "%s\n", s);    /* 输出错误信息 */
    return 1;
}
```

在此 YACC 源程序中,说明部分中的第 1 部分只有一个包含语句,它使得 C 的预处理程序包含标准头文件＜ctype.h＞,该文件中含有对函数 isdigit()的声明;说明部分的第 2 部分对文法记号做了说明,如例中的 DIGIT。

关于翻译规则的写法,以非终结符 E 的 3 个产生式为例,形如

$$E \rightarrow E + T \mid E - T \mid T$$

则与之相关的语义动作可以写成

```
expr       : expr'+'term      { $ $ = $ 1 + $ 3;}
           | expr'-'term      { $ $ = $ 1 - $ 3;}
           | term
           ;
```

在第 1 个产生式中,语义动作是将右部第 1 个文法符号 expr(非终结符)的值和第 3 个文法符号 term(非终结符)的值相加,将结果赋给左部非终结符 expr。产生式 2 与产生式 1 的语义动作构成方法类似,只是求差而已。对第 3 个产生式来说,由于右部只有一个文法符号,其语义动作默认为值的复写{ $ $ = $ 1;},因此,可以省略。

其他产生式的语义动作含义类似,这里不再赘述。需要注意的是,在语法产生式首部新加了一个产生式

$$line : expr '\backslash n' \{printf("\%d\backslash n", \$1);\}$$

其意义是该台式计算器以一个表达式后跟一个换行字符作为输入,且语义动作是打印表达式的值。

YACC 源程序中定义了 3 个辅助过程,分别是 main( )、yylex( )和 yyerror( )。由于 YACC 输出的结果可被直接编译为可执行的程序,因此,需要包含 main( )过程。main( )的主要任务是调用了过程 yyparse( ),而 yyparse( )是 YACC 所产生的分析过程,它被声明为返回一个整型值。若分析成功,该值为 0;若分析失败,该值为 1。yyparse( )过程对词法分析器 yylex( )进行了调用。yylex( )利用函数 getchar( )每次读入一个字符,若为数字,则将它的值存入变量 yylval 中,并返回 DIGIT;否则,将字符本身作为记号返回。最后,所定义的 yyerror( )过程用来在分析中遇到错误时,打印错误信息。

5.6　本章小结

本章讨论了自下而上的语法分析技术,主要内容包括:规范归约技术、算符优先分析技术、LR 分析技术以及语法分析器的自动构造技术。自下而上语法分析是以输入符号串为端末结,自下而上试图构造语法分析树,或从输入符号串出发,试图建立归约的过程,因此,所有自下而上分析技术都是以移入-归约法为基本实现方法的。要求重点掌握规范归约和算符优先分析的基本思想和实现方法,熟悉各种典型的 LR 分析技术的基本要点,并能灵活运用 YACC 生成不同程序设计语言的语法分析器。

自上而下语法分析 VS
自下而上语法分析

5.7　习　　题

1. 已知文法 $G[S]$:

$$S \to a \mid (T)$$
$$T \to T, S \mid S$$

给出句型$((T,s),a)$的短语、直接短语、句柄。

2. 设 x 是文法 G 的一个句子,序列 $x_n, x_{n-1}, \cdots, x_0$ 满足什么样的条件才能成为 x 的一个规范归约。

3. 设文法 $G[S]$:

$$S \to a \mid b \mid (A)$$
$$A \to SdA \mid S$$

求各非终结符的 FIRSTVT 集和 LASTVT 集。

4. 设文法 $G[T]$:

$$T \to t \mid e \mid (F)$$
$$F \to T+F \mid T$$

(1) 给出句型$((t))+T$的短语、素短语和最左素短语。

(2) 构造该文法的算符优先关系表。

(3) 判断该文法是否是算符优先文法。

(4) 给出分析程序对输入串$(t+e)$的分析过程。

5. 为文法$G[S]$：

$$S \rightarrow A()$$
$$A \rightarrow (\,|\,Ai\,|\,B)$$
$$B \rightarrow i$$

构造算符优先关系和优先函数。

6. 设文法$G[S]$：

$$S \rightarrow AS\,|\,b$$
$$A \rightarrow SA\,|\,a$$

(1) 列出该文法的所有LR(0)项目。

(2) 构造该文法的LR(0)项目集规范族及识别活前缀的DFA。

(3) 这个文法是SLR的吗？若是，构造它的SLR分析表。

7. 证明下面文法是LL(1)的，但不是SLR(1)的。

$$S \rightarrow AaAb\,|\,BbBa$$
$$A \rightarrow \varepsilon$$
$$B \rightarrow \varepsilon$$

8. 应用$SLR(1)$分析技术判断输入符号串$b+a*$是否为下面文法$G[E]$的句子。

$$E \rightarrow T\,|\,E+T$$
$$T \rightarrow F\,|\,TF$$
$$F \rightarrow F*\,|\,a\,|\,b$$

9. 设文法$G[S]$：

$$S \rightarrow S(S)\,|\,\varepsilon$$

(1) 构造识别文法规范句型活前缀的DFA。

(2) 这个文法是LR(0)的吗？请说明理由。

(3) 这个文法是SLR(1)的吗？若是，构造出它的SLR分析表，若不是，请说明理由。

(4) 请为该文法构造LR(1)分析表，并比较LR(0)、SLR(1)、LR(1)分析表。

10. 设文法$G[E]$：

$$E \rightarrow (L)\,|\,a$$
$$L \rightarrow ELE\,|\,E$$

(1) 构造该文法的以LR(0)项目集为状态的识别活前缀的DFA。

(2) 该文法是LR(0)文法吗？若是，请构造该文法的LR(0)分析表；若不是，请说明理由。

(3) 该文法是SLR(1)文法吗？若是，请构造该文法的SLR(1)分析表；若不是，请说明理由。

(4) 构造该文法的以LR(1)项目集为状态的识别活前缀的DFA。

(5) 该文法是LALR(1)文法吗？若是，请构造该文法的LALR(1)分析表；若不是，请说明理由。

(6) 该文法是LALR(1)文法吗？若是，请构造该文法的LALR(1)分析表；若不是，请说明理由。

（7）以此题为例，比较 4 种 LR 分析法的优缺点。

11. 设文法 $G[E]$：

$$E \rightarrow EE+$$
$$E \rightarrow EE*$$
$$E \rightarrow a$$

（1）构造该文法的 LR(0) 项目集规范族。

（2）该文法是 SLR(1) 文法吗？若是，请构造该文法的 SLR(1) 分析表。

（3）该文法是 LR(1) 文法吗？若是，请构造该文法的 LR(1) 分析表。

（4）该文法是 LALR(1) 文法吗？若是，请构造该文法的 LALR(1) 分析表。

12. 设文法 $G[A]$：

$$A \rightarrow AA \mid (A) \mid \varepsilon$$

（1）该文法是 LR(0) 文法吗？为什么？

（2）构造该文法的以 LR(0) 项目集为状态的识别活前缀的 DFA。

（3）若规定出现"移进－归约"冲突时，移进优先；出现"归约-归约"冲突时，优先采用文法中出现在前的产生式进行归约，构造该文法的 LR 分析表。

第6章　语义分析与中间代码生成

编译程序的目的是把源程序翻译为语义相同的目标程序,然而为了便于设计与实现,提高目标代码的执行效率,通常的做法是:在词法分析和语法分析的基础上,先进行语义分析,将源程序翻译成等价的中间语言代码(简称中间代码),然后再进行后续处理工作。因此,本章主要介绍语义分析与中间代码生成所涉及的理论、方法和技术。

通常情况下,语义分析包括两个方面:一是检查语法结构的静态语义,即验证合乎语法规则的程序是否真正有意义(这项工作也称为静态语义分析或静态语义检查);二是在静态语义正确的前提下进行翻译,要么将源程序翻译成中间代码,要么将源程序翻译成目标代码。

语义分析

就静态语义检查来说,具体内容包括:

(1)类型检查。验证操作符和操作数是否相容,若不相容,编译程序则报错。

(2)控制流检查。验证控制流语句转移的地址是否合法。例如,C语言的break语句可以使程序跳离包含该语句的最小的while、for或switch语句,如果不是这样则报错。

(3)唯一性检查。验证对象是否被重复定义。例如,Pascal语言规定同一标识符在一个分程序中只能被说明一次,同一case语句的标号不能相同,枚举类型的元素不能重复出现等。

(4)关联名检查。检查同一名字的多次特定出现是否一致。例如,在Ada语言程序中,循环或程序块的名字必须同时出现在这些结构的开头和结尾,因此,编译程序必须检查这两个地方使用的名字是否相同。

其他操作,如对名字的作用域进行分析等,也都是由静态语义检查来完成的。

虽然源程序可以直接翻译为目标语言代码,从而可以缩短编译时间,但是许多编译程序却采用了独立于机器的、复杂性介于源语言和机器语言之间的中间语言。这样做的好处是:

源语言到
目标语言

(1)便于进行与机器无关的代码优化工作;

(2)使编译程序改变目标机更容易;

(3)引入中间代码生成环节,能够使编译程序的逻辑结构更加简单明确,使得编译前端和后端的接口更为清晰。

就语义处理的方法来讲,虽然形式语义学(如指称语义学、公理语义学、操作语义学等)的研究已经取得了许多重大的进展,但是,由于对语义的形式化描述是一项非常困难的工作,因此,在实际应用中,比较流行的方法主要还是基于属性文法的语法制导翻译方法。

6.1　属性文法

1968年,Knuth首次提出了**属性文法**(也称为**属性翻译文法**)这一概念。这种文法以上下文无关文法为基础,为文法中的终结符和非终结符配备了若干相关的"值"(称为**属性**)。这些属性代表的是与文法符号有关的信息,比如它的类型、值、代码序列以及符号表的内容等。属性与变量一样,可以进行计算和传递,并且通常把属性分为综合属性和继承属性两类。对属性进行加工的过程就是语义处理的过程。

属性文法

在属性文法中,对于文法的每个产生式 $A \rightarrow \alpha$ 都配备了一组关于属性的计算规则,形如:

$$b := f(c_1, c_2, \cdots, c_k)$$

该规则称为**语义规则**。其中,f 是一个函数,如果

(1) b 是 A 的一个综合属性,并且 c_1、c_2、$\cdots$、c_k 是 A 的其他属性或产生式右边文法符号的属性;或者

(2) b 是产生式右边某个文法符号的一个继承属性,并且 c_1、c_2、$\cdots$、c_k 是 A 或产生式右边任何文法符号的属性。

在这两种情况下,都说属性 b **依赖于**属性 c_1、c_2、$\cdots$、c_k,即 b 的值由 c_1、c_2、$\cdots$、c_k 来决定。

由上可以看出,综合属性用于"自下而上"传递信息,继承属性用于"自上而下"传递信息,同时应该注意:

(1) 终结符只有综合属性,其值由词法分析器提供;

(2) 非终结符既可以有综合属性,也可以有继承属性,但文法开始符号的所有继承属性用作属性计算前的初始值。

一般来说,对出现在产生式左边的综合属性和右边的继承属性都必须提供一个计算规则,而且规则中只能使用相应产生式中文法符号的属性。另外还需注意,产生式左边的继承属性和右边的综合属性不能在该产生式对应的语义规则中进行计算,应该由其他产生式的语义规则计算或由属性计算器的参数提供。

语义规则所描述的工作主要包括属性计算、静态语义检查、符号表操作以及代码生成等。语义规则可能产生副作用(如产生代码),也可能不是变元的严格函数(如某个规则给出可用的下一个数据单元的地址),这样的语义规则通常写成过程调用或过程段的形式。

例如,在表 6-1 所示的属性文法中,非终结符 E、T、F 都有综合属性 value。在每个产生式所对应的语义规则中,产生式左边非终结符的属性值 value 是从右边非终结符的属性值 value 计算出来的。终结符 digit 有一个综合属性 lexvalue,其值由词法分析器提供。与产生式 $L \rightarrow E\sharp$ 对应的语义规则仅仅是一个用来打印 E 所产生的算术表达式的值的过程,它可以看作是 L 的一个虚属性。

表 6-1　一个简单的属性文法

产生式	语义规则
$L \rightarrow E\sharp$	pint(E. value)
$E \rightarrow E_1 + T$	E. value $:= E_1$. value $+ T$. value
$E \rightarrow T$	E. value $:= T$. value
$T \rightarrow T_1 * F$	T. value $:= T_1$. value $* F$. value
$T \rightarrow F$	T. value $:= F$. value
$F \rightarrow (E)$	F. value $:= E$. value
$F \rightarrow$ digit	F. value $:=$ digit. lexvalue

需要说明的是,在上述文法中,对同一非终结符以下标的形式做了区分,目的是消除对其属性值引用的二义性。

6.1.1 综合属性

我们已经知道,综合属性的计算采用的是自下而上的方法,也就是说,语法树中一个结点的综合属性的值由其子结点的属性值来确定。通常把仅仅使用综合属性的属性文法称为 **S-属性文法**。为了说明综合属性在语法树上的处理过程,下面给出一个使用和计算综合属性的简单例子。

例 6.1 假设有一个表达式 $3 * 5 + 4$,后跟符号 $\sharp$,由表 6-1 中的文法可知,该表达式的执行结果将打印出数值 19。图 6-1 给出了输入串 $3 * 5 + 4 \sharp$ 的带注释的语法树,在该语法树的树根处打印结果,其值为树根第一个子结点 $E.value$ 的值。

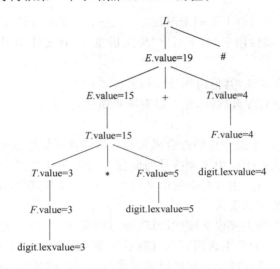

图 6-1 $3 * 5 + 4 \sharp$ 的带注释的语法树

上述结果的计算过程是:首先考虑最底层最左边的内部结点 F,它对应于产生式 $F \rightarrow digit$,相应的语义规则为 $F.value := digit.lexvalue$。由于其子结点 digit 的属性 lexvalue 的值为 3,因此 $F.value$ 的值也为 3。同理,F 的父结点 T 的属性 value 的值也是 3。

再考虑产生式 $T \rightarrow T_1 * F$ 所对应的结点 T,该产生式对应的语义规则为 $T.value := T_1.value * F.value$。当在结点 T 处应用语义规则时,从左子结点得到 $T_1.value$ 的值为 3,从右子结点得到 $F.value$ 值为 5,因此,在该结点中算得 $T.value$ 的值为 15。其他结点的计算与上述过程类似,最后,产生式 $L \rightarrow E \sharp$ 所对应的语义规则打印出 E 的值。

6.1.2 继承属性

继承属性的计算采用的是自上而下的方法,也就是说,语法树中一个结点的继承属性的值由其父结点和(或)兄弟结点的属性值来确定。用继承属性表示程序设计语言结构中的上下文依赖关系很方便。下面给出一个使用和计算继承属性的简单例子。

例 6.2 对于类似"int i, j, k"或"real r, s, t"形式的说明语句,该例通过继承属性将类型信息提供给变量声明中的各个标识符,相应的属性文法如表 6-2 所示。其中,$T.type$ 是综合属性,其值由说明中的类型关键字确定;id. entry 用来指向符号表中标识符 id 的入口;语义规则 $L.$ inherit := $T.$ type 用来把说明中的类型赋值给继承属性 $L.$ inherit。然后,利用语义规则把继承属性 $L.$ inherit 沿着语法树往下传,而过程 addtype 则把每个标识符的类型填入符号表的相应表项中。

表 6-2　说明语句的属性文法

产生式	语义规则
$D \rightarrow TL$	$L.$ inherit := $T.$ type
$T \rightarrow$ int	$T.$ type := integer
$T \rightarrow$ real	$T.$ type := real
$L \rightarrow L_1$, id	$L_1.$ inherit := $L.$ inherit
	addtype(id. entry, $L.$ inherit)
$L \rightarrow$ id	addtype(id. entry, $L.$ inherit)

以语句"real id_1 , id_2 , id_3"为例,其带注释的语法树如图 6-2 所示。id_1、id_2、id_3 的类型分别由其父节点 L 的属性 inherit 给出。为了确定这三个属性值,需要先求出树根的左子结点的属性值 $T.$ type,然后在根的右子树中自上而下计算三个 L 结点的属性 inherit 的值。在每个结点 L 处还要调用过程 addtype,以达到往符号表中插入标识符类型信息的目的。

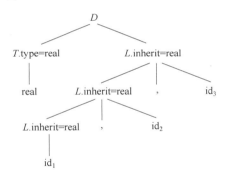

图 6-2　real id_1 , id_2 , id_3 的带注释的语法树

6.2　语法制导翻译方法

所谓**语法制导翻译法**,是指由源程序的语法结构所驱动的属性规则计算方法。具体来讲,就是:首先,对单词符号串进行语法分析,构造出语法分析树;然后,遍历语法树并确定依赖图;最后,根据依赖图在语法树的各结点处按语义规则进行计算。

然而,在具体实现时不一定非要严格按上述步骤执行。例如,可用一遍扫描实现属性文法的语义规则计算,即在语法分析的同时计算语义规则,没有必要显式地构造出语法树和依赖图。

语义规则的计算可能产生代码、在符号表中存放信息、给出错误信息或执行其他动作。对输入符号串的翻译过程也就是根据语义规则进行计算的过程。

语法制导翻译

117

6.2.1　依赖图

如前所述,属性之间可能存在依赖关系,因此,在进行属性计算时,如果属性 b 依赖于属性 c,那么计算 b 的语义规则必须在计算 c 的语义规则之后才能使用。在语法树中,结点的继承属性和综合属性之间的相互依赖关系可以由依赖图来描述。

依赖图是一个有向图,首先,它为每一个包含过程调用的语义规则引入一个虚综合属性 b,这样把每一个语义规则都写成如下的形式:

$$b := f(c_1, c_2, \cdots, c_k)$$

然后,为每一个属性设置一个结点,如果属性 b 依赖于属性 c,则从属性 c 的结点有一条有向边连到属性 b 的结点。

例 6.3　按照上述建立依赖图的方法,则图 6-2 中的语法树的依赖图如图 6-3 所示。依赖图中的结点由数字来标识,根据属性之间的依赖关系,建立数字之间的连线。其中,每一个 addtype(id. entry, L. in) 都产生一个虚属性,结点 6、8 和 10 都是为这些虚属性构造的。需要注意的是,图中虚线表示的是语法树,并非依赖图中的一部分。

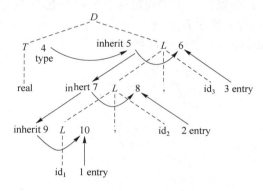

图 6-3　图 6-2 的依赖图

显然,一条求值规则只有在其各变元值均已求得的情况下才可以使用,然而有时候可能会出现一个属性对另一个属性的循环依赖关系。如果一个属性文法不存在属性之间的循环依赖关系,则称该文法是**良定义**的。对于非良定义的属性文法,本书不做讨论。

一个有向非循环图的拓扑序是图中结点的任何顺序 $n_1, n_2, \cdots, n_k$,而边必须是从序列中前面的结点指向后面的结点,即:如果 $n_i \rightarrow n_j$ 是 n_i 到 n_j 的一条边,那么在序列中 n_i 必须出现在 n_j 的前面。依赖图的任何拓扑序都给出了对应语法树中结点的语义规则计算的有效顺序,也就是说,在拓扑排序中,一个结点上的语义规则 $b := f(c_1, c_2, \cdots, c_k)$ 中的属性 c_1、c_2、$\cdots$、c_k 在计算 b 之前都是可用的。

基础文法用于建立输入符号串的语法分析树,而依赖图的拓扑序可以提供语义规则的计算顺序。按照此顺序进行语义规则计算就能得到输入符号串的翻译结果。

例 6.4　在图 6-3 的依赖图中,每一条边都是从序号较低的结点指向序号较高的结点,因此,依赖图的一个拓扑序可以从低序号到高序号顺序写出。若用 a_n 表示依赖图中与序号 n 的结点相关的属性,则可得到如下的语义规则执行程序:

```
a₄:= real;

a₅:= a₄;
```

```
addtype(id₃.entry, a₅);

a₇ := a₅;

addtype(id₂. entry, a₇);

a₉ := a₇;

addtype(id₁. entry, a₉)
```

6.2.2 树遍历的属性计算方法

通过树遍历来计算属性值的方法有多种,其中最常用的是深度优先,从左到右的遍历方法。这些方法都是在假设语法树已经建立起来,并且树中开始符号的继承属性和终结符号的综合属性均为已知的前提下展开的,通过单遍或多遍的方式计算出所有结点的属性。

下面的算法可对任何良定义的属性文法进行计算,流程如下:

```
while 语法树中还有未被计算的属性
    VisitNode ( S );              //S 是文法的开始符号
void  VisitNode ( Node  N )
{
    if ( N ∈ Vₙ)
        //假设 N 的产生式为 N→X₁X₂…Xₘ
        for ( i = 1; i ≤ m; i ++ )
            if ( Xᵢ∈ Vₙ)
            {
                计算 Xᵢ 的所有能够计算的继承属性;
                VisitNode ( Xᵢ)
            }
    计算 N 的所有能够计算的综合属性;
}
```

对于良定义的属性文法而言,每一次扫描至少会有一个属性值被计算出来。下面通过一个简单的例子说明上述算法的执行过程。

例 6.5 给出一个属性文法如表 6-3 所示,其中,S 有继承属性 a 和综合属性 b,X 有继承属性 c 和综合属性 d,Y 有继承属性 e 和综合属性 f,Z 有继承属性 h 和综合属性 g。假设 $S.a$ 的初始值为 0,输入串为 xyz,其语法树如图 6-4(a)所示。

表 6-3 具有较复杂依赖关系的属性文法

产生式	语义规则
$S{\rightarrow}XYZ$	$Z.h := S.a$
	$X.c := Z.g$
	$S.b := X.d-2$
	$Y.e := S.b$
$X{\rightarrow}x$	$X.d := 2 * X.c$
$Y{\rightarrow}y$	$Y.f := Y.e * 3$
$Z{\rightarrow}z$	$Z.g := Z.h + 1$

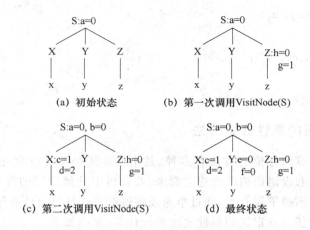

(a) 初始状态　　　(b) 第一次调用VisitNode(S)

(c) 第二次调用VisitNode(S)　　　(d) 最终状态

图 6-4　输入串 xyz 的属性计算步骤

采用深度优先,从左到右的策略对该语法树进行遍历,具体过程及结果见下面的描述。

第一次遍历的执行过程:

```
VisitNode(S)
 └─X.c 不能计算
 └─VisitNode(X)
        └─X.d 不能计算
 └─Y.e 不能计算
 └─VisitNode(Y)
        └─Y.f 不能计算
 └─Z.h := 0
 └─VisitNode(Z)
        └─Z.g := 1
 └─S.b 不能计算
```

第一遍执行完后,属性的计算情况如图 6-4(b)所示;第二次调用 VisitNode(S)计算出了 $X.c$、$X.d$ 和 $S.b$ 的值,属性的计算情况如图 6-4(c)所示;第三遍扫描计算出了 Y 的两个属性,计算情况如图 6-4(d)所示,此时所有属性值都已得到,算法终止。

6.2.3　一遍扫描的处理方法

为了提高编译程序的编译速度,许多编译器都采用一遍扫描的处理方法,即,在语法分析的同时计算属性值,而不是构造语法树之后再计算属性值,而且无须构造实际的语法树(如果有必要,当然也可以实际构造)。采用这种处理方法,当一个属性值不再用于计算其他属性值时,编译程序就不再保留这个属性值。

一遍扫描的处理方法与语法分析工作相互作用,穿插进行,它与语法分析方法和属性计算次序密切相关。从一遍扫描的角度来看,所谓**语法制导翻译法**,就是指为文法中每个产生式配上一组语义规则,并且在语法分析的同时执行这些语义规则的方法。具体来说,就是:在自上而下语法分析中,若一个产生式匹配输入串成功,或者,在自下而上分析中,当一个产生式被用于进行归约时,此产生式相应的语义规则就被计算,完成有关的语义分析和代码生成的工作。

6.2.4 两类特殊的属性文法

前面已经对翻译过程的属性文法描述方法做了说明,这里将探讨这种翻译器的具体实现过程。众所周知,一个一般的属性文法翻译器可能是很难建立的,然而有一些属性文法的翻译器相对来说却很容易建立。本节考虑这样两类特殊的属性文法:S-属性文法和 L-属性文法。

1. S-属性文法

从 6.1.1 节已经知道,S-属性文法仅含有综合属性,而且综合属性可以在分析输入符号串的同时由自下而上的分析器来计算。分析器可以保存与栈中文法符号有关的综合属性值,每当进行归约时,新的属性值就由栈中正在归约的产生式右边符号的属性值来计算。下面将介绍一种综合属性的计算方法,它通过扩充分析栈来存放综合属性值,从而使得对输入串进行语法分析的同时可以对属性进行计算。

在自下而上的语法分析中,曾使用一个栈来存放已经分析过的子树的信息,现在可以在分析栈中附加一个域来存放综合属性值。图 6-5 就是一个带有综合属性域的分析栈的例子,其中,栈是由一对数组 state 和 value 来实现的,栈顶指针用 top 表示。

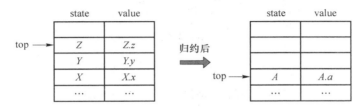

图 6-5 带有综合属性域的分析栈的工作过程

假设产生式 $A \rightarrow XYZ$ 的语义规则是 $A.a := f(X.x, Y.y, Z.z)$,并且综合属性恰好是在每次规约前计算的。把文法符号和属性值放入栈中,当 state[top] 对应的符号为 Z 时,则 value[top] 中存放的就是与 Z 对应的属性值 $Z.z$。类似的,Y 放在 state[top−1] 中,$Y.y$ 则放在 value[top−1] 中;X 放在 state[top−2] 中,$X.x$ 则放在 value[top−2] 中。如果一个符号没有综合属性,那么数组 value 中相应的元素就不定义。归约之后,top 值减 2,A 存放在 state[top] 中(原来 X 的位置),综合属性 $A.a$ 的值存放在 value[top] 中。

2. L-属性文法

通常,采用深度优先的方法对语法树进行遍历,从而计算属性文法的所有属性值。像 LL(1)这种自上而下的分析过程,从概念上讲可以看成是深度优先建立语法树的过程。为了达到一次遍历就能计算出所有属性值的目的,这里将讨论一类属性文法,称作 L-属性文法,它可以在自上而下语法分析的同时实现属性的计算。

一个属性文法称为 **L-属性文法**,如果对于文法的每个产生式 $A \rightarrow X_1 X_2 \cdots X_n$,其每个语义规则中的每个属性,或者是综合属性,或者是 $X_j (1 \leqslant j \leqslant n)$ 的一个继承属性,而且该继承属性仅依赖于:

(1) 产生式 X_j 的左边符号 $X_1, X_2, \cdots, X_{j-1}$ 的属性;

(2) A 的继承属性。

从定义可以看出,S-属性文法是 L-属性文法的特例。

属性文法只是一种关于语言翻译的高级规范说明,并不含具体的实现细节。在进行语法制导翻译时,我们需要的是属性文法的另一种描述形式,即所谓的翻译模式(Translation Schemes)。**翻译模式**给出了使用语义规则进行计算的次序(也称为语义动作),用花括号"{"和"}"括起来,插入到产生式右部的合适位置上。

下面给出一个翻译模式的简单例子,其作用是把表达式的中缀形式翻译成相应的后缀形式。

$E \rightarrow TR$

$R \rightarrow \text{addop } T \{\text{print(addop. lexeme)}\} R_1 \mid \varepsilon$

$T \rightarrow \text{num } \{\text{print(num. val)}\}$

其中,单词 addop 代表的是加号或减号,num 则用来表示数字。图 6-6 给出了输入串 9-5+2 的语法树,并且把每个语义动作都作为相应产生式左部符号结点的子结点(用虚线表示),可以将这些语义动作看作是终结符号,表示将要执行的具体动作。当按深度优先次序执行图中的动作后,打印出的结果是 95-2+。

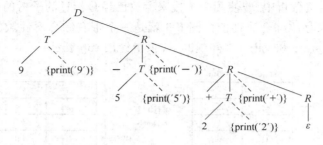

图 6-6 带语义动作的 9-5+2 的语法树

翻译模式的设计必须保证当某个动作引用一个属性时,该属性是有定义的,而 L-属性文法本身就能确保每个动作不会引用尚未计算出来的属性。当文法中仅含综合属性时,其翻译模式可以这样来建立:为每一个语义规则建立一个包含赋值的动作,并把该动作放在相应产生式右边的末尾;当文法中既含有综合属性,又含有继承属性时,其翻译模式的建立需满足如下要求:

(1)产生式右边符号的继承属性必须在这个符号以前的动作中计算出来。

(2)一个动作不能引用该动作右边符号的综合属性。

(3)产生式左边非终结符的综合属性只有在它引用的所有属性都计算出来之后才能计算,这种计算通常可以放在产生式右端的末尾。

例如,下面的翻译模式就不满足上述三个条件中的第一条:

$$S \rightarrow A_1 A_2 \qquad \{ A_1. \text{in} := 1; A_2. \text{in} := 2 \}$$

$$A \rightarrow a \qquad \{ \text{print}(A. \text{in}) \}$$

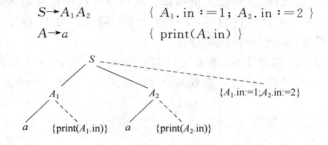

图 6-7 带语义动作的 aa 的语法树

从图 6-7 中可以看出,按深度优先次序遍历输入串 aa 的语法树时,当要打印继承属性 $A_1.\text{in}$ 的值时,该属性尚未定义。也就是说,从 S 开始按深度优先遍历 A_1 和 A_2 子树之前, $A_1.\text{in}$ 和 $A_2.\text{in}$ 均未赋值。但是,若将 $A_1.\text{in}$ 和 $A_2.\text{in}$ 的赋值动作嵌入在产生式 $S{\rightarrow}A_1A_2$ 的右部 A_1 和 A_2 之前的话,即:

$$S\rightarrow\{\ A_1.\text{in}:=1;\ A_2.\text{in}:=2\ \}A_1A_2$$

那么 $A.\text{in}$ 在每次执行 $\text{print}(A.\text{in})$ 时已有定义。

在了解了翻译模式相关概念之后,下面探讨如何利用翻译模式来实现 L-属性文法的翻译工作。关于 L-属性文法的翻译,可采用两种方法:一种是自上而下翻译,另一种是自下而上翻译,都属于一遍扫描的处理方法。

为了实现自上而下翻译,首先必须构建合适的翻译模式。在第 4 章中已经知道,为了构造不带回溯的自上而下语法分析,必须消除文法中的左递归。如果我们对消除左递归的算法进行扩充,在消除一个翻译模式的基本文法的左递归的同时考虑属性的计算问题,就会将仅含综合属性的翻译模式改造为既含有综合属性,又含有继承属性的翻译模式。于是,许多属性文法的翻译工作可以使用自上而下的方法来实现。对于这种方法,假设动作是在处于相同位置上的符号被展开(匹配成功时)执行的。

同样,实现自下而上翻译也需要构建合适的翻译模式,这种翻译模式要求把所有的语义动作都放在产生式的末尾,做法是:在基础文法中加入形如 $M\rightarrow\varepsilon$ 的新的产生式,其中 M 为新引入的一个标记非终结符;把嵌入在产生式中的每个语义动作用不同的 M 来代替,并把该动作放在产生式 $M\rightarrow\varepsilon$ 的末尾。转换前后的两个翻译模式中的文法接受相同的语言,动作的执行程序也是一样的。在转换后的翻译模式中,动作都在产生式右端的末尾,因此,可以在自下而上的分析过程中当产生式右部被归约的时候执行相应的动作。这种自下而上的翻译方法是 S-属性文法自下而上翻译方法的一般化,不仅可以实现任何基于 LL(1) 文法的 L-属性文法的翻译工作,还可以实现许多基于 LR(1) 文法的 L-属性文法的翻译工作。

6.3　中间代码的形式

编译程序所使用的中间代码形式很多,常见的有后缀式、图表示法和三地址代码(包括三元式、四元式、间接三元式)等,其中,用得最多的是三地址代码。

中间代码形式

6.3.1　后缀式

后缀式表示法,即**逆波兰表示法**,是由波兰逻辑学家 Lukasiewicz(卢卡西维奇)提出的一种表示表达式的方法,该方法把运算量(操作数)写在前面,把运算符写在后面。例如,$a+b$ 的后缀式是 $ab+$,$a*b$ 的后缀式是 $ab*$。

一个表达式 E 的后缀式采用如下的递归方式定义:

(1) 如果 E 是一个变量或常量,则 E 的后缀式是 E 自身;

(2) 如果 E 是 E_1 op E_2 的形式(op 是二元运算符),则 E 的后缀式为 $E_1'E_2'\text{op}$,其中,E_1' 和 E_2' 分别为 E_1 和 E_2 的后缀式。

(3) 如果 E 是 (E_1) 的形式,则 E_1 的后缀式就是 E 的后缀式。

表达式转换
后缀式实例

例如，$abc+*$ 是 $a*(b+c)$ 的后缀式，$ab+cd+*$ 是 $(a+b)*(c+d)$ 的后缀式。由此可见，后缀式不需要括号。并且，只要知道每个算符的目数，无论从哪一端扫描后缀式，都能得到其正确的唯一分解。

表 6-4 给出了把表达式翻译为后缀式的属性文法，这种表示形式可以从表达式推广到其他语言成分。其中，综合属性 $E.code$ 表示 E 的后缀式，op 表示任意二元运算符，"$||$"表示后缀式的连接。

表 6-4　把表达式翻译成后缀式的属性文法

产生式	语义规则
$E \rightarrow E_1 \text{ op } E_2$	$E.code := E_1.code \ || \ E_2.code \ || \ \text{op}$
$E \rightarrow (E_1)$	$E.code := E_1.code$
$E \rightarrow \text{id}$	$E.code := \text{id}$

6.3.2　图表示法

这里将要介绍的图表示法包括抽象语法树与 DAG 两种。

1. 抽象语法树

我们已经知道，遍历语法树可以计算属性值，因此，可以考虑将语法树作为一种合适的中间代码形式，而抽象语法树就是这种语法树之一，它在语法树中去掉了那些对翻译不必要的信息，从而获得更有效的中间代码表示。

构造抽象语法树的原则是：操作符和关键字都不作为叶结点，而是作为内部结点出现。例如，赋值语句 $a := b*-c+b*-c$ 的抽象语法树如图 6-8 所示。

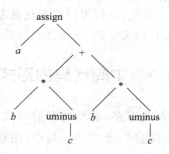

图 6-8　$a := b*-c+b*-c$ 的语法分析树

为赋值语句建立抽象语法树的属性文法如表 6-5 所示，这里仅以 $+$、$*$ 运算为例进行说明。

表 6-5　产生赋值语句抽象语法树的属性文法

表达式	语义规则
$S \rightarrow \text{id} := E$	$S.nptr := \text{mknode}(\text{'assign'}, \text{mkleaf}(\text{id}, \text{id. place}), E.nptr)$
$E \rightarrow E_1 + E_2$	$E.nptr := \text{mknode}(\text{'+'}, E_1.nptr, E_2.nptr)$
$E \rightarrow E_1 * E_2$	$E.nptr := \text{mknode}(\text{'*'}, E_1.nptr, E_2.nptr)$
$E \rightarrow -E_1$	$E.nptr := \text{mknode}(\text{'uminus'}, E_1.nptr)$
$E \rightarrow (E_1)$	$E.nptr := E_1.nptr$
$E \rightarrow \text{id}$	$E.nptr := \text{mkleaf}(\text{id}, \text{id. place})$

其中,nptr 是综合属性,用来表示函数调用返回的指针;place 是标识符 id 的属性,用来表示一个指向符号表中该标识符表项的指针。很明显,这是一个 S-属性文法。函数 mknode(op,left,right)用来建立一个运算符号结点,op 表示该结点的运算符号域,left 和 right 是该结点的两个指针域,分别指向运算分量的左子树和右子树;函数 mkleaf(id,entry)用来建立一个标识符结点,id 表示该结点的标识符标号域,entry 域则指向标识符在符号表中的入口。还有一个函数这里没有用到,它是 mkleaf(num,value),用来建立一个数值结点,num 为该结点的数值标号域,value 则用来存放数的值。

2. DAG

无循环有向图(Directed Acyclic Graph),简称**DAG**。与抽象语法树相同的是,对于表达式中的每个子表达式,DAG 中相应的都有一个结点,一个内部结点代表一个操作符,其子结点代表操作数;然而不同的是,DAG 中代表公共子表达式的结点具有多个父结点,而抽象语法树中的公共子表达式被表示为重复的子树。

例如,图 6-9 表示的是赋值语句 $a:=b*-c+b*-c$ 的 DAG,其中,结点 $*$ 与其父结点 $+$ 之间存在两条边,可以认为 $*$ 有两个父结点 $+$,之所以会这样,是因为 $b*-c$ 是该赋值语句的公共子表达式,在 DAG 中只能出现一次。

对于表 6-5 中的属性文法,如果使函数 mknode( )返回一个已经存在的指针,那么,很容易将这个文法改造成生成 DAG 的属性文法。

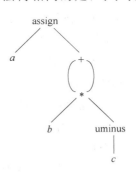

图 6-9　$a:=b*-c+b*-c$ 的 DAG

6.3.3　三地址代码

三地址代码最多包含 3 个地址,两个用来表示操作数,一个用来存放结果,具有如下的一般形式:

$$x:=y \ op \ z$$

其中,y 和 z 表示名字、常数或编译时产生的临时变量;x 表示名字或临时变量;op 表示定点运算符、浮点运算符、逻辑运算符等各种运算符,且每个语句的右边只能有一个运算符。

三地址代码可以看成是抽象语法树或 DAG 的一种线性表示,图 6-10 给出了图 6-8 中的抽象语法树和图 6-9 中的 DAG 所对应的三地址代码。

$T_1 := -c$　　　　　　　　　　$T_1 := -c$

$T_2 := b*T_1$　　　　　　　　　$T_2 := b*T_1$

$T_3 := -c$　　　　　　　　　　$T_5 := T_2+T_2$

$T_4 := b*T_3$　　　　　　　　　$a := T_5$

$T_5 := T_2+T_4$

$a := T_5$

(a) 图 6-8 中抽象语法树对应的代码　　　(b) 图 6-9 中 DAG 对应的代码

图 6-10　三地址代码

其中,$T_1 \sim T_5$ 为编译时产生的临时变量。在实际实现时,如果操作数为用户定义的名字,则用指向符号表中该名字入口的指针来代替操作数。

下面列出本书所使用的三地址语句的种类:

(1)赋值语句 $x := y$ op z,其中,op 为二元算术运算符或逻辑运算符。

(2)赋值语句 $x :=$ op y,其中,op 为一元运算符,如一元减 uminus、逻辑非 not、移位运算符、转换运算符等。

(3)赋值语句 $x := y$。

(4)无条件转移语句 goto L,其中,L 标记下一条将被执行的三地址语句。

(5)条件转移语句 if x relop y goto L 或 if a goto L。在第一种形式的语句中,relop 代表关系运算符(如 $<$、$==$、$>$ 等),若 x 和 y 满足关系 relop,则执行标号为 L 的语句,否则继续按顺序执行;在第二种形式的语句中,a 为布尔变量或常量,若 a 为真,则执行标号为 L 的语句,否则继续按顺序执行。

(6)索引赋值 $x := y[i]$ 和 $x[i] := y$。前者把地址 y 后第 i 个单元里的值赋给 x,后者则把 y 的值赋给地址 x 后的第 i 个单元。

(7)地址和指针赋值 $x := \& y$、$x := *y$ 和 $*x := y$。前者把 y 的地址赋给 x,即将 y 的左值赋给 x 的右值;中间的赋值语句是把 y 所指向的地址单元里存放的内容赋给 x;后者则是把 y 的右值赋给 x 所指向对象的右值。

表 6-6 给出了使赋值语句生成三地址代码的 S-属性文法

表 6-6 使赋值语句产生三地址代码的属性文法

产生式	语义规则
$S \rightarrow \text{id} := E$	$S.\text{code} := E.\text{code} \, \| \, \text{gen}(\text{id}.\text{place} \, ':=' \, E.\text{place})$
$E \rightarrow E_1 + E_2$	$E.\text{place} := \text{newtemp}$
	$E.\text{code} := E_1.\text{code} \, \| \, E_2.\text{code} \, \| \, \text{gen}(E.\text{place} \, ':=' \, E_1.\text{place} \, '+' \, E_2.\text{place})$
$E \rightarrow E_1 * E_2$	$E.\text{place} := \text{newtemp}$
	$E.\text{code} := E_1.\text{code} \, \| \, E_2.\text{code} \, \| \, \text{gen}(E.\text{place} \, ':=' \, E_1.\text{place} \, '*' \, E_2.\text{place})$
$E \rightarrow -E_1$	$E.\text{place} := \text{newtemp}$
	$E.\text{code} := E_1.\text{code} \, \| \, \text{gen}(E.\text{place} \, ':=' \, '\text{uminus}' \, E_1.\text{place})$
$E \rightarrow (E_1)$	$E.\text{place} := E_1.\text{place}$
	$E.\text{code} := E_1.\text{code}$
$E \rightarrow \text{id}$	$E.\text{place} := \text{id}.\text{place}$
	$E.\text{code} := ' '$

其中,综合属性 code 表示三地址代码序列,$E.\text{place}$ 表示存放 E 值的名字,函数 newtemp 用来返回一个不同的临时变量名,如 T_1、T_2 等,而函数 $\text{gen}(x \, ':=' \, y \, '+' \, z)$ 则用来生成三地址代码 $x := y + z$。在实际实现中,三地址代码序列往往是被存放在一个输出文件中,而不是赋给 code 属性。

三地址代码可看成是中间代码的一种抽象形式,一般有 3 种方式来表示三地址语句,分别是四元式、三元式以及间接三元式,这里仅对较为常用的四元式和三元式作一介绍。

1. 四元式

一个四元式是具有四个域的记录结构,形如:

$$(\text{序号})(\text{op}, \text{arg}_1, \text{arg}_2, \text{result})$$

其含义是：对 arg_1 和 arg_2 执行 op 指定的操作并将结果放到 result 中。其中，op 代表运算符，arg_1 和 arg_2 表示操作数，result 是结果。例如，$x := y \text{ op } z$ 的四元式为 $(:=, y, z, x)$，$x := y$ 的四元式为 $(:=, y, \_, x)$，而 if x relop y goto L 的四元式则为 (jrelop, x, y, L)。

再有，以赋值语句 $a := b * -c + b * -c$ 为例，其四元式如表 6-7(a) 所示，对应于图 6-10(a) 中的三地址代码。通常，四元式中的 arg_1、arg_2 和 result 的内容都是指针，该指针指向符号表中相关名字的入口。同样，临时变量名也要填入符号表。

表 6-7 三地址语句的四元式和三元式表示

<table>
<tr><td colspan="5">(a)四元式</td><td colspan="4">(b)三元式</td></tr>
<tr><td></td><td>op</td><td>arg$_1$</td><td>arg$_2$</td><td>result</td><td></td><td>op</td><td>arg$_1$</td><td>arg$_2$</td></tr>
<tr><td>(0)</td><td>uminus</td><td>c</td><td></td><td>T_1</td><td>(0)</td><td>uminus</td><td>c</td><td></td></tr>
<tr><td>(1)</td><td>*</td><td>b</td><td>T_1</td><td>T_2</td><td>(1)</td><td>*</td><td>b</td><td>(0)</td></tr>
<tr><td>(2)</td><td>uminus</td><td>c</td><td></td><td>T_3</td><td>(2)</td><td>uminus</td><td>c</td><td></td></tr>
<tr><td>(3)</td><td>*</td><td>b</td><td>T_3</td><td>T_4</td><td>(3)</td><td>*</td><td>b</td><td>(2)</td></tr>
<tr><td>(4)</td><td>+</td><td>T_2</td><td>T_4</td><td>T_5</td><td>(4)</td><td>+</td><td>(1)</td><td>(3)</td></tr>
<tr><td>(5)</td><td>:=</td><td>T_5</td><td></td><td>a</td><td>(5)</td><td>assign</td><td>a</td><td>(4)</td></tr>
</table>

2. 三元式

为了避免临时变量带来的时空开销，可以通过计算临时变量值的代码的位置来引用该临时变量，从而使得表示三地址代码的记录只需 3 个域，即 op、arg_1 和 arg_2，这种表示方式称为**三元式**，形如：

$$(序号)(op, arg_1, arg_2)$$

其中，op 代表运算符，arg_1 和 arg_2 表示操作数，可以是用户定义的变量、常量或临时变量，也可以是指向三元式表中的某一个三元式的编号。

例如，赋值语句 $a := b * -c + b * -c$ 的三元式如表 6-7(b) 所示。表中括号内的数表示指向三元式表的某一项的指针，而指向符号表的指针则由名字本身来表示，如三元式(0)代表 $-c$ 的运算结果，三元式(1)中的(0)指第 0 个三元式的结果，依此类推。若 op 为一元运算符，则 arg_1 和 arg_2 只需选用其一即可。

总而言之，四元式和三元式各具特点，四元式之间是通过临时变量联系起来的，而三元式之间则是通过三元式的编号联系起来的。显然，就优化而言，调整四元式的相对位置只需改变临时变量就能达到目的，而改动一张三元式表则意味着必须改变表中一系列的指示器的值，因此，对四元式进行优化要比三元式方便得多。

6.4 说明语句的翻译

说明语句主要用来定义各种形式的有名实体及其属性，如常量和变量等。对于常量说明语句和变量说明语句的处理，是把说明语句中定义的名字和属性（如类型、在存储器中的相对地址等）登记在符号表中，用来检查名字的引用和说明是否一致，以便在翻译可执行语句时使用。一般情况下，对于说明语句的语义处理只是用来查填符号表，并不生成中间代码，但是过程说明和动态数组的说明例外。鉴于常量说明语句的翻译和变量说明语句的翻译有很多相似之处,因此,本节仅对变量说明语句的翻译方法作一介绍。

6.4.1 变量说明语句的翻译

在 C 或 Pascal 等高级语言的语法中,一个过程或函数的所有说明语句是作为一个组统一进行处理的,它们被安排在同一数据区中,利用所设置的一个栈 offset 来实现相对地址的跟踪。然而我们知道,很多程序语言允许过程嵌套,当过程 A 中嵌入过程 B 时,则应暂停过程 A 的处理,转而处理过程 B。这种变量说明语句的处理过程可以通过表 6-8 中的翻译模式来实现。

表 6-8　变量说明语句的翻译模式

产生式	语义动作
$P \rightarrow MD$	$\{addwidth(top(tblptr),\ top(offset));\ pop(tblptr);\ pop(offset)\}$
$M \rightarrow \varepsilon$	$\{t := mktable(nil); push(t,\ tblptr); push(0,\ offset)\}$
$D \rightarrow D_1;\ D_2$	
$D \rightarrow proc\ id;\ ND_1;\ S$	$\{t := top(tblptr);\ addwidth(t,\ top(offset));\ pop(tblptr);\ pop(offset);$ $enterproc(top(tblptr),\ id.\ name,\ t)\}$
$D \rightarrow id: T$	$\{enter(top(tblptr),\ id.\ name, T.\ type,\ top(offset));$ $top(offset) := top(offset) + T.\ width\}$
$N \rightarrow \varepsilon$	$\{t := mktable(top(tblptr));\ push(t,\ tblptr);\ push(0,\ offset)\}$
$T \rightarrow integer$	$\{T.\ type := integer;\ T.\ width := 4\}$
$T \rightarrow real$	$\{T.\ type := real;\ T.\ width := 8\}$
$T \rightarrow \uparrow T_1$	$\{T.\ type := pointer(T_1.\ type);\ T.\ width := 4\}$
$T \rightarrow array[num]\ of\ T_1$	$\{T.\ type := array(num.\ val, T_1.\ type);\ T.\ width := num.\ val \times T_1.\ width\}$

上述模式给出了在一遍扫描中对数据进行处理的方法。其中,栈 tblptr 用来保存各个外层过程的符号表指针;S 表示各类可执行语句,如 for 语句、if 语句等,由于这里仅考虑说明语句的处理,因此并没有给出 S 语句的产生式定义;T 表示类型语句,含有两个综合属性 type 和 width,分别表示名字的类型和名字的域宽(即该类型名字所占用的存储单元个数),如上述模式中假定整数域宽为 4,实数域宽为 8,指针类型域宽为 4,一个数组的域宽可以通过把数组元素的数目与一个元素的域宽相乘来获得。

在该模式中,用到了如下四个函数调用,具体功能如下:

(1) mktable(previous):创建一张新符号表,并返回一个指向新表的指针。参数 previous 指向一张先前创建的符号表,比如该嵌入过程的外围过程符号表等。指针 previous 的值放在新符号表的表头中,表头中还可存放一些诸如过程嵌套深度等其他信息。

(2) addwidth(table,width):在指针 table 所指的符号表表头中填入该表中所有名字占用的总宽度。

(3) enter(table,name,type,offset):在指针 table 所指的符号表中为名字 name 建立一个新的表项,并将类型 type、相对地址 offset 的值填入该项中。

(4) enterproc(table,name,newtable):在指针 table 所指的符号表中为过程 name 建立一个新的表项,参数 newtable 用来指向过程 name 的符号表。

在表 6-8 所定义的翻译模式中，假定每一个过程都对应着一张独立的符号表，这种符号表可用链表实现。非终结符号 P 产生一系列的说明语句，在处理第一条说明语句之前，利用产生式 $M \rightarrow \varepsilon$ 的语义动作创建一张新的符号表，并将该表入栈，同时置 offset 栈顶为 0。以后每次遇到一个新的名字，便将该名字填入符号表中，并置相对地址为当前 offset 栈顶之值，然后更新 offset 栈顶值为原值与该名字所表示的数据对象的域宽之和。需要注意的是，当碰到过程说明"$D \rightarrow$ proc id；ND_1；S"时，将通过产生式 $N \rightarrow \varepsilon$ 所对应的语义动作创建一张新的符号表，有关 D_1 中的所有说明项都将填入此符号表内。新表有一个指针指向刚好包围该嵌入过程的外围过程的符号表，而由 id 表示的过程名字则作为该外围过程的局部名字出现。

下面通过一个例子来说明上述翻译模式的工作过程。

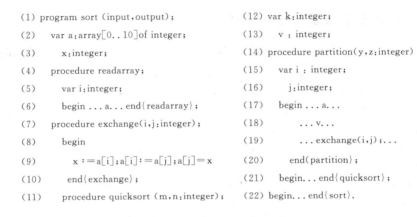

(1) program sort (input,output);	(12) var k:integer;
(2) var a:array[0..10]of integer;	(13) v : integer;
(3) x:integer;	(14) procedure partition(y,z:integer)
(4) procedure readarray;	(15) var i : integer;
(5) var i:integer;	(16) j:integer;
(6) begin ... a... end{readarray};	(17) begin ... a...
(7) procedure exchange(i,j:integer);	(18) ... v...
(8) begin	(19) ... exchange(i,j);...
(9) x :=a[i];a[i]:=a[j];a[j]=x	(20) end{partition};
(10) end{exchange};	(21) begin... end{quicksort};
(11) procedure quicksort (m,n:integer);	(22) begin... end{sort}.

图 6-11　含有嵌套过程的源程序

如图 6-11 所示，程序 sort 中含有 3 个嵌套过程，分别是 readarray、exchange 和 quicksort，而过程 quicksort 中又进一步嵌套了过程 partition。按照表 6-8 所定义的翻译模式进行处理将产生图 6-12 所示的链式符号表，其中，过程 readarray、exchange 和 quicksort 的符号表表头中有指针指向其外围过程 sort 的符号表，而另一过程 partition 的符号表表头中的指针则指向了 quicksort 的符号表。

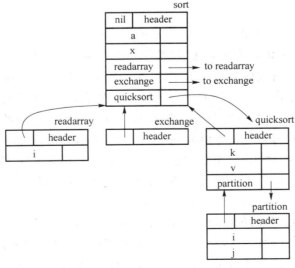

图 6-12　嵌套过程的符号表

比如,当处理过程 partition 中的说明语句时,栈 tblptr 中将包括指向 sort、quicksort 以及 partition 的符号表的指针,而指向当前过程 partition 的符号表的指针处于栈顶位置;另一个栈 offset 中则存放着各嵌套过程的当前相对地址,其栈顶元素为当前处理过程 partition 的下一个局部名字的相对地址。

对于变量说明语句"$D{\rightarrow}$id:T",就把 id 填入在当前符号表中,这时栈 tblptr 保持不变,而栈 offset 的栈顶值增加了 $T.width$。当开始执行产生式"$D{\rightarrow}$proc id;ND_1;S"右边的语义动作时,由 D_1 产生的所有名字占用的总宽度便是 offset 的栈顶值,它由过程 addwidth 记录下来;同时,栈 tblptr 及 offset 的栈顶值被弹出,返回到外层过程中的说明语句继续处理,并在此时把过程的名字 id 填入到其外围过程的符号表中。

6.4.2 L 语言变量说明语句的翻译

在设计 L 语言变量说明语句的翻译模式时,采用了自下而上的一遍处理方式,如表 6-9 所示。

表 6-9 L 语言变量说明语句的翻译模式

产生式	语义动作
$S{\rightarrow}$var D	{nop}
$D{\rightarrow}i$, D_1	{fill(entry(i), D_1. type); D. type := D_1. type}
$D{\rightarrow}i$:real	{fill(entry(i), real); D. type := real}
$D{\rightarrow}i$:bool	{fill(entry(i), bool); D. type := bool}
$D{\rightarrow}i$:char	{fill(entry(i), char); D. type := char}
$D{\rightarrow}i$:integer	{fill(entry(i), integer); D. type := integer}

其中,属性 type 表示非终结符 D 的类型;entry(i)表示变量 i 在符号表中的入口;函数 fill(entry(i),T)则用来把变量 i 的类型 T 填入到符号表中,若符号表中该变量不存在,则返回 0。对于上述翻译模式中后四个产生式而言,其语义动作相似,在对其进行归约时,表明所有变量名已全部进入分析栈,且首先把最后一个变量名的类型填入符号表中。由于归约后句柄"i:real(或其他)"将出栈,因此必须把类型 type 的值赋予产生式"$D{\rightarrow}i$, D_1"左边的语义变量 D. type,以便后续归约时使用。

例如,对于说明语句"var id_1, id_2, id_3:integer;"来说,其自下而上语法制导的翻译过程是:首先,根据自下而上的语法分析方法,将符号串从左到右移入栈中,如图 6-13(a)所示;使用产生式 $D{\rightarrow}i$:integer 对栈顶符号串 id_3:integer 进行归约,结果如图 6-13(b)所示,同时调用该产生式的语义动作将 id_3 的类型 integer 填入符号表,并置栈顶符号 D 的语义变量 D. type 为 integer;进一步利用产生式 $D{\rightarrow}i$, D_1 将栈顶符号串 id_2, D 规约为 D,如图 6-13(c)所示,并且根据 D_1. type 可知 id_2 的类型为 integer,同时置栈顶符号 D 的语义变量 D. type 为 D_1. type 的值,即 integer;类似地,可将栈顶符号串 id_1, D 规约到 D,得到 id_1 的类型为 integer,如图 6-13(d)所示;最后,利用产生式 $S{\rightarrow}$var D 进行归约,不执行任何语义动作,此时关于变量说明语句的处理工作完毕,如图 6-13(e)所示。

在分析了变量说明语句的翻译模式之后,下面给出具体的实现算法。由于语义处理工作是在语法分析的同时展开的,因此,只需在语法分析程序的基础上加入语义分析代码(标有下划线的部分)即可实现语义处理功能,从而完成语义的检查操作和符号表的查填操作。

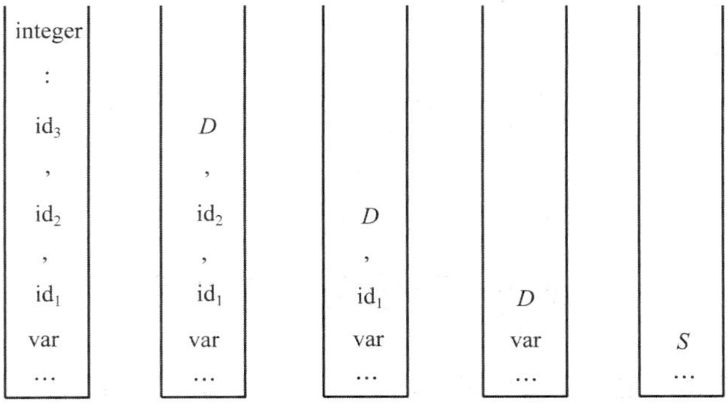

(a) 入栈　　(b) 一次归约　　(c) 二次归约　　(d) 三次归约　　(e) 完毕

图 6-13　语句"var id₁，id₂，id₃：integer；"的归约过程

```
//----------------------------------------------------------------
void varst（char * token）
{
    while(1)
    {
        if（isidentifier(token)）
            //压到栈中 token 域
            push(token，stack[st_num ++ ].token);
        //取下一个 token 字,它只能是",",或":"
        token = getnexttoken( );
        if（token 是","）token = getnexttoken( );
        else if(token 是":")break;
        else error("错误:变量后面只能出现:和,");
    }
    type = getnexttoken( );
    if（type 不是"integer","char","real"或"bool"）error("变量类型错误");
    token = getnexttoken( );
    if（token 不是";"）error("缺少;");
    //从堆栈中弹出变量名
    token = pop(stack[st_num -- .token]);
    //查找符号表,将类型 type 填入到该变量对应的栏目中
    strcpy(symtable[i].type，type);
    token = getnexttoken( );
    if（isidentifier(token)）
        //如果读入的是标识符,继续处理变量说明
        varst(token);
    else if(token 是"begin")
        //结束本函数的处理,转入处理可执行程序部分
```

```
        return;
    else
        error("语法错误:缺少 begin,或变量说明出错");
}
//-------------------------------------------------------------
```

6.5 赋值语句的翻译

赋值语句的语义处理主要是将赋值号右边表达式的值保存到左边的变量中,对赋值语句进行翻译主要是对表达式进行翻译,这将涉及符号表的查找,普通变量、常量以及数组元素的访问等操作。

6.5.1 简单算术表达式及赋值语句的翻译

这里首先讨论简单赋值语句的翻译,先不考虑对数组元素的寻址和引用。表 6-10 给出了将简单算术表达式及赋值语句翻译为四元式代码的翻译模式。之前,在学习三地址代码这种中间语言时,直接使用变量名来表示指向符号表中该名字的入口指针,现在则使用属性 id. name 表示 id 的名字,使用过程 lookup(id. name)来检查符号表中是否存在该名字,若存在,则返回一个指向该表项的指针,否则,返回 nil,表示没有找到。并且,使用过程 emit 将生成的四元式语句发送到输出文件中,不再使用表 6-6 中的 code 属性。

表 6-10 简单赋值语句的翻译模式

产生式	语义动作
$S \rightarrow id := E$	$\{p := \text{lookup(id. name)}; \text{ if } p \neq nil \text{ then emit}(':=', E.\text{place}, \_, p) \text{ else error}\}$
$E \rightarrow E_1 + E_2$	$\{E.\text{place} := \text{newtemp}; \text{emit}('+', E_1.\text{place}, E_2.\text{place}, E.\text{place})\}$
$E \rightarrow E_1 - E_2$	$\{E.\text{place} := \text{newtemp}; \text{emit}('-', E_1.\text{place}, E_2.\text{place}, E.\text{place})\}$
$E \rightarrow E_1 * E_2$	$\{E.\text{place} := \text{newtemp}; \text{emit}('*', E_1.\text{place}, E_2.\text{place}, E.\text{place})\}$
$E \rightarrow E_1 / E_2$	$\{E.\text{place} := \text{newtemp}; \text{emit}('/', E_1.\text{place}, E_2.\text{place}, E.\text{place})\}$
$E \rightarrow -E_1$	$\{E.\text{place} := \text{newtemp}; \text{emit}('uminus', E_1.\text{place}, \_, E.\text{place})\}$
$E \rightarrow (E_1)$	$\{E.\text{place} := E_1.\text{place}\}$
$E \rightarrow id$	$\{p := \text{lookup(id. name)};$ $\text{if } p \neq nil \text{ then } E.\text{place} := p \text{ else error}\}$

假设表 6-10 中的赋值语句出现在表 6-8 的上下文环境中,即表 6-10 中的开始符号 S 就是表 6-8 中的非终结符 S,此时可将这两个文法结合起来进行分析。通过 6.4 节的学习我们已经知道,对于程序中的每一个过程都将建立一张独立的符号表,每个符号表的表头均有一个指针指向其直接外围过程的符号表,且当前正在被处理的过程的符号表指针必定位于 tblptr 的栈顶。

由 S 所产生的赋值语句中的名字要么在 S 所在的过程中被定义,要么在其外层过程中被定义。过程 lookup(id. name)工作时,首先通过 tblptr 栈顶指针在当前符号表中查找 name,若未找到,则利用当前符号表表头的指针找到该符号表的外围符号表,然后在那里查找名字 name,直到找到 name 为止。如果所有外围过程的符号表中均无 name,则 lookup 返回 nil,表明查找失败。

例如,根据表 6-10 中的翻译模式可将赋值语句 $x := -a * b + c$ 翻译成如下的四元式代码序列(假定语句序号从 100 开始):

$$100 \ (\text{uminus}, a, \_, T_1)$$
$$101 \ (*, T_1, b, T_2)$$
$$102 \ (+, T_2, c, T_3)$$
$$103 \ (:=, T_3, \_, x)$$

6.5.2　数组元素的引用

为了可以快速访问数组中的元素,一般将它们放在连续的存储空间中。不过,要想访问某个具体的数组元素,还需要计算出该数组元素的地址。数组在存储器中的存放方式决定了数组元素的地址计算方法,从而也决定了应该产生什么样的中间代码。

若数组 A 的元素存放在一片连续单元里,则可以较容易地访问数组的每个元素。假设数组 A 每个元素宽度为 w,则 $A[i]$ 这个元素的起始地址为

$$\text{base} + (i - \text{low}) \times w \qquad\qquad (6.1)$$

其中,low 为数组下标的下界,base 是分配给数组的相对地址,即 $A[\text{low}]$ 的相对地址。

若将式(6.1)改写为 $i \times w + (\text{base} - \text{low} \times w)$,则其子表达式 $\text{base} - \text{low} \times w$ 的值可以在处理数组说明时提前计算出来,记为 C。假定 C 值存放在符号表中数组 A 的对应项中,则 $A[i]$ 的相对地址可由 $i \times w + C$ 计算出来。

对于二维数组也可作类似处理。一个二维数组可以按行或按列存放,如对于 2×3 的数组 A,图 6-14 给出了两种不同的存放方式,其中,图 6-14(a)采用的是按行存放方式,图 6-14(b) 采用的是按列存放方式。

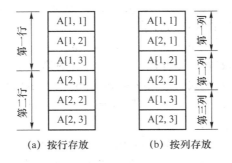

(a) 按行存放　　　(b) 按列存放

图 6-14　二维数组的存放方式

对于按行存放的二维数组 A 来说,可用如下公式计算 $A[i_1, i_2]$ 的相对地址:

$$\text{base} + ((i_1 - \text{low}_1) \times n_2 + i_2 - \text{low}_2) \times w \qquad\qquad (6.2)$$

其中,low_1、low_2 分别为 i_1、i_2 的下界;n_2 是 i_2 可取值的个数,若 i_2 的上界为 high_2,则 $n_2 = \text{high}_2 - \text{low}_2 + 1$。式(6.2)可以改写为

$$((i_1 \times n_2) + i_2) \times w + (\text{base} - ((\text{low}_1 \times n_2) + \text{low}_2) \times w) \qquad\qquad (6.3)$$

其中,子表达式 $(\text{base} - ((\text{low}_1 \times n_2) + \text{low}_2) \times w)$ 的值可以在编译时确定。

按行或按列存放方式可以推广到多维数组的情形。若多维数组 A 按行存放,则可将式 (6.3)推广成如下的形式以计算元素 $A[i_1, i_2, \cdots, i_k]$ 的相对地址:

$$((\cdots i_1 n_2 + i_2) n_3 + i_3) \cdots) n_k + i_k) \times w +$$
$$base - ((\cdots ((low_1 n_2 + low_2) n_3 + low_3) \cdots) n_k + low_k) \times w \tag{6.4}$$

假设对于任何 j,$n_j = high_j - low_j + 1$ 都是确定的,则式(6.4)中的子表达式

$$C = base - ((\cdots ((low_1 n_2 + low_2) n_3 + low_3) \cdots) n_k + low_k) \times w \tag{6.5}$$

可以在编译时计算出来并存放到符号表中数组 A 对应的项里。对于按列存放的多维数组 A 来说,元素 $A[i_1, i_2, \cdots, i_k]$ 的相对地址计算方法与按行存放类似,这里不再赘述。

在分析了数组元素的寻址方法的基础上,下面将对数组元素的翻译问题进行探讨,关键在于如何将式(6.4)的计算与数组文法结合起来。在表 6-10 中 id 出现的地方引入下面的产生式,则可把对数组元素的引用加入赋值语句之中。

$$L \rightarrow id[Elist] \mid id$$
$$Elist \rightarrow Elist, E \mid E$$

为了便于语义处理,可将上述产生式改写为

$$L \rightarrow Elist] \mid id$$
$$Elist \rightarrow Elist, E \mid id[E$$

这样做,可把数组名字 id 与最左下标表达式 E 相联系,而不是在形成 L 时与 Elist 相联系,从而使得在整个下标表达式 Elist 的翻译过程中,随时都能知道符号表中相对于数组名字 id 的全部信息。

可以为非终结符号 Elist 引进综合属性 array,用来记录指向符号表中相应数组名字表项的指针;利用 Elist.ndim 来记录 Elist 中的下标表达式的个数,即维数;调用函数 $limit(array, j)$ 来返回 n_j,即由 array 所指示的数组的第 j 维长度;最后,使用 Elist.place 表示临时变量,用来存放由 Elist 中的下标表达式计算出来的值。

一个 Elist 可以产生一个 $k-$维数组 $A[i_1, i_2, \cdots, i_k]$ 的前 m 维下标,并将生成计算下式的三地址代码:

$$(\cdots ((i_1 n_2 + i_2) n_3 + i_3) \cdots) n_m + i_m \tag{6.6}$$

式(6.6)可以利用如下的递归公式进行计算:

$$e_1 = i_1, \quad e_m = e_{m-1} \times n_m + i_m \tag{6.7}$$

当 $m = k$ 时,将 e_k 乘以元素域宽 w 便可计算出式(6.4)的第一个子项。

L 的左值(地址)可以用两个属性 $L.place$ 和 $L.offset$ 来描述,其中,$L.place$ 表示指向符号表中相应名字表项的指针,$L.offset$ 表示数组元素相对于起始地址的偏移量。因此,当 L 为一个简单名字时,$L.offset$ 为 null。

当一个赋值语句中含有对数组元素的引用时,需要判断 L 究竟是一个简单的名字,还是一个数组元素。如果 L 是一个简单的名字,则将生成一般的赋值;如果 L 为数组元素引用,则将生成对 L 所指示地址的索引赋值。具体翻译模式如下:

(1) $S \rightarrow L := E$

{if $L.offset$ = null then

　　/* L 是简单变量 */

　　emit($L.place$ ':=' $E.place$)

else

　　/* L 是数组元素 */

emit(L.place '[' L.offset ']' ':=' E.place)}

(2) $E \rightarrow E_1 + E_2$

{E.place := newtemp; emit(E.place ':=' E_1.place '+' E_2.place)}

(3) $E \rightarrow (E_1)$

{E.place := E_1.place}

(4) $E \rightarrow L$

{if L.offset = null then

　　E.place := L.place

else

　　/* 当一个数组引用 L 归约到 E 时,需要 L 的右值,因此使用索引来获得地址

　　　L.place[L.offset]的内容 */

begin

　　E.place := newtemp;

　　emit(E.place ':=' L.place '[' L.offset ']')

end}

(5) $L \rightarrow$ Elist]

{L.place := newtemp;

emit(L.place ':=' Elist.array '−' C);

/* L.offset 是一个新的临时变量,存放着 w 与 Elist.place 的乘积,等价于式(6.4)

　的第一项 */

L.offset := newtemp;

emit(L.offset ':=' w '*' Elist.place)}

(6) $L \rightarrow$ id

/* 一个空的 offset 表示一个简单的名字 */

{L.place := id.place; L.offset := null}

(7) Elist$\rightarrow$Elist, E

/* 每当扫描到下一个下标表达式时,则使用递归公式(6.7)进行计算。在下列语义

　动作中,$Elist_1$.place 与式(6.7)中的 e_{m-1} 对应,Elist.place 与式(6.7)中的 e_m

　对应,若 $Elist_1$ 有 $m-1$ 个元素,则产生式左部的 Elist 有 m 个元素。 */

{t := newtemp;

m := Elist1.ndim + 1;

emit(t ':=' Elist1.place '*' limit(Elist1.array , m));

emit(t ':=' t '+' E.place);

Elist.array := Elist1.array;

Elist.place := t;

Elist.ndim := m}

(8) Elist$\rightarrow$id [E

/* E.place 保存表达式 E 的值以及当 $m=1$ 时式(6.6)的值 */

{Elist.place := E.place;

```
Elist.ndim := 1;

Elist.array := id.place}
```

例如,假设 A 为一个 $10*20$ 的数组,$w=4$,$low_1=low_2=1$,则有 $n_1=10$,$n_2=20$。关于赋值语句 $x:=A[y,z]$ 的带注释的语法分析树如图 6-15 所示。

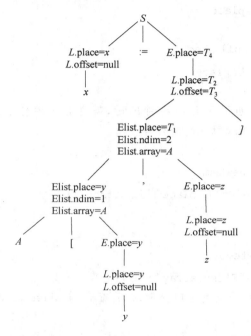

图 6-15　$x:=A[y,z]$ 的带注释的语法分析树

该赋值语句将被翻译成如下的三地址代码序列,对于其中的每个变量,用它的名字来代替 id. place:

$$T_1 := y * 20$$

$$T_1 := T_1 + z$$

$$T_2 := A - 84$$

$$T_3 := 4 * T_1$$

$$T_4 := T_2[T_3]$$

$$x := T_4$$

目前为止,算术表达式和赋值语句中所有的 id 都是同一类型,实际上,在一个表达式中可以出现各种不同类型的变量或常数。因此,编译程序必须做到要么拒绝接受某种混合运算,要么产生有关类型转换的指令。

6.5.3　L 语言赋值语句的翻译

翻译可执行语句时,首先应根据每个源程序的语法结构和语义设计出相应的中间代码结构,找出源与中间代码的对应关系,给出对数据结构的描述方法和从源到中间代码的转换算法。

语义分析的最终目的是将源程序转换为一个等价的中间代码文件,这将用到两个辅助函数:emit( )和 newtemp( )。

1. 函数 emit( )

其功能是将一个新的四元式加入四元式表的末尾。若定义 intertable 为一个四元式表，全局变量 nextquad 为当前四元式的编号,则该函数可描述如下：

```
//------------------------------------------------------------
void emit(char * op, char * arg1, char * arg2, char * result)
{
    strcpy(intertable[nextquad].op, op);
    strcpy(intertalbe[nextquad].arg1, arg1);
    strcpy(intertalbe[nextquad].arg2, arg2);
    strcpy(intertalbe[nextquad].result, result);
    nextquad = nextquad + 1;
}
//------------------------------------------------------------
```

2. 函数 newtemp( )

其功能是生成一个新的临时变量。由于一个四元式中只有两个参与运算的参数和一个结果,然而在表达式等运算中参与运算的数不止两个,因此需要使用临时变量来保存中间结果。假定临时变量的命名规则是 T 后跟一个数字,且该数字随运行过程逐步增加,于是该函数可描述如下：

```
//------------------------------------------------------------
char * newtemp( )
{
    static int tmp_num = 0;                //tmp_num 为静态变量,也可以使用全局变量
    strcpy(s_ret,"T");
    strcat(s_ret, itoa(tmp_num, s, 10));  //将十进制转换为文本,再与 T 连接
    tmp_num = tmp_num + 1;
    return s_ret;
}
//------------------------------------------------------------
```

在给出了函数 emit( )和 newtemp( )的实现算法之后,下面介绍简单赋值语句翻译模式的设计与实现过程。

表 6-11 给出了只做整数运算的简单赋值语句的翻译模式,从中可以看出,关于表达式 E 的计算是按照括号优先,其次是取负运算,然后是乘除,最后为加减的顺序。

表 6-11　简单赋值语句的翻译模式

产生式	语义动作
$A \rightarrow i := E$	$\{\text{emit}(:=, E.\text{place}, \_, \text{entry}(i))\}$
$E \rightarrow E_1 + T$	$\{E.\text{place} := \text{newtemp}; \text{emit}('+', E_1.\text{place}, T.\text{place}, E.\text{place})\}$
$E \rightarrow E_1 - T$	$\{E.\text{place} := \text{newtemp}; \text{emit}('-', E_1.\text{place}, T.\text{place}, E.\text{place})\}$
$E \rightarrow T$	$\{E.\text{place} := \text{newtemp}; E.\text{place} := T.\text{place}\}$
$T \rightarrow T_1 * F$	$\{T.\text{place} := \text{newtemp}; \text{emit}('*', T_1.\text{place}, F.\text{place}, T.\text{place})\}$
$T \rightarrow T_1 / F$	$\{T.\text{place} := \text{newtemp}; \text{emit}('/', T_1.\text{place}, F.\text{place}, T.\text{place})\}$
$T \rightarrow F$	$\{T.\text{place} := \text{newtemp}; T.\text{place} := F.\text{place}\}$
$F \rightarrow - P$	$\{F.\text{place} := \text{newtemp}; \text{emit}('\text{uminus}', P.\text{place}, \_, F.\text{place})\}$
$P \rightarrow i$	$\{P.\text{place} := \text{newtemp}; P.\text{place} := \text{entry}(i)\}$
$P \rightarrow (E)$	$\{P.\text{place} := \text{newtemp}; P.\text{place} := E.\text{place}\}$

简单赋值语句的中间代码形式如下所示：

$$E \text{ 的代码}$$

$$i := E.\text{place}$$

其中，"E 的代码"指的是计算算术表达式的值的三地址代码序列，可以采用四元式形式予以表达，然后将最终结果赋给 i。

例如，按照表 6-11 中所示模式对算术表达式 $A := B + C * (-D)$ 进行翻译将得到表 6-12 中的四元式序列（假定在执行该语句前四元式的标号已经为 k）。

表 6-12 $A := B + C * (-D)$ 的四元式序列

序号	四元式
$k+1$	$(uminus, D, \_ , T_1)$
$k+2$	$(* , C, T_1, T_2)$
$k+3$	$(+ , B, T_2, T_3)$
$k+4$	$(:= , T_3, \_ , A)$

关于简单赋值语句的翻译模式可用下述函数予以实现，所采用的方法是递归下降的语法制导翻译方法。

```
//-------------------------------------------------
//处理算术表达式
void aexpr(char * s_ret)
{
    token = getnexttoken();
    //处理乘除,取负和括号部分
    term(token, term1);
    while(1) {
        token = getnexttoken();
        //如果遇到 + 、- 号
        if((! strcmp(token, "+"))||(! strcmp(token, "-"))){
            strcpy(sym, token);
            token = getnexttoken();
            //处理加减之后的部分
            term(token, term2);
            //生成一个新的临时变量
            s_ret = newtemp();
            //生成该四元式
            emit(sym, term1,term2, s_ret);
            //将该临时变量放入 term1 中
            strcpy(term1, s_ret);
        }
        //表达式处理完毕
        else{
```

```
        //退回当前取出的 token 字
        nexttoken = nexttoken - 1;
        strcpy(s_ret, term1);
        break;
      }
    }
}
//处理乘除部分
voidterm(char * token, char * term)
{
    //处理乘除的左因子部分
    factor(token, fac1);
    while(1){
        token = getnexttoken();
        //如果遇到 * 、/号
        if((! strcmp(token, " * "))||(! strcmp(token, "/"))){
            strcpy(sym, token);
            token = getnexttoken();
            //处理乘除的右因子部分
            factor(token, fac2);
            term = newtemp();
            emit(sym, fac1, fac2, term);
            strcpy(fac1, term);
        }
        //处理完毕
        else {
            //退回刚取出的 token 字
            nexttoken = nextoken - 1;
            strcpy(term, fac1);
            break;
        }
    }
}
//处理单个因子:括号、取负、常数和变量
void factor(char * token, char * fac)
{
    int sym_i;
    //处理括号
    if(! strcmp(token,"(")){
        //分析表达式
```

```
        aexpr(fac);
        token = getnexttoken();
        if(strcmp(token, ")")) error("缺少)");
    }
    else if(! strcmp(token, " - "))
        //处理取负运算
        aexpr(fac);
    else if (isidentifier(token) || isconst(token)){
            //处理单个常量和变量
            if((sym_i = isidentifier(token)) == 0)
            //找到常数在符号表中的定义
            sym_i = isconst(token);
            strcpy(fac, symtable[sym_i].word);
    }
    else erro("语法错误");
}
//------------------------------------------------
```

6.6 布尔表达式的翻译

布尔表达式是将布尔运算符(and,or,not)作用到布尔变量或关系表达式上组成的表达式。关系表达式形如 E_1 relop E_2,其中,E_1 和 E_2 是算术表达式,relop 为关系运算符($<,\leqslant,=,\neq,>,\geqslant$)。

假定布尔表达式定义如下:

$$E \to E \text{ or } E \mid E \text{ and } E \mid \text{not } E \mid (E) \mid \text{id relop id} \mid \text{id}$$

用语义变量 relop.op 来表示关系运算符,规定运算顺序是先括号内,后括号外,not 运算的优先级最高,其次是 and,最后是 or,且满足左结合原则。

在程序设计语言中,布尔表达式的作用有两个:一个是用作布尔赋值语句中的布尔运算,另一个是用作控制流语句中的条件表达式。同样,对于布尔表达式的计算也有两种方法:一种是像计算算术表达式那样按部就班、一步一步地求解,另一种是采取某种优化措施来进行。

下面分别对这两种布尔表达式的翻译方法进行讨论。

6.6.1 数值计算法

用 1 表示真,用 0 表示假,按照从左到右依次求值的顺序来实现布尔表达式的翻译。例如,布尔表达式 1 or (not 0 and 0) or 0 可按如下的过程进行计算:

$$1 \text{ or } (\text{not } 0 \text{ and } 0) \text{ or } 0$$
$$= 1 \text{ or } (1 \text{ and } 0) \text{ or } 0$$
$$= 1 \text{ or } 0 \text{ or } 0$$
$$= 1 \text{ or } 0$$
$$= 1$$

再如,布尔表达式 a or b and not c 可被翻译成如下的三地址代码序列:

$$T_1 := \text{not } c$$

$$T_2 := b \text{ and } T_1$$

$$T_3 := a \text{ or } T_2$$

并且,对于形如 $a<b$ 的关系表达式,可等价地写成 if $a<b$ then 1 else 0,因此,可将它翻译成如下的三地址代码序列(假定语句序号从 100 开始):

$$100: \text{if } a<b \text{ goto } 103$$

$$101: T := 0$$

$$102: \text{goto } 104$$

$$103: T := 1$$

$$104:$$

表 6-13 给出了将布尔表达式翻译为三地址代码的翻译模式,其中,过程 emit 用来将三地址代码送到输出文件中,nextstat 给出输出代码序列中下一条三地址语句的地址索引,每产生一条三地址语句后,emit 将把 nextstat 加 1。

表 6-13 布尔表达式数值计算法的翻译模式

产生式	语义动作
$E \rightarrow E_1$ or E_2	{E. place := newtemp; emit(E. place ':=' E_1. place 'or' E_2. place)}
$E \rightarrow E_1$ and E_2	{E. place := newtemp; emit(E. place ':=' E_1. place 'and' E_2. place)}
$E \rightarrow$ not E_1	{E. place := newtemp; emit(E. place ':=' 'not' E_1. place)}
$E \rightarrow (E_1)$	{E. place := E_1. place}
$S \rightarrow$ id$_1$ relop id$_2$	{E. place := newtemp;
	emit('if' id$_1$. place relop. op id$_2$. place 'goto' nextstat$+3$);
	emit(E. place ':=' '0'); emit('goto' nextstat$+2$); emit(E. place ':=' '1')}
$E \rightarrow$ id	{E. place := id. place}

例 6.6 根据表 6-13 可将表达式 $a<b$ or $c<d$ and $e<f$ 翻译为图 6-16 中的三地址代码序列。

100	if $a<b$ goto 103	107	$T_2 := 1$
101	$T_1 := 0$	108	if $e<f$ goto 111
102	goto 104	109	$T_3 := 0$
103	$T_1 := 1$	110	goto 112
104	if $c<d$ goto 107	111	$T_3 := 1$
105	$T_2 := 0$	112	$T_4 := T_2$ and T_3
106	goto 108	113	$T_5 := T_1$ or T_4

图 6-16 布尔表达式 $a<b$ or $c<d$ and $e<f$ 的三地址代码

6.6.2 优化计算法

这种方法是根据布尔运算的某些特殊性质采用优化措施进行的。就或运算 E_1 or E_2 而言,只要 E_1 为真,则 E_1 or E_2 肯定为真,此时就不必再对 E_2 做计算;只有当 E_1 为假时才读取

E_2,此时 E_1 or E_2 的值由 E_2 决定。同理,就与运算 E_1 and E_2 而言,只要 E_1 为假,则 E_1 and E_2 肯定为假,此时就不必再对 E_2 做计算;只有当 E_1 为真时才读取 E_2,此时 E_1 and E_2 的值由 E_2 决定。或运算 E_1 or E_2 和与运算 E_1 and E_2 的中间代码结构如图 6-17 所示。

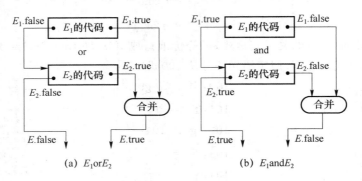

(a) E_1orE_2　　　　　　(b) E_1andE_2

图 6-17　布尔运算的中间代码结构

在图 6-17 中,用 E.ture 表示布尔表达式 E 的真出口,即 E 为真时应转向执行的中间代码位置,用 E.false 表示 E 的假出口,即 E 为假时应转向执行的中间代码位置。

基于上述中间代码结构,下面探讨如何通过一遍扫描方式对布尔表达式进行翻译。为了便于讨论,这里将采用四元式形式实现三地址代码,并把四元式存入一个数组中,数组下标代表四元式的标号。常见的四元式形式有:

(1) (jnz, E, _ , P):表示当 E 为真时,跳转到四元式 P;

(2) (jrop, id_1, id_2, P):表示当 id_1 rop id_2 为真时转向四元式 P,其中 rop 代表六种关系运算之一;

(3) (j, _ , _ , P):表示无条件跳转到四元式 P。

通过一遍扫描来产生布尔表达式的中间代码时,对于生成的某些转移语句,可能还不知道该语句的具体转向位置。为了解决这个问题,可以把这些转移方向相同的四元式链在一起,形成四元式链表,当目标确定之后再回填。

按照这个思想,我们对 E 的两个综合属性 true 和 false 的意义进行拓展,规定 E.ture 不仅表示 E 的真出口,而且表示 E 中具有相同真出口的四元式链表的链首;类似地,规定 E.false 不仅表示 E 的假出口,而且表示 E 中具有相同假出口的四元式链表的链首。具体实现时,可以借助于需要回填的四元式的第 4 分量来构造该链表。例如,假定 E 的四元式中需回填"真"出口的有 p、q 和 r 三个四元式,则这三个四元式可连成如图 6-18 所示的一条"真"链,且链首 r 将作为 E.true 之值。

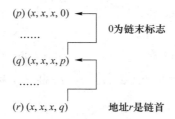

图 6-18　含有 p、q 和 r 三个四元式的真链表

在布尔表达式的翻译过程中,要用到下面几个变量、函数和过程:

（1）变量 nextquad：指向下一条将要产生但尚未产生的四元式的编号，其初值为 1，每执行一次 emit 过程，nextquad 将自动加 1。

（2）函数 merge(p_1，p_2)：把以 p_1 和 p_2 为首的两条链合二为一，返回合并后的链首。

（3）过程 backpatch(p，t)：完成回填功能，将把链首 p 所链接的每个四元式的第 4 分量都改写为地址 t。

综上考虑，现给出如表 6-14 所示的翻译模式，以便在自下而上的分析过程中生成布尔表达式的四元式代码。其中，M 为标记非终结符，用来记录将要产生的四元式编号。

表 6-14　布尔表达式的自下而上翻译模式

产生式	语义动作
$E \rightarrow E_1$ or ME_2	{backpatch(E_1.false, M.quad); E.true := merge(E_1.true, E_2.true); E.false := E_2.false}
$E \rightarrow E_1$ and ME_2	{backpatch(E_1.true, M.quad); E.true := E_2.true; E.false := merge(E_1.false, E_2.false)}
$E \rightarrow$ not E_1	{E.true := E_1.false; E.false := E_1.true}
$E \rightarrow (E1)$	{E.true := E_1.true; E.false := E_1.false}
$E \rightarrow id_1$ relop id_2	{E.true := nextquad; E.false := nextquad+1; emit('j'relop. op ',' id_1. place ',' id_2. place ',' '0'); emit('j, _, _, 0')}
$E \rightarrow id$	{E.true := nextquad; E.false := nextquad+1; emit('jnz' ',' id. place ',' '_' ',' '0'); emit('j, _, _, 0')}
$M \rightarrow \varepsilon$	{M.quad := nextquad}

考虑产生式 $E \rightarrow E_1$ or E_2。若 E_1 为真，则 E 也为真；若 E_1 为假，则需进一步验证 E_2。若 E_2 为真则 E 就为真，若 E_2 为假则 E 就为假。因此，E_1. false 所指向的链表中的四元式待填转向目标应为 E_2 代码第一条语句的编号，该编号是利用标记非终结符 M 得到的。记录着 E_2 代码开始语句编号的属性 M. quad 值在分析完产生式 $E \rightarrow E_1$ or E_2 的其余部分之后，将被回填到 E_1. false 所指向的链表中。

对于产生式 $E \rightarrow id_1$ relop id_2 而言，执行其语义动作将生成两条语句：一条是条件转移语句，另一条是无条件转移语句，二者的转向目标当前均无法确定，暂且以 0 表示。同时，第 1 条语句将被放入新构建的真链表 E. true 中，而第 2 条语句则被放入新构建的假链表 E. false 中。

例 6.7　布尔表达式 $a < b$ or $c < d$ and $e < f$ 的翻译过程可用图 6-19 中带注释的语法分析树来表示，它依据表 6-14 中的翻译模式，在自下而上语法分析中随着对产生式的归约来逐步执行语义动作的。

需要注意的是，为了方便起见，在图 6-19 中采用了一些简记手段来表示属性值。比如，用 $E.t = \{100, 104\}$ 表示 E 的真链表中含有两个四元式，其编号分别为 100 和 104，应与 E. true 所代表的链首值区分开来。

首先，关系表达式 $a < b$ 依据产生式 $E \rightarrow id_1$ relop id_2 被归约为 E，同时生成了如下两个四元式（假定语句编号从 100 开始）：

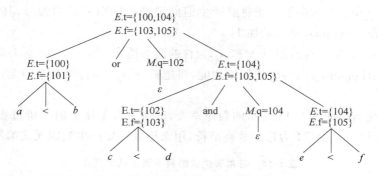

图 6-19 $a<b$ or $c<d$ and $e<f$ 的带注释的语法分析树

$$100 \ (j<, a, b, 0)$$
$$101 \ (j, \_, \_, 0)$$

其次,利用产生式 $E \rightarrow E_1$ or ME_2 中的标记非终结符 M 记录了下一个将要产生的四元式的编号,此时是 102。并且,通过产生式 $E \rightarrow id_1$ relop id_2 把 $c<d$ 归约为 E,同时生成下面两个四元式:

$$102 \ (j<, c, d, 0)$$
$$103 \ (j, \_, \_, 0)$$

接着,利用产生式 $E \rightarrow E_1$ and ME_2 中的 M 记录下当前的 nextquad 值,现为 104。并且,通过产生式 $E \rightarrow id_1$ relop id_2 把 $e<f$ 归约为 E,同时产生四元式:

$$104 \ (j<, e, f, 0)$$
$$105 \ (j, \_, \_, 0)$$

最后,将 E_1 and ME_2 归约为 E,其语义动作 backpatch(102,104)将把编号 104 回填到 E_1.true 所指向的真链表中唯一一个四元式(编号为 102)的第 4 分量中;将 E_1 or ME_2 归约为 E,其语义动作 backpatch(101,102)将把编号 102 回填到 E_1.false 所指向的假链表中唯一一个四元式(编号为 101)的第 4 分量中。此时,得到如下的代码形式:

$$100 \ (j<, a, b, 0)$$
$$101 (j, \_, \_, 102)$$
$$102 \ (j<, c, d, 104)$$
$$103 (j, \_, \_, 0)$$
$$104 (j<, e, f, 0)$$
$$105 \ (j, \_, \_, 0)$$

这就是布尔表达式 $a<b$ or $c<d$ and $e<f$ 的最终翻译结果,所留下的两个真出口(100 和 104)和两个假出口(103 和 105)要等到该布尔表达式之后的可执行语句地址确定后才能给出。

6.6.3 L 语言布尔表达式的翻译

L 语言布尔表达式的作用同样也有两个,当它用作布尔赋值语句中的布尔运算时,可以参照 6.5.3 节关于简单算术表达式的翻译过程写出程序。本节主要讨论布尔表达式作为控制语句中的条件表达式时翻译过程的具体实现算法。

众所周知,布尔表达式作为控制语句中的条件表达式的作用就是选择下一条将要执行的语句。例如,在条件语句 if E then S_1 else S_2 中,布尔表达式 E 的作用就是选择执行 S_1 语句还是执行 S_2 语句。这就需要为 E 规定两个出口,一个是真出口,指向 S_1;一个是假出口,指向 S_2。

首先,如表 6-15 所示,给出 L 语言布尔表达式的自下而上翻译模式,其中,非终结符 A 表示算术表达式。为了方便实现,该模式是在表 6-14 翻译模式的基础上做了稍许修改得到的。不难看出,尽管部分产生式形式不同,但实际上语义动作是相同的。

表 6-15　L 语言布尔表达式的自下而上翻译模式

产生式	语义动作
$E \rightarrow E_{or} T$	$\{E.\,\text{true} := \text{merge}(E_{or}.\,\text{true},\ T.\,\text{true});\ E.\,\text{false} := T.\,\text{false}\}$
$E_{or} \rightarrow E$ or	$\{\text{backpatch}(E.\,\text{false},\ \text{nextquad});\ E_{or}.\,\text{true} := E.\,\text{true}\}$
$T \rightarrow T_{and} F$	$\{T.\,\text{true} := F.\,\text{true};\ T.\,\text{false} := \text{merge}(T_{and}.\,\text{false},\ F.\,\text{false})\}$
$T_{and} \rightarrow T$ and	$\{\text{backpatch}(T.\,\text{true},\ \text{nextquad});\ T_{and}.\,\text{false} := T.\,\text{false}\}$
$F \rightarrow \text{not } F_1$	$\{F.\,\text{true} := F_1.\,\text{false};\ F.\,\text{false} := F_1.\,\text{true}\}$
$F \rightarrow (E)$	$\{F.\,\text{true} := E.\,\text{true};\ F.\,\text{false} := E.\,\text{false}\}$
$F \rightarrow A_1 \text{ relop } A_2$	$\{F.\,\text{true} := \text{nextquad};\ F.\,\text{false} := \text{nextquad}+1;$ $\text{emit}(\text{'j'relop.\,op},\ A_1.\,\text{place},\ A_2.\,\text{place},\ '0');$ $\text{emit}('j',\ \_,\ \_,\ 0')\}$
$F \rightarrow \text{id}_1 \text{ relop id}_2$	$\{F.\,\text{true} := \text{nextquad};\ F.\,\text{false} := \text{nextquad}+1;$ $\text{emit}(\text{'j'relop.\,op},\ \text{id}_1.\,\text{place},\ \text{id}_2.\,\text{place},\ '0');$ $\text{emit}('j',\ '\_',\ '\_',\ '0')\}$
$F \rightarrow \text{id}$	$\{F.\,\text{true} := \text{nextquad};\ F.\,\text{false} := \text{nextquad}+1;$ $\text{emit}(\text{'jnz'},\ \text{id.\,place},\ '\_',\ '0');$ $\text{emit}('j',\ '\_',\ '\_',\ '0')\}$

其次,给出上述翻译模式中所用到的函数和过程的实现算法。

（1）函数 merge(p_1，p_2) 的实现算法

```
//--------------------------------------------------
merge(p₁，p₂)
{
    if (p₂ == 0) return (p₁);
    else{
        p := p₂;
        while(四元式 p 的第 4 分量内容不为 0) do
            p := 四元式 p 的第 4 分量内容;
        把 p₁ 填进四元式 p 的第 4 分量;
        return (p₂);
    }
}
//--------------------------------------------------
```

(2) 过程 backpatch(p, t)的实现算法

```
//-----------------------------------------------------------
backpatch(p, t)
{
    q := p;
    while(q != 0) do
    {
        m := 四元式 q 的第 4 分量内容;
        把 t 填进四元式 q 的第 4 分量;
        q := m;
    }
}
//-----------------------------------------------------------
```

最后,根据表 6-15 中的翻译模式可以得到如下的具体实现算法:

```
//-----------------------------------------------------------
//处理布尔表达式
void bexp(int * be_true, int * be_false, char * token)
{
    if (token 是"not"、")"、标识符或常数){
        //调用处理单个布尔量的函数
        bt (&bt_true, &bt_false, token);
        //读取下一个 token 字
        token = getnexttoken();
        if (读取的是"or"){
            //回填假出口
            backpatch(&bt_false, &nextquad);
            //处理 or 后的布尔表达式
            bexp(&bel_true, &bel_false, token);
            //合并真出口
            pi = merge(&bt_true, &bel_true);
        }
        else 退回一个 token 字;
    }
}
//处理 and 布尔量
void bt( int * bt_true, int * bt_false, char token[])
{
    if (token 字是"not"、"("、标识符或常数){
        //处理单个因子
```

```
        bf ( &bf_true, &bf_false, token);
        token = getnexttoken();
        if ( ! strcmp(&token, "and"){
            //回填假出口
            backpatch(&bf_true, &nextquad);
            token = getnexttoken();
            //处理 and 之后的布尔量
            bt ( &bt1_true, &bt1_false, token);
            //合并假出口
            pi = merg(& bt1_false, &bf_false);
        }
        else 退回一个 token 字;
    }
}
//处理单个因子
void bf( int * bf_true, int * bf_false, char token[])
{
    if (token 字是"not"){
        token = getnexttoken();
        //处理 not 之后的布尔因子
        bf ( &bf1_true, &bf1_false, token);
    }
    else if ( token 字是"("){
        token = getnexttoken();
        //处理括号中的表达式
        bexp ( bf_true, bf_false, token);
        token = getnexttoken();
        if ( token 不是")")
            error( ")与(不匹配" );
    }
    //token 字是变量,进行关系运算
    else{
        //退回一个 token 字
        nexttoken = nexttoken − 1;
        //调用算术表达式的分析
        aexpr(bterm1);
        rop = getnexttoken();
    if (rop 是">"、">="、"<"、"<="、"="、"<>"){
        //关系运算符之后是算术表达式
        aexpr( bterm2);
```

```
//生成 jrop 放入 str1 中
str1 = "j" || rop;
//得到真出口
 * bf_true = nextquad;
//产生真出口四元式
emit( str1, bterm1, bterm2, "0");
//得到假出口
 * bf_false = nextquad;
//产生假出口四元式
emit("j", "_", "_", "0");
}else{//常量
    emit( "jnz", bterm1, "_", "0");
    emit( "j", "_", "_", "0");
}
    }
}
//--------------------------------------------------
```

6.7 控制语句的翻译

6.7.1 典型控制语句的翻译

本节主要介绍 if-then、if-then-else 以及 while-do 这三种典型控制语句的翻译方法,至于其他控制语句,如 repeat-until 语句和 for-to-do 语句等,可类似得到,这里不再赘述。

就控制语句而言,作为条件的布尔表达式的作用主要在于控制流程的转向,图 6-20 给出了上述三种典型控制语句的中间代码结构,下面分别予以介绍。

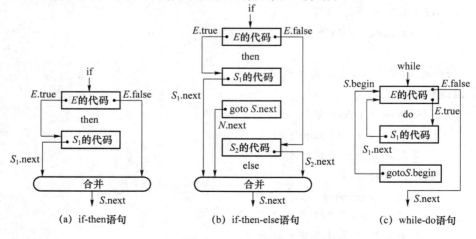

(a) if-then语句   (b) if-then-else语句   (c) while-do语句

图 6-20   典型控制语句的中间代码结构

(1) if E then S_1 语句

该语句的中间代码结构如图 6-20(a)所示。从图中可以看出,条件表达式 E 的真出口 $E.$ true 应为 S_1 的第一个四元式的编号,只有当读取到 then 时,才能知道 S_1 的入口位置,此时可以回填。需要注意的是,S_1 本身也可以是 if 语句或其他语句,对于下面将要讲到的 S_2 也是一样。

(2) if E then S_1 else S_2 语句

该语句的中间代码结构如图 6-20(b)所示。与图 6-20(a)相比,增加了对 else 的处理部分,此时 E 的假出口 $E.$ false 应为 S_2 的第一个四元式的编号,只有当读取到 else 时,才能知道 S_2 的入口位置,此时可以回填。另外,S_1 执行完毕后应跳转到 S_2 的后面去执行,因此,在 S_1 和 S_2 之间将生成一条无条件转移语句。

(3) while E do S_1 语句

该语句的中间代码结构如图 6-20(c)所示。作为循环语句控制条件的布尔表达式 E 的作用是,若 E 为真,则执行 S_1 语句,否则将跳过 S_1,执行 while 语句后面的语句。因此,E 的真出口 $E.$ true 应为 S_1 的第一个四元式的编号,只有当读取到 do 时,才能知道 S_1 的入口位置,此时可以回填。另外,S_1 执行完成后,应该转移到 E 的开始位置重新判断 E 的值,因此,在 S_1 之后将生成一条无条件转移语句以完成此任务。由于 S_1 本身也可能是一个控制语句,控制流程有可能会从 S_1 的中间某点直接转移到 E 的开始位置来重新判断 E 的值,因此,需要增加 $S_1.$ next 来表示一条待填的转移链。

综上考虑,现给出如表 6-16 所示的一遍扫描翻译模式,以便在自下而上的分析过程中生成控制语句的四元式代码。

表 6-16 控制语句的自下而上翻译模式

产生式	语义动作
$S{\rightarrow}$if E then MS_1	$\{$backpatch($E.$ true, $M.$ quad); $S.$ next := merge($E.$ false, $S_1.$ next)$\}$
$S{\rightarrow}$if E then M_1S_1N else M_2S_2	$\{$backpatch($E.$ true, $M_1.$ quad); backpatch($E.$ false, $M_2.$ quad); $S.$ next := merge($S_1.$ next, $N.$ next, $S_2.$ next)$\}$
$S{\rightarrow}$while M_1E do M_2S_1	$\{$ backpatch($S_1.$ next, $M_1.$ quad); backpatch($E.$ true, $M_2.$ quad); $S.$ next := $E.$ false; emit('j, _, _,' $M_1.$ quad)$\}$
$S{\rightarrow}$begin L end	$\{S.$ next := $L.$ next$\}$
$S{\rightarrow}A$	$\{S.$ next 初始化,此处的 A 表示赋值语句的开始符号,比如将表 6-10 中的开始符号 S 替换为 $A\}$
$L{\rightarrow}L_1$；MS	$\{$backpatch($L_1.$ next, $M.$ quad); $L.$ next := $S.$ next$\}$
$L{\rightarrow}S$	$\{L.$ next := $S.$ next$\}$
$M{\rightarrow}\varepsilon$	$\{M.$ quad := nextquad$\}$
$N{\rightarrow}\varepsilon$	$\{N.$ next := nextquad; emit('j, _, _, 0')$\}$

就条件语句 $S{\rightarrow}$if E then M_1S_1N else M_2S_2 来说,语义动作 backpatch($E.$ true, $M_1.$ quad)将 S_1 的第一条语句的编号回填给 E 的真链表,以便控制流程在 E 为真时转向语句 S_1 来执行。同样,语义动作 backpatch($E.$ false, $M_2.$ quad)将 S_2 的第一条语句的编号回填给 E

的假链表,以便控制流程在 E 为假时转向语句 S_2 来执行。另外,引入标记非终结符 N 的目的在于生成一条无条件转移指令,当执行完 S_1 后跳过 S_2 的执行。

就循环语句 $S\rightarrow$ while M_1E do M_2S_1 而言,属性 $S.$ begin 用来标记整个 while 语句 S 的第一条指令。语义动作 backpatch($S_1.$ next,$M_1.$ quad)将 $S.$ begin 的值(用 $M_1.$ quad 来记录)回填到 $S_1.$ next 所表示的待填转移链中,以实现重复执行 S_1 的目的。当然,在 S_1 之后增加一条无条件转向 E 的指令是必不可少的。另外,语义动作 backpatch($E.$ true,$M_2.$ quad)将 S_1 的第一条语句的编号回填给 E 的真链表,以便控制流程在 E 为真时转向语句 S_1 来执行。只有当 E 为假时才会结束 while 语句 S 的执行,这由语义动作 $S.$ next := $E.$ false 来完成。

再考虑语句表 $L\rightarrow L_1$;MS,就执行顺序来说,语句 L_1 之后应该执行语句 S,因此,S 的第一条语句的编号被回填给 L_1 的待填转移链中,这将由语义动作 backpatch($L_1.$ next,$M.$ quad)来实现。

综上所述,所谓控制流程,实际上就是在适当的时候进行回填,从而使得赋值语句(用 A 表示)和布尔表达式(用 E 表示)的求值顺序得到合适的连接。因此,表 6-16 中的翻译模式要与之前介绍的赋值语句和布尔表达式的翻译模式结合起来使用。

例 6.8　综合考虑控制语句、赋值语句以及布尔表达式的翻译模式,可将语句

$$\text{while } (a < b) \text{ do}$$
$$\text{if } (c < d) \text{ then } x := y + z;$$

翻译成如下的四元式序列:

$$100 \ (j<, a, b, 102)$$
$$101 \ (j, \_, \_, 107)$$
$$102 \ (j<, c, d, 104)$$
$$103 \ (j, \_, \_, 100)$$
$$104 \ (+, y, z, T)$$
$$105 \ (:=, T, \_, x)$$
$$106 \ (j, \_, \_, 100)$$
$$107$$

6.7.2　L 语言控制语句的翻译

L 语言的控制语句主要包括 if-then-else(含 if-then)语句、while-do 语句、repeat-until 语句以及 for-to-do 语句等四种,与布尔表达式的翻译模式构建方法相同,每种控制语句的翻译模式都是在表 6-16 翻译模式的基础上做了稍许修改得到的。因此,本节将在直接给出各控制语句的翻译模式基础上,重点讨论翻译模式的具体实现算法。

1. if-then-else(含 if-then)语句

该语句的自下而上翻译模式如表 6-17 所示。

表 6-17　条件语句的翻译模式

产生式	语义动作
$S \rightarrow CS_1$	$\{S.\text{next} := \text{merge}(C.\text{next}, S_1.\text{next})\}$
$C \rightarrow \text{if } E \text{ then}$	$\{\text{backpatch}(E.\text{true}, \text{nextquad}); C.\text{next} := E.\text{false}\}$
$S \rightarrow TS_2$	$\{S.\text{next} := \text{merge}(T.\text{next}, S_2.\text{next})\}$
$T \rightarrow CS_1 \text{ else}$	$\{q := \text{nextquad}; \text{emit}(\text{'j'}, \text{'\_'}, \text{'\_'}, \text{'0'});$
	$\text{backpatch}(C.\text{next}, \text{nextquad});$
	$T.\text{next} := \text{merge}(S_1.\text{next}, q)\}$

下面是与表 6-17 中的翻译模式相对应的语法制导翻译程序,是在语法分析程序的基础上添加了语义分析代码得到的。

```
//-------------------------------------------------------
int * ifs( ){
    token = getnexttoken();
    //返回布尔表达式的两个出口
    (e.true, e.false) = bexp();
    token = getnexttoken();
    if(token != "then")  error("缺 then");
    //已知真出口 E.true,回填
    backpatch(e.true, nextquad);
    token = getnexttoken();
    //处理 S₁,返回 S₁ 链
    s1.next = ST_SORT(token);
    token = getnexttoken();
    if(token == "else"){
        q = nextquad;
        emit("j", "_", "_", "0");
        //回填假出口 E.false
        backpatch(e.false, nextquad);
        t.next = merge(s1.next, q);
        getnexttoken(token);
        //处理 S₂,返回 S₂ 链
        s2.next = ST_SORT(token);
        s.next = merge(t.next, s2.next);
        return(s.next);
    }else//if-then 结构时
        return(merge(s1.chian, e.false);
}
//-------------------------------------------------------
```

2. for-to-do 语句

假设循环步长为 1，则 for 语句的产生式定义如下：

$$S \rightarrow \text{for } i := E_1 \text{ to } E_2 \text{ do } S_1$$

执行该语句时，首先计算循环变量 i 的初值 E_1，然后计算终值 E_2，并将 E_2 的值存放到临时变量 T_1 中，进而根据 i 和 T_1 的比较结果决定是否执行 S_1 的代码。当 S_1 的代码执行完毕或 S_1 中出现跳出动作时，循环变量 i 应增加 1，且重新判断循环条件是否成立。因此，for 语句的中间代码结构如图 6-21 所示。

从图中可以看出，首次执行循环时循环变量 i 不增加 1，此时语义动作 goto over 将跳过 $i := i+1$ 来执行。显然，在生成 goto over 这条三地址代码语句时，over 的值可以直接给出，即比该语句的地址大 2。但是，在重新循环时为使循环变量 i 增 1，应该执行 $i := i+1$，因此，需要记录其地址，这里用 again 标记，以便在 S_1 的代码生成之后能够回填 S_1. next，并且确定 S_1 之后的那个无条件转移语句的转移目标。

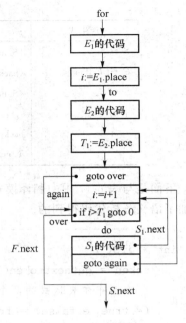

图 6-21 for 语句的中间代码结构

基于上述考虑，可以得出如表 6-18 所示的 for 语句的自下而上翻译模式。

表 6-18 for 语句的翻译模式

产生式	语义动作
$S \rightarrow FS_1$	{backpatch(S_1. next, F. again)；emit('j', '_', '_', F. again)； S. next := F. next}
$F \rightarrow \text{for } i := E_1 \text{ to } E_2 \text{ do}$	{F. place := entry(i)；emit(:=, E_1. place, _, F. place)； T_1 := newtemp；emit(':=', E_2. place, '_', T_1)； q := nextquad；emit('j', '_', '_', $q+2$)；F. again := $q + 1$； emit('+', F. place, 1, F. place)；F. next := nextquad； emit('j>', F. place, T_1, '0')}

应该注意的是，i 在符号表中的入口 entry(i) 首先被保存在 F. place 中，这样做的好处是可以避免每次引用 i 时重复的查表动作。至于 S. next 的转向目标，则只有待目标位置确定之后才能回填。

与表 6-18 中的翻译模式相对应的语法制导翻译程序描述如下：

```
//------------------------------------------------------------
int * fors( ){
    token = getnexttoken();
    strcpy(f_place, symtable[isidentifier(token)].word);
    token = getnexttoken();
    if(strcmp(token,":="))  error("缺少:=");
    //处理初值表达式 E1
    aexpr(e1_place);
```

第6章　语义分析与中间代码生成

```
//产生赋初值的四元式
emit(":=", e1_place, "_", f_place);
//取关键字 to
token = getnexttoken();
if(strcmp(token,"to"))  error("缺少 to");
//处理终值表达式 E₂
aexpr(e2_place);
//产生临时变量 T₁
str2 = newtemp();
//产生赋终值的四元式
emit(":=",e2_place, "_", str2);
q = nextquad;
//生成无条件转移语句 goto over 的四元式
emit("j", "_", "_", itoa(q + 2, str1, 10));
f_again = q + 1;
//产生 i:=i+1 的四元式
emit(" +", f_place, "1", f_place);
f_next = nextquad;
//产生比较四元式
emit("j>", f_place, str2, "0");
//读入关键字 do
token = gennexttoken();
if(strcmp(token,"do"))  error("缺少 do");
//处理 do 之后的语句
token = getnexttoken();
s1_next = ST_SORT(token);
//回填代码 S₁ 的待填转移链 S₁.next
bockpatch(&s1_next, &f_again);
//生成无条件转移语句 goto again 的四元式
emit("j", "_", "_", itoa(f_again, str1, 10));
return &f_next;
}
//----------------------------------------------------------
```

3. repeat-until 语句

repeat 循环语句的产生式定义如下：

$$S \rightarrow repeat\ S_1\ until\ E$$

该语句的执行顺序是，首先执行一遍 S_1 的代码，进而判断条件 E。若 E 为真，则结束循环,否则,应重复执行 S_1。因此,repeat 语句的中间代码结构可用图 6-22 表示。

从图中可以看出,条件 E 的真出口 $E.true$ 指向整个 repeat 语句的后面,目前无法确定;E 的假出口 $E.false$ 指向 S_1 的第一条语句,该语句的地址用 begin 来标记,以便在 E 归约出来后能够进行回填。另外,由于 S_1 本身也可能含有控制语句,当某种条件不满足时需要从 S_1 中跳出并重新判断条件 E,因此,$S_1.next$ 应能够转到 E 的开始位置以判断是否继续循环。

基于上述考虑,可以得出如表 6-19 所示的 repeat 语句的自下而上翻译模式。

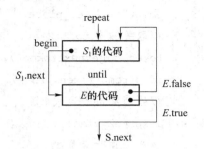

图 6-22 repeat 语句的中间代码结构

表 6-19 repeat 语句的语义规则

产生式	语义动作
$S \rightarrow UE$	$\{backpatch(E.false, U.begin); S.next := E.true\}$
$U \rightarrow RS_1$ until	$\{U.begin := R.begin; backpatch(S_1.next, nextquad)\}$
$R \rightarrow$ repeat	$\{R.begin := nextquad\}$

在翻译过程中,当扫描到关键字 repeat 时,表示将要开始生成 S_1 的四元式,此时用语义变量 $R.begin$ 记录下 S_1 的入口。另外,E 的开始位置也是一个转移目标,在扫描到 until 时,要执行回填 $S_1.next$ 的操作,这将由语义动作 $backpatch(S_1.next,nextquad)$ 来完成。当对产生式 $S \rightarrow UE$ 进行归约时,应回填 E 的假出口,并建立 S 语句对外的接口 $S.next$,这是 E 为真时的待填转移链,其转向目标只有待目标位置确定之后才能回填。

与表 6-19 中的翻译模式相对应的语法制导翻译程序描述如下:

```
//-----------------------------------------------------------
int * repeats( ){
    //记录 repeat 语句的第一个四元式的编号
    r_begin = nextquad;
    token = getnexttoken();
    //处理 repeat 后面的语句
    s1_next = ST_SORT(token);
    token = getnexttoken();
    //读到";"
    if (! strcmp(token, ";"))  token = getnexttoken();
    if(strcmp(token,"until"))  error("缺少 until");
    //回填 S₁ 的待填转移链
    backpatch(&s1_next, &nextquad);
    token = getnexttoken();
    //处理布尔表达式 E
```

```
bexp(&be_false, &be_false, token);
//回填 E 的假出口
backpatch(&be_false, &r_begin);
//返回 E 的真出口作为 repeat 语句对外的接口
return &be_true;
}
```

4. while-do 语句

有关 while 语句的翻译模式和语法制导翻译程序可以参照 repeat 语句自行完成,这里不再赘述。

此外,需要补充说明的是,在遇到程序头部"program program id;"的时候,应该生成一个关于程序头部的四元式,定义为(program, id, _, _);而在遇到程序结束标记"end."时,则应生成一个四元式(sys, _, _, _),用来处理与程序结束相关的工作。

6.8　本章小结

本章主要对语义分析阶段的工作做了介绍,内容主要包括静态语义检查、属性文法、中间代码的形式以及语法制导翻译方法等,重点应掌握以四元式为中间代码形式的说明语句、赋值语句、布尔表达式以及控制语句的自下而上翻译方法。

6.9　习　　题

1. 对表达式$((a)+(b))$,按照如表 6-5 所示的属性文法构造该表达式的抽象语法树。

2. 文法 G 及其翻译方案如下,写出输入串为 $bcccaadadadb$ 时,该翻译方案的输出结果是什么?

1) $P{\rightarrow}bQb$ 　　{print("1")}

2) $Q{\rightarrow}cR$ 　　{print("2")}

3) $Q{\rightarrow}a$ 　　{print("3")}

4) $R{\rightarrow}Qad$ 　　{print("4")}

3. 选择题

1) 四元式之间的联系是通过_____来实现的。

A. 指示器　　　　　　B. 临时变量　　　　　　C. 符号表　　　　　　D. 程序变量

2) 表达式$({\neg}A{\vee}B){\wedge}(C{\vee}D)$的逆波兰式表示为_____。

A. ${\neg}AB{\vee}{\wedge}CD{\vee}$ 　　　　　　　　B. $A{\neg}B{\vee}CD{\vee}{\wedge}$

C. $AB{\vee}{\neg}CD{\vee}{\wedge}$ 　　　　　　　　D. $A{\neg}B{\vee}{\wedge}CD{\vee}$

4. 将下列语句翻译为后缀式、四元式、三元式和间接三元式:

$$a := (b + c) * e + (b + c) / f$$

5. 按照 6.5.1 节所给的翻译模式,试分析赋值语句 $X := -B * (C + D)$ 的三地址代码序列。

6. 按照 6.6.2 节所给的翻译模式,写出布尔表达式 A or $(B$ and not $(C$ or $D))$ 的四元式序列。

7. 按照 6.7.1 节所给的翻译模式,将下面的语句翻译成四元式序列:

$$\text{while } A < C \text{ and } B < D \text{ do}$$

$$\text{if } A = 1 \text{ then } C := C + 1 \text{ else}$$

$$\text{while } A \leqslant D \text{ do } A := A + 2;$$

第7章 符号表与运行时存储空间组织

源程序中名字的相关信息通常记录在一张或几张符号表中,在编译过程中,编译程序会不断汇集和反复查证这些信息。每当扫描器识别出一个名字后,编译程序就会查找符号表,检查该名字是否在符号表中。如果它是一个新名字,编译程序就会将它填进符号表,与其有关的其他信息将在词法分析、语法分析和语义分析过程中逐步填入。

此外,编译程序最终的目的是将源程序翻译成等价的目标程序。为了弄清在代码运行时刻源程序中各种变量、常量是如何存放和访问的,这就需要在生成目标代码之前将程序静态的正文与其运行时的活动联系起来。在程序的执行过程中,程序中对于数据的存取是通过存储单元进行的。然而,程序中使用的存储单元都是由标识符表示的,因此,需要为这些标识符分配内存地址,该工作可以在编译时或目标程序运行时来进行。

由上可以看出,本章内容主要包括两个方面:一方面介绍符号表的组织和使用方法,另一方面介绍运行时存储空间组织的基本知识。

7.1 符号表的内容与组织

7.1.1 符号表的作用

编译过程中会频繁地用到符号表,每当编译程序遇到一个名字都要查找符号表。如果发现一个新名字,或者发现已有名字的新信息,则要修改符号表,并将这些新的名字和信息填入。符号表中所登记的信息在编译的不同阶段都要用到。比如,在语义分析阶段,符号表将被用于语义检查和产生中间代码;而在目标代码生成阶段,符号表将被用于符号名的地址分配。因此,合理地组织符号表,使符号表尽可能少地占用存储空间,同时提高编译程序对符号表的访问效率,显得尤为重要。

概括来讲,在编译的整个过程中,对于符号表的操作大致可以归纳为 5 类:

(1) 对给定名字,查询此名是否已在表中;

(2) 往表中填入一个新的名字;

(3) 对给定名字,访问它的某些信息;

(4) 对给定名字,往表中填写或更新它的某些信息;

(5) 删除一个或一组无用的项。

另外,不同种类的符号表所涉及的操作往往也不同,但大都是围绕着上述基本操作展开的。因此,符号表不仅是一个用来记录、收集、查找源程序中各种名字及其属性信息的数据结构,而且还应该提供快速的插入和查找算法。

7.1.2　符号表的内容

从总体上说,符号表分为两大栏(或称区段、字域),即名字栏和信息栏。表格的形式如图7-1 所示。

信息栏又可以进一步分解为若干子栏和标志位,用来记录相应名字的种种不同属性。由于查填符号表一般是通过匹配名字来实现的,因此,名字栏也称主栏,其内容则称为关键字。

名字栏	信息栏
第1项	
第2项	
...	...
第n项	

图 7-1　符号表的一般形式

符号表中的每一项(或称入口)都是关于名字的说明。由于名字的作用不同,因此各表项填充的信息也有所不同,从而造成了各表项格式的不统一。符号表的表项可以采用记录结构表示,为了使每条记录格式统一,可以把某些信息放在表外,并在记录中设置指针,使这些指针指向存放在表外的信息。

7.1.3　符号表的组织方式

由于常量、变量等处理对象的作用和作用域可以有多种,所以符号表也有多种组织方式。其中,最简单的组织方式是让各栏所占的长度都是固定的(也称为直接方式)。这种方式易于组织、填写和查找,每一栏的内容可直接填写在有关的区段里。例如,有些语言规定标识符的长度不超过 8 个字符,假定每个机器字可容纳 4 个字符,则可以用两个机器字作为主栏,从而将名字直接填写在主栏中。若标识符长度不到 8 个字符,则用空白符补足。

然而,许多语言对标识符的长度几乎不加限制,比如,对于最长可允许 100 个字符的名字而言,如果每项都用 25 个字作主栏,则势必会大量浪费存储空间。因此,最好用一个字符串数组来单独存放标识符,并在符号表的主栏放一个指示器和一个整数,或在主栏仅放一个指示器,而在标识符前放一个整数。指示器用来指出标识符在字符数组中的起始位置,整数则用来表示此标识符的长度。这是一种间接安排名字栏的方式,符号表的结构如图 7-2 所示。

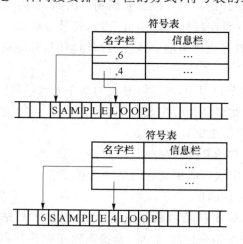

图 7-2　符号表的间接组织方式

同样,若各种名字所需的信息空间长短不一,则可将那些特殊属性保存在符号表外,而将共同属性直接登记在符号表中,并附设一个指示器,指向存放特殊属性的地方。例如,就数组标识符来说,需要保存维数等信息,如果将它们与其他名字全部集中在一张符号表中,则处理起来很不方便。通常的做法如图 7-3 所示,首先,开辟一个专门的信息表区(称为数组信息表或内情向量表),将数组的有关信息全部填入此表中;然后,在符号表的地址栏中设置一个指针,指向该内情向量表。因此,当填写或查询数组有关信息时,可以很方便地通过符号表来访问此内情向量表。除数组之外,对于过程名字以及其他一些含信息较多的名字均可类似处理。

名字栏	信息栏		
	CAT	…	地址
·			
·	a	…	
·			

内情向量表

维数	首地址
界差D_1	
…	
界差D_n	
上界I_1	下界U_1
…	…
上界I_n	下界U_n

图 7-3　符号表与内情向量表的连接

假设一个符号表可以容纳 N 项,每项需要 K 个字,则该符号表的存储可用下述两种不同的方式予以表示:

(1) 把每一项置于连续的 K 个存储单元中,从而给出一张 $K * N$ 个字的表。

(2) 把整个符号表分成 M 个子表 T_1、T_2、$\cdots$、T_M,每个子表含 N 项。假定子表 T_i 的每一项所需的字数为 K_i,则有 $K = K_1 + K_2 + \cdots + K_M$,于是将 $T_1[i]$、$T_2[i]$、$\cdots$、$T_M[i]$ 并置在一起就构成了符号表中的第 i 项。

在编译过程中,每一遍所用的符号表可能略有差别。一般说来,主栏和某些基本属性栏大多保持不变,但另外一些信息栏可能在不同的阶段具有不同的内容。为了合理地使用存储空间,尤其是重复利用那些已经过时的信息栏所占用的空间,方式(2)为我们提供了良好的思路,它有助于在不同阶段对靠后的子表进行重新安排。例如,把主栏和信息栏分成两个子表,令主栏占两个字,信息栏占四个字,那么,该符号表的存储方式如图 7-4 所示。

另外,符号表的实现往往采用记录数组或变体记录数组的方式,并且,应按照名字的不同种类分别建立多张符号表,如常数表、变量名表、过程名表等,这样做要比使用一张统一的符号表方便得多。

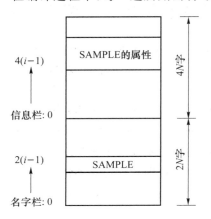

图 7-4　以两个子表的形式存储符号表

7.2 符号表的整理与查找

在编译的整个过程中,相当多的时间花费在频繁地查填符号表上,因此,符号表合理的组织结构与查找方法成为提高编译工作效率的一件至关重要的事情。本节将简要地介绍符号表的 3 种构造与处理方法,分别是:线性表、二叉树和杂凑技术。线性表的方法最简单,但是效率低;二叉树的查找效率稍高,但实现上也略微困难一些;杂凑技术效率最高,然而实现上比前两种方法都要复杂,并且要消耗一些额外的存储空间。

7.2.1 线性表

线性表是一种最简单、最容易的符号表构造方法,它按名字的出现顺序填写各个表项,可以用多个一维数组来存放名字及其相关信息。当要了解某一名字的有关信息,只需从符号表的第一项开始顺序查找即可。线性表的结构如图 7-5 所示,其中,指示器 available 总是指向下一个可用的空白表项。

线性符号表

项数	名字栏	信息栏
1	*i*	…
2	*xy*	…
3	*df*	…
4	*abc*	…
available →		

图 7-5　线性表

线性表中每一项的先后顺序是按先来先填的原则安排的,编译程序不做任何整理次序的工作。对于显式说明的程序设计语言来说,是根据名字在说明部分出现的先后顺序依次填入符号表的末尾;对于隐式说明的程序设计语言来说,是根据名字首次引用的先后顺序填入表中的。应当注意的是,当把一个新说明的名字填入符号表时,需要从符号表的首项开始顺序查找,如果一直查到 available 还未找到该名字,则说明该名字不在表中,此时可将它填进 available 所指的位置,然后使 available 指向下一个空白项;否则,说明表中已经存在该名字,则要报告重名错误。

对于一张含 n 项的线性表而言,查找一个表项平均需要做 $n/2$ 次的比较操作,显然效率很低。然而,由于线性表具有结构简单、节省存储空间等优点,因此,线性表依然受到很多编译程序设计者的青睐。

线性表的查找效率在一定程度上可以提高。例如,给每个表项增加一个指示器,通过这些指示器把所有的项按最新最近访问原则构造成一条链,从而使得在任何时候该链的第 1 个元素所指的项是最新最近被访问过的项,而第 2 个元素所指的项是次新次近被访问过的项,如此类推下去。每次查表时都按这条链所指的顺序进行,一旦查到就即刻改造这条链,使链头指向刚刚查到的那个项;并且,每当填入新项时,总让链头指向该最新项。于是,将含有这种链的线性表称作**自适应线性表**。

7.2.2　对折查找与二叉树

为了提高线性表的查表效率,可以把表中所有的项按照名字值的大小顺序重新整理排列,可以规定值小者在前,值大者在后。按照这种思路,图 7-5 可以改造成图 7-6 所示的形式。

线性符号表

项数	名字栏	信息栏
1	*abc*	…
2	*df*	…
3	*i*	…
4	*xy*	…
a vailable ⟶		

图 7-6　线性表

此时,对于这种经过顺序化整理了的符号表的查找可以采用对折法。所谓**对折查找法**是指,假定符号表中含有 n 个表项,若要查找某项 sym 时,需要:

(1) 首先把 sym 和中项(即第$[n/2]+1$项)做比较,若相等,则宣布查到;

(2) 若 sym 小于中项,则继续在 $1\sim[n/2]$ 的各项中去查找;

(3) 若 sym 大于中项,则就到$[n/2]+2\sim n$的各项中去查找。

这样做的好处是,经一次比较就可以排除 $n/2$ 项。当继续在 $1\sim[n/2]$ 或 $[n/2]\sim n$ 的范围中查找时,同样采取上述(1)～(3)的办法,若还找不到,则再把查找范围折半。显然,使用对折法每查找一项最多只需作 $1+\log_2 N$ 次比较,因此,也可将该方法称作对数查找法。

虽然这种方法很好,但是对于一遍扫描的编译程序来说用处不大,这是因为符号表一般是边填边引用的,若每填入一个新项都得做顺序化的整理工作,势必造成时间的极度浪费。因此,通常的做法是,将符号表组织成一棵二叉树,令每项作为一个结点,结点的主栏内码值被看成是代表该结点的值,并且,给每个结点附设 2 个指示器栏,一栏为 left(左枝),另一栏为 right(右枝)。对于这种二叉树,要求任何结点 p 右枝的所有结点值均应小于结点 p 的值,而左枝的任何结点值均应大于结点 p 的值。

二叉树的构造过程可以描述为:令第一个碰到的名字为"根"结点,其左、右指示器均置为 null。当加入新结点时,先把它和根结点的值做比较,小者放在右枝上,大者放在左枝上。如果根结点的左(右)枝已成子树,则让新结点和子树的根再作比较。重复上述操作,直至该新结点成为二叉树的一个端末结点(叶)为止。按照这一过程,可将图 7-5 的线性表表示为如图 7-7 所示的二叉树。

显然,二叉树的查找效率比对折查找效率稍低一点,而且由于增加了左、右指示器,存储空间也得多耗费一些。但是,它所需要的顺序化时间却大大减少,而且每查找一项所需的比较次数仍然与 $\log_2 N$ 成比例,因此,它已成为实际应用中不可缺少的一种符号表查找方法。

7.2.3　杂凑法

由于符号表的管理频繁涉及查表和填表操作,如何提高这两方面的效率就成为非常重要的问题。线性表填表快,查表慢;对折法填表慢,查表快;而这里将要探讨的杂凑法(又称散列法、Hash 法)是一种查表、填表两方面工作都能高速进行的统一技术。

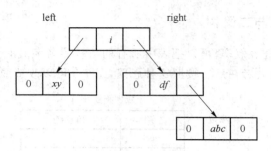

图 7-7 线性表的二叉树表示

杂凑法的具体内容是:假定有一个足够大的区域,在该区域中可以填写一张含 N 项的符号表。现构造一个地址函数(也称为杂凑函数)H,使其对于任何名字 sym,H(sym)的值处于 $0 \sim N-1$ 之间。即,不论对 sym 查表或填表,都能够从 H(sym)获得它在表中的位置。例如,用无符号整数作为项名,令 $N=17$,把 H(sym)定义为 sym/N 的余数,于是,名字'09'将被置于表中的第 9 项,'34'将被置于表中的第 0 项,而'171'则将被置于表中的第 1 项,如此类推。对于地址函数 H 有两点要求:一是函数的计算要简单、高效;二是函数值能够比较均匀地分布在 $0 \sim N-1$ 之间。比如,取 N 为质数,把 H(sym)定义为 sym/N 的余数就是一个十分常见的做法。

由于用户使用的标识符是随机的,而且标识符的个数也是无限的(尽管对于一个给定的源程序来说是有限的),因此,虽然构造函数 H 的方法很多,但要构造一个一一对应的函数则是相当困难的。此时,除了希望函数值的分布比较均匀之外,还应设法解决"地址冲突"的问题。

我们举一个例子来说明什么是"地址冲突"。假设 $N=17$,H(sym)取为 sym/N 的余数,由于 H('05')=H('22')=5,因此,表格的第 5 项将要放置两个项名,从而产生地址冲突问题。

解决上述问题的方法是:使用一张杂凑表(Hash Table),把所有相同杂凑值的符号名连成一串,从而通过间接的方式查填符号表。杂凑表可定义为一个容纳 N 个指示器值的一维数组,数组元素的初值全为 null。符号表除了通常包含的栏目外,还增设一个链接栏,通过它把所有持相同杂凑值的符号名连接成一条链。例如,假定 H(syml)=H(sym2)=H(sym3)=h,于是,这三个项在符号表中的情形如图 7-8 所示。

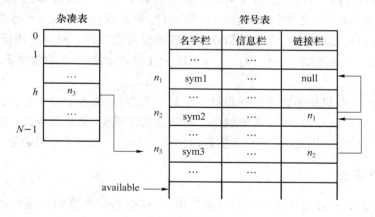

图 7-8 杂凑法

关于名字 sym 的填表过程可描述为：首先，计算出 H(sym) 的值 h，置 $p:=$ HASH-TABLE[h]，若未曾有杂凑值为 h 的项名填入过，则 $p=$ null；然后，置 HASHTABLE[h]=available，并把 sym 及其链接指示器的值 p 填进 available 所指的符号表表项，并累增 available 的值，使它指向下一个空表项。

若要在符号表中查找 sym，则需先计算出 H(sym) 的值 h，然后根据指示器 HASHTABLE[h]所指的项链逐一按序查找，显然，这是一个线性查找的过程。

7.3　目标程序运行时的活动

7.3.1　过程的活动

为了简化讨论，在一般情况下不再区分某个子程序是过程、函数还是方法，而是将其统称为过程（Procedure）。定义一个过程时，最简单的形式是将一个标识符和一段语句关联起来，其中，标识符是过程名，语句则是过程体。当过程名出现在可执行语句里的时候，称该过程在这一点被调用。过程调用将导致过程体被执行。出现在过程定义中的标识符具有特殊的意义，称为该过程的形式参数（简称形参）；而出现在过程调用中的标识符和常数则被称为实际参数（简称实参）。表达式可以作为实参传递给被调用的过程，以替换过程体中的形参。

一个过程的活动是指该过程的一次执行。从执行该过程体的第一步操作到最后一步操作之间的操作序列，包括执行该过程时调用其他过程所花费的时间，称为该过程的一个活动的生存期。假设 a 和 b 都是过程的活动，那么，它们的生存期要么是不重叠的，要么是嵌套的。也就是说，如果控制在退出 a 之前进入 b，那么，必须在退出 a 之前退出 b。

如果一个过程在没有退出当前的活动时，又开始了它的新的活动，则称该过程是递归的。递归过程并不一定需要直接调用它本身，就拿递归过程 P 来说，P 可以先调用过程 Q，而 Q 经过若干调用再来调用 P。如果过程递归，在某一时刻可能有它的几个活动同时活跃着。

语言中名字的声明是规定名字含义的语法结构，可以显式声明，也可以隐式声明。例如，Pascal 语言中的变量声明"int i;"就是一种显式声明方式；而对于 FORTRAN 语言来讲，在无其他说明的情况下，认为以 i 开始的变量名均代表整型变量，这就是一种隐式声明方式。

一个声明在程序里能起作用的范围称为该声明的作用域。如果声明的作用域是在一个过程里，那么在这个过程里出现的声明中的名字都是局部于该过程的；除此之外的名字就是非局部的。因此，在一个程序的不同部分，相同的名字可能并不相关。当一个名字在程序正文中出现的时候，语言的作用域规则决定了该名字的归属。

7.3.2　参数传递

作为结构化程序设计的主要手段之一，过程有助于节省程序代码以及扩充语言的表达能力。只要过程有定义，就可以在别的地方调用它。调用与被调用过程之间的信息传递方式主要有两种：一种是通过全局变量传递，另一种是通过参数传递。下面将对传地址、得结果、传值和传名等 4 种不同的参数传递方式分别进行讨论。

1. 传地址（Call by Reference）

所谓传地址方式，是指把实际参数的地址传递给相应的形式参数的一种参数传递方式。在过程定义中每个形式参数都有一个相应的单元，称为形式单元。形式单元将用来存放相应的实际参数的地址。当调用一个过程时,调用段必须预先把实际参数的地址传递到一个被调用段可以获取的地方。如果实际参数是一个变量(包括下标变量),则直接传递它的地址;如果实际参数是常数或其他表达式(如 $a+b$),则将先计算出它的值并存放在某一临时单元之中,然后再传送该临时单元的地址。当程序控制转入被调用段后,被调用段首先把实参地址抄进自己相应的形式单元中,过程体对形参的任何引用或赋值都被处理成对形式单元的间接访问。当被调用段工作完毕返回时,形式单元所对应的实际参数单元就拥有了所期望的值。例如,对于如下的 Pascal 过程:

```
procedure swap(n, m: real);
    var j: real;
    begin
        j := n;
        n := m;
        m := j
    end;
```

调用 swap(i, a(i))所产生的结果等同于执行下列指令步骤:

(1) 把 i 和 a(i)的地址分别传递给已知单元,如 J1 和 J2 中;

(2) n := J1; m := J2;

(3) j := n↑;/ * n↑表示对 n 的间接访问 * /

(4) n↑ := m↑;

(5) m↑ := j;

2. 得结果(Call by Result)

与传地址方式类似,所谓**得结果**方式,是指每个形式参数对应有两个单元,第 1 个单元存放实参的地址,第 2 个单元存放实参的值。在过程体中对形参的任何引用或赋值都看成是对它的第 2 个单元的直接访问,但在过程工作完成返回前必须把第 2 个单元的内容存放到第 1 个单元所指的那个实参单元之中。

3. 传值(Call by Value)

传值是一种最简单的参数传递方式。调用段把实际参数的值计算出来并存放在一个被调用段可以获取的地方。被调用段开始工作时,首先把这些值抄进自己的形式单元中,然后就好像使用局部名一样使用这些形式单元。如果实际参数非指针,那么,此时被调用段是无法改变实参值的。对于上面关于 swap 的例子,若采用传值方式进行参数传递,则过程调用 swap(i, a(i))将不产生任何结果。

4. 传名(Call by Name)

传名是 ALGOL60 所定义的一种特殊的形实参数结合方式,其本质是替换,也就是说,过程调用的作用相当于把被调用段的过程体抄到调用出现的位置,再对其中任一出现的形式参数进行文字替换,替换为相应的实际参数。替换时若发现过程体中的局部名和实参中的名字使用相同的标识符,则必须用不同的标识符来表示这些局部名。并且,为了表现实参的整体性,必要时在替换前先把它用括号括起来。

例如,对于前面的过程 swap,若采用传名方式传递实参,则过程调用 swap(i, a(i))等价于执行下面的语句:

```
            j := i;
            i := a(i);
            a(i) := j;
```

很明显,这和采用传地址或传值方式所产生的结果均不相同。

7.4　运行时存储器的组织

程序运行时要占用存储空间,一般来说,编译后的程序代码所占用的空间是不变的,而数据区则会根据运行环境和数据情况而发生变化,并且,不同的程序设计语言对数据空间的分配方式也不同。

7.4.1　运行时存储器的划分

编译程序为了使编译后得到的目标代码能够运行,要从操作系统中获得一块存储空间,并对这块提供运行的空间进行划分,以便存放目标代码和数据。由于在编译时所有目标代码的地址都可以计算出来,所有过程的入口地址都是已知的,因此,目标代码在执行之前是固定的,编译程序可以把它放在一个静态确定的区域;但是,对数据的分配就不一样了,只有一小部分数据的大小在编译时能够确定,可以放在静态数据区,而大部分数据需要在执行时动态分配。

可以放在静态数据区的数据包括程序中的全局变量和静态变量,如 Pascal 中的全局变量、C 语言中的全局和静态变量等。对于编译时不能确定存储空间的数据需要动态地分配存储空间,这些数据一般是局部于过程的。通常情况下,动态数据区包括栈(Stack)和堆(Heap)两个部分。栈用来分配后进先出 LIFO(Last In,First Out)的数据。例如,在 Pascal 和 C 的实现系统中,使用扩充的栈来管理过程的活动。当发生过程调用时,中断当前活动的执行,激活新被调用过程的活动,并把包含在该活动生存期中的数据以及和该活动有关的其他信息存入栈中。当控制从调用返回时,将所占存储空间中的数据由栈顶弹出,同时,被中断的活动恢复执行。堆则用于非 LIFO 数据的动态分配。例如,Pascal 和 C 语言都允许数据在程序运行时在堆中分配空间,以便建立动态数据结构。

一个栈或堆的大小是随着代码的运行而改变的,因此,可以使它们的增长方向相对。于是,运行时存储器的划分方案可如图 7-9 所示。

7.4.2　活动记录

过程的每个活动所需要的全部信息用一块连续的存储区来管理,这块存储区称为**活动记录**(Activation Record)。拿 Pascal 和 C 语言来说,当过程调用时,产生一个过程的新的活动,该活动的相关信息将用一个活动记录来表示,并被压入栈。不同语言的活动记录可能有所不同。一般情况下,当过程返回(活动结束)时,当前活动记录一般包含如下内容:

(1)返回地址。用来返回调用程序。

(2)形式参数。用来存放相应的实际参数的地址或值。

(3)局部变量和常数。用来存放程序中定义的变量和常数。

(4)临时变量。编译程序在生成中间代码时引入的变量,用来存放中间结果。

(5)保护区。用来保存该过程调用前的机器状态信息,包括程序计数器的值以及控制从

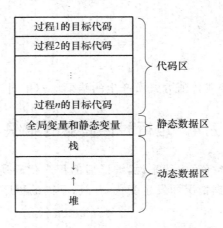

图 7-9 运行时存储空间的划分

该过程返回时必须恢复的寄存器的值,目的是能够返回到调用程序。

下面通过一个例子来说明活动记录的具体内容。图 7-10(a)给出了一个 Pascal 过程定义,其对应的中间代码形式如图 7-10(b)所示,运行时的活动记录如图 7-10(c)所示,图 7-10(d)则给出了此过程对应的目标代码。

图 7-10 一个源程序及其各种形式

在活动记录中,我们把形式参数、返回地址和保护区这 3 类数据称为**连接数据**,主要用来连接两个有调用关系的过程。实际上,活动记录的每个部分的长度在过程调用时都可以确定。除了动态数组必须到运行时由实参的数组元素个数决定该域的长度外,其他所有情况下域的长度都可以在编译时确定。

7.4.3　存储分配策略

编译程序所采用的运行时存储分配策略主要有 3 种,分别是静态存储分配策略、栈式存储分配策略以及堆式存储分配策略。其中,静态分配策略在编译时对所有数据对象分配固定的存储单元,且在运行时始终保持不变;栈式动态分配策略在运行时把存储器作为一个栈进行管理,每当调用一个过程,就在栈顶动态分配所需要的存储空间,一旦退出,它所分配的栈空间就予以释放;堆式动态分配策略在运行时把存储器组织成堆结构,以便于用户存储空间的申请和释放。

在一个具体的编译系统中,存储分配策略的选择主要是根据程序设计语言关于名字的作用域和生存期的定义规则进行的。比如,在 FORTRAN 语言中,不允许过程递归,不含动态数据结构,可以在编译时完全确定每个数据对象运行时在存储空间中的位置,因此可以采用静态分配策略;像 Pascal 和 C 这类语言,由于它们允许过程的递归调用,在编译时无法预先知道哪些递归过程在何时是活动的,更难以确定它们的递归深度,且在每次递归调用时,都要为该过程中的每个数据对象分配一个新的存储空间,因此,其编译程序只能采用栈式分配策略;再以 Pascal 和 C 为例,它们还允许用户动态地申请和释放存储空间,而且申请与释放不一定遵守先申请后释放的原则,因此,适合采用堆式分配策略。

7.5　静态存储分配

如果在编译时就能够确定一个程序在运行时所需的存储空间的大小,且在执行期间保持固定,则在编译期间就可以安排好目标程序运行时的全部数据空间,并能确定每个数据对象的地址,这种分配策略称为静态存储分配,它适用于没有指针或动态分配、过程不可递归调用的语言。

静态存储分配是最简单的存储分配策略,本节主要介绍它的一些特性和具体实现方式。

7.5.1　静态存储分配的性质

在静态存储分配中,名字在程序编译时就已经与存储单元做了绑定,因而不再需要运行时的支撑程序包。并且,由于这种绑定关系在程序运行时一直予以保持,因此,每次过程运行时,它的名字都将绑定到同一个存储单元。由此可以看出,仅仅使用静态分配策略具有如下的局限性:

(1) 数据对象的大小和它在内存中的位置在编译时已经确定;

(2) 一个过程的所有活动都使用同一个局部名字绑定,因此,不允许过程递归;

(3) 没有运行时的存储分配机制,因而数据结构不能动态建立。

从 7.4.3 节已经知道,FORTRAN 语言是一种典型的完全采用静态存储分配策略的程序设计语言。这里,我们就以 FORTRAN77 为例来具体分析静态存储分配的机制。

FORTRAN77 语言的程序由一个主程序和若干个子程序组成,语言本身不提供可变长字符串和可变数组,不允许递归调用,不允许子程序嵌套,每个数据对象的类型必须在程序中加以说明。图 7-11 给出了该语言目标程序的存储分配情况,可以看出,不仅全局变量,所有的局部变量也都是静态分配的。并且,每个过程只有一个在执行之前被静态分配的活动记录,所有变量均可以通过固定的地址直接访问。

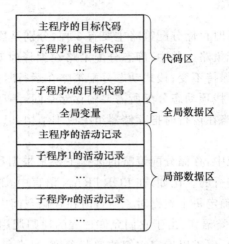

图 7-11 FORTRAN77 语言目标程序的存储分配

7.5.2 静态存储分配的实现

静态存储分配策略的实现非常简单。在 FORTRAN 语言中,每个初等类型的数据对象都用一个确定长度的机器字表示,比如,整型和布尔型用一个机器字表示,实型则用两个连续的机器字表示等。FORTRAN 语言各程序段可以独立编译,在编译每段源程序时,首先,把每个变量及其类型等属性信息都填入到符号表中;然后,再依据符号表计算每个数据占用的空间大小,并在符号表的地址栏给它们分配地址。在分配地址时可以从符号表的第 1 个入口开始,依次为每个变量分配地址。比如,假设第 1 个数据对象的地址为 a,表示相对于该源程序段的数据区的首地址的位移,则第 2 个数据对象的地址就是 $a+n_i$,其中,n_i 表示第 1 个变量所占有的单元数。依此类推,逐个累计计算每个数据对象的地址。图 7-12(a)给出了一个 FORTRAN 程序段,图 7-12(b)则是该程序段编译时所对应的符号表,其中,"编号"栏和"地址"栏就形成了该程序段在运行时的存储映像。

```
SUBROUTINE EXAM(X, Y)
    REAL M
    INTEGER A, B(100)
    REAL R(5, 40)
    A=B+1
    …
    END
```

名字	类型	…	编号	地址
EXAM	过程			
X	实		K	a
Y	实		K	a+2
M	实		K	a+4
A	整		K	a+6
B	整		K	a+7
R	实		K	a+107

(a) 一个FORTRAN程序段   (b) 对应的符号表

图 7-12 一个 FORTRAN 程序段和对应的符号表

一个 FORTRAN 程序段的活动记录如图 7-13 所示。其中,返回地址单元用来存放调用程序段的返回地址;寄存器保护区则用来保存调用段的有关寄存器的信息,以供返回时使用;而形式单元是与形式参数相对应的,用来存放实际参数的地址或者值。

由于在对源程序段从左到右扫描的过程中,符号表的第1项总是形式参数,因此,在图 7-13 中,假定 X 的起始地址为 a,于是,从 0 至 a−1 共 a 个单元则被返回地址和寄存器保护区所占用。并且,需要注意的是,形式单元的个数与参数传递的方式密切相关。如果采用传地址方式,则每个形式参数只需一个单元即可;如果采用得结果方式,则需要两个连续的单元,分别用来存放实参的地址和值。

另外,对于各程序段中 common 语句说明的公用元的地址分配,可以采用如下的方式进行:首先,在符号表中把它们按公用块连接起来,并把公用块名登记在一张专门的公用块名表中,表中记录每个公用块在符号表中的链首和链尾;然后,在为每个公用块分配地址时,从公用块名表中查找到该块的链首,再沿公用链向下查找,从而为每个公用元分配地址。

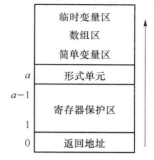

图 7-13　FROTRAN 程序段的
活动记录格式

当编译程序为每个程序段及公用区建立了数据映像并生成目标代码之后,就可以使用装入程序把它们装入内存,此时,才可依据符号表中的数据区映像来建立数据的内存数据区。

7.5.3　临时变量的地址分配

临时变量是在产生中间代码时由过程 newtemp 生成的,其作用域覆盖该临时变量第一次被赋值到最后一次被引用之间的全部四元式。一般情况下,临时变量的作用域要么不相交,要么嵌套。以语句 $Z:=A+B*C-D/F$ 为例,可以得到如图 7-14 所示的四元式中间代码序列。

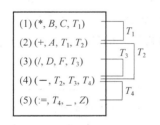

图 7-14　$Z:=A+B*C-D/F$
的中间代码

从图中可以看出,T_1、T_2 和 T_4 的作用域是不相交的,而 T_3 和 T_2 的作用域则是嵌套的。如果给每个临时变量都分配一个存储单元的话,势必造成资源的很大浪费。实际上,就本例而言,并不需要分配 4 个临时单元供 $T_1 \sim T_4$ 使用,因为 T_1 单元在第 2 个四元式之后已经没有作用了,完全可以供别的临时单元使用。但是,T_2 单元却不能被 T_3 单元使用,否则将破坏 T_2 单元中的内容。因此,本例只需两个临时存储单元就足够了,该数字恰好是临时变量作用域嵌套或相交的最大层数。

只要一个四元式组内各变量作用域中不含转移四元式,就可以用这种方法计算该四元式组所需的最大临时单元数。

7.6　栈式存储分配

对于一个含有可变数组和递归过程调用的程序设计语言来说,由于可变数组的大小只有在程序运行时才能确定,并且编译时无法预先知道递归过程的活动规律,因此,编译程序无法采用静态存储分配策略,只能采用动态的栈式存储分配策略。这里考虑两种栈式存储分配方式,一种是简单的栈式存储分配,另一种是嵌套过程语言的栈式存储分配。

7.6.1　简单的栈式存储分配

这种方式适用于没有分程序结构,过程定义不嵌套,但允许过程递归调用的语言,如 C 语言。图 7-15 给出了一个 C 语言的程序结构。在这种情况下，关于局部名称的存储分配，可以直接采用栈式分配策略。

```
全局数据说明;
main( )
{
        main 中的数据说明;
        …
        r( );
        …
}
voidr( )
{
        r 中的数据说明;
        …
        s( );
        …
}
void s( )
{
        s 中的数据说明;
        …
}
```

图 7-15　一个 C 语言程序

使用栈式存储分配意味着把存储组成一个栈。运行时，每当进入一个过程，就要将其活动记录压入栈中，从而形成过程工作时的数据区；当该过程退出时，再把它的活动记录弹出栈。显然，过程活动记录的大小在编译时是可静态确定的。在图 7-15 中，主程序 main 调用了过程 r，r 又调用了过程 s。因此，当程序运行时，首先在存储器中分配全局数据区，然后分配 main 的活动记录，在调用 r 时将把 r 的活动记录压入栈，在 r 调用 s 时将把 s 的活动记录也压入栈。于是，程序运行时的数据空间可表示为如图 7-16 所示的结构。

在图 7-16 中，用 SP 指向当前过程活动记录的起点，而用 TOP 指向栈顶单元。需要说明的是，图中的低地址部分（栈底）的全局数据区是可静态确定的，可采用静态存储分配策略，即在编译时就能确定每个全局名字的地址。于是，当某过程体引用全局名字时可直接使用该地址。然而，对于过程里所定义的局部名字，其存储空间则在该过程相应的活动记录里。由于程序运行时每个过程可以有若干个不同的活动记

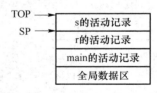

图 7-16　C 语言程序
的存储分配

录，每个活动记录都代表了一个不同的过程调用，因此，这种环境所要求的记录与变量访问技术要比静态环境复杂得多。

如图 7-17 所示，通常，C 语言过程的活动记录包含以下 4 项内容：

（1）连接数据，主要有两个：一个是旧 SP 值，即前一活动记录的起始地址；另一个是返问地址。

（2）参数个数。

（3）形式单元。

（4）过程的局部变量、数组内情向量以及临时工作单元。

过程的所有局部变量和形参在活动记录中的位置是确定的，其地址是相对于活动记录的

基地址 SP 的。因此,程序运行时可按如下方法确定局部变量和形参在栈中的绝对地址:

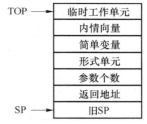

$$绝对地址＝SP＋相对地址$$

于是,可以用变址访问方式 X[SP] 来引用当前活动过程中的任何局部变量或形参 X,此处 X 代表相对数,也就是相对于活动记录起点的地址。很明显,相对数 X 在编译时可完全确定下来。同样,数组内情向量的相对地址在编译时也可确定下来,一旦数据空间在过程里获得分配后,对数组元素的引用也就很容易用变址访问的方式来实现。

图 7-17 C 过程的活动记录

7.6.2 嵌套过程语言的栈式存储分配

简单栈式存储分配适用于过程定义不嵌套的程序设计语言,而对于允许过程定义嵌套的语言(如 Pascal 语言)来说,则需要一种较为复杂的栈式存储分配方式,这就是本节将要讨论的内容。

图 7-18 给出了一个 Pascal 语言的程序结构,并对程序里各个过程的嵌套关系以及各个变量的作用域做了注释。

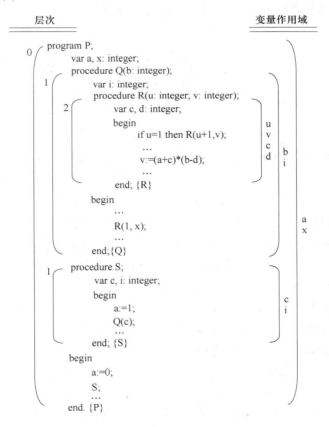

图 7-18 一个 Pascal 语言程序

在图 7-18 中,假定主程序 P 的层数为 0,于是可称主程序为第 0 层过程。由于过程 Q 是在层数为 0 的过程 P 内定义的,并且 P 是包围 Q 的最小过程,因此,Q 的层数就为 1。此时,P

被称作直接外层过程,Q 被称作 P 的内层过程。同理,S 的层数也为 1,R 的层数则为 2。当编译程序处理过程说明时,过程的层数将作为过程名的一个重要属性登记在符号表中。过程层数的确定可使用计数器 level 来进行,初始时置为 0,每当遇到 procedure begin 时,将其累增 1,每当碰到 procedure end 时,则将其递减 1。另外,过程 S 和 R 都引用了最外层过程 P 的变量 a,过程 Q 则引用了过程 P 的变量 x,而过程 R 则又引用了其直接外层过程 Q 的变量 b。程序在运行时,过程中每个局部变量和形参在栈上的存储地址的确定可以采用 7.6.1 节的办法,但是,对于嵌套过程的非局部变量的访问则要复杂得多。因此,下面主要对非局部变量访问的实现方法予以探讨。

一个过程 X 可以引用包围它的任一外层过程 Y 所定义的变量或数组,也就是说,程序运行时,过程 X 可能引用它的任一外层过程 Y 的最新活动记录中的某些数据,这些数据被看作是过程 X 的非局部量。为了在活动记录中查找非局部名字所对应的存储空间,过程 X 运行时必须设法跟踪每个外层过程的最新活动记录的位置。跟踪方法有很多,这里仅讨论 display 表(显示表)法。

display 表具有栈的结构,用来存放所有嵌套的外层过程的现行活动记录的基地址。程序运行时,每进入一个过程,就会在建立它的活动记录区的同时建立一张 display 表。如果过程的嵌套层数为 i,则该表将包含 $i+1$ 个单元。例如,在如图 7-18 所示的程序中,过程 R 的外层为 Q,Q 的外层为 P,则 R 运行时 display 表的内容如下:

2	R 的现行活动记录的地址(SP 的现行值)
1	Q 的最新活动记录的地址
0	P 的活动记录的地址

过程的层数是可以静态确定的,因此,每个过程的 display 表的大小在编译时也可以确定。于是,根据非局部变量说明所在的静态层数与其活动记录的相对地址即可得到如下的绝对地址计算公式:

$$绝对地址 = display[静态层数] + 相对地址$$

为方便起见,可把 display 表看作是活动记录的一部分,如图 7-19 所示。

由于每个过程的形式单元数目在编译时是知道的,因此,display 表的相对地址 d(相对于活动记录起点)在编译时也是确定的。假定在现行过程中引用了某一层数为 k 的外层过程的变量 V,那么,V 的值可以利用以下两条变址指令得到:

(1) 将第 k 层过程的最新活动记录地址放入寄存器 R_1 中

$$MOV\ R_1,\ (d+k)[SP]$$

(2) 把 X 的值传给寄存器 R_2

$$MOV\ R_2,\ V[R_1]$$

图 7-20 给出了图 7-18 程序运行时栈的变化过程及可访问的 display 表的内容。

图 7-19 活动记录结构

由上可以看出,通过 display 表的一个域即可确定任意外层活动记录的指针,然后沿着该指针便可找到处于外层活动记录的非局部变量,因此,该方法是快速访问非局部变量的一个较好选择。

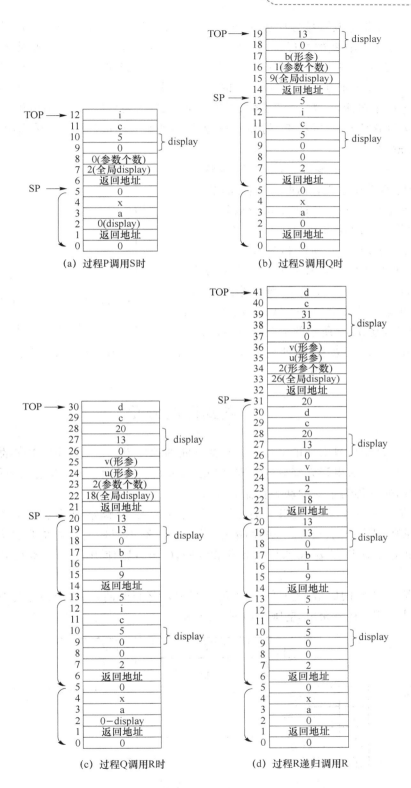

图 7-20　程序运行时可访问的 display 表的内容

当过程 P_1 调用过程 P_2 而进入 P_2 后，P_2 究竟该如何建立自己的 display 表呢？若要建立

display 表，P_2 必须知道其直接外层过程(记为 P_0)的 display 表。下面分两种情形进行讨论。

(1) 当 P_2 是一个真实的过程时，此时，P_0 要么是 P_1 自身，要么既是 P_1 外层又是 P_2 的直接外层，如图 7-21 所示。不论哪种情形，只要在进入 P_2 后能够知道 P_1 的 display 表，就能够知道 P_0 的 display 表，从而可直接构造出 P_2 的 display 表。实际上，只需从 P_1 的 display 表中自底而上地取过 i_2 个单元，i_2 为 P_2 的层数，再添上进入 P_2 后新建立的 SP 值就构成了 P_2 的 display 表。在这种情况下，只需把 P_1 的 display 表的地址作为连接数据之一传送给 P_2 就能够建立 P_2 的 display 表。

(2) 当 P_2 是一个形式参数时，调用 P_2 意味着调用 P_2 当前相应的实在过程，此时，P_0 应是该实在过程的直接外层过程。假定 P_0 的 display 表地址可从形式单元 P_2 所指示的地方获得，为了能在 P_2 中获得 P_0 的 display 表地址，必须在 P_1 调用 P_2 时设法把 P_1 的 display 表地址作为连接数据之一(称为全局 display 表地址)传送给 P_2。于是，连接数据变为由旧 SP 值、返回地址以及全局 display 表地址 3 项构成，从而形成了如图 7-19 所示的活动记录结构。

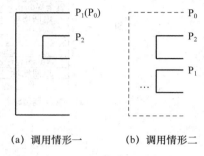

(a) 调用情形一   (b) 调用情形二

图 7-21 P_1 调用 P_2 的两种不同嵌套

需要说明的是，0 层过程，也就是主程序的 display 表仅含有一项内容，它就是主程序开始工作时所建立的第一个 SP 值。

7.7 堆式存储分配

对于一个允许用户自由地申请和释放数据空间的程序设计语言来说，空间的使用不一定遵循先申请后释放或后申请先释放的原则，因此，栈式的动态存储分配方案就变得不再适用，此时，需要使用一种称为堆式的动态存储分配方案。

所谓堆，是指一片连续的、足够大的专用全局存储区，其存储空间的分配与释放不再遵循后进先出的原则，需要时就分配一块存储区，当某空间不再使用时就把它归还给堆。例如，Pascal 语言使用 new 和 dispose 来申请和释放空间，C 语言则使用 malloc 和 free 来申请和释放空间。

就堆而言，由于空间的借、还时间先后不一，经一段运行时间之后，堆必定会被分割成许多块状单元，有些有用、有些无用(空闲)，如图 7-22 所示。

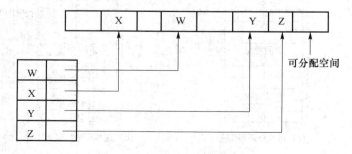

图 7-22 堆空间的存储映像

堆式存储分配方式甚为复杂，需要考虑的因素很多，尤其表现在以下两个方面。

一是当运行程序申请一块体积为 N 的空间时,究竟该如何分配?理论上讲,应从比 N 稍大一点的一个空闲块中取出 N 个单元,以便使大的空闲块派上更大的用场。但是这种做法比较麻烦。通常的做法是,先碰上哪块比 N 大就从其中分出 N 个单元。无论采用什么原则,堆在一定时间之后必然会零碎不堪,最终会出现这样的问题:运行程序要求一块体积为 N 的空间,但发现没有比 N 大的空闲块了,然而所有空闲块的总和却要比 N 大得多。解决办法其实很简单,只需把所有空闲块连接在一起,形成一片可分配的连续空间即可,但是,这样做必须要调整运行程序对各占用块的全部引用点。

二是当运行程序申请一块体积为 N 的空间时,所有空闲块的总和小于 N,又该如何处理?一种可行的解决方案是废品回收,即寻找那些运行程序业已无用但尚未释放的占用块,或者那些运行程序目前很少使用的占用块,把它们收回来重新分配。然而,如何知道哪些块运行时在使用或者目前很少使用?即使知道了,一经收回后运行程序在某个时候又要用它时该怎么办?因此,废品回收技术的实现,除了在语言上要有明确的具体限制外,还需要有特别的硬件措施予以保障才行。

7.7.1　堆式存储分配的实现

堆式动态存储分配的实现通常采用以下策略:

1. 定长块方式

这种方式比较简单。初始化时,将堆空间分成长度相等的若干块,每块包含一个链域,按照相邻的顺序把所有块链成一个链表,并用指针 available 指向链表中的第 1 块。分配空间时,每次都先分配 available 所指的块,然后使 available 指向相邻的下一块,如图 7-23(a)所示;释放空间时,则把所归还的块插在 available 所指的结点之前,然后使 available 指向新归还的结点,如图 7-23(b)所示。

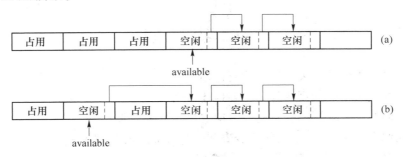

图 7-23　定长块管理

2. 变长块方式

这种方式根据需要来分配长度不同的存储块。初始化时,堆空间是一个整块。分配空间时,先从一个整块里分割出满足需要的一小块;释放空间时,若所归还的块能够和现有的空闲块合并,则合并成一块,否则,将把空闲块链成一个链表。再次进行分配时,从空闲块链表中找出满足需要的一块,要么将整块分配出去,要么从该块上切割一小块分配出去。

7.7.2　隐式存储回收

在程序运行过程中,有可能出现用户程序对存储块的申请得不到满足的情形。为使程序能够继续运行下去,此时,可以暂时挂起用户程序,使系统进行存储回收,然后再恢复用户程序的运行。

　　隐式存储回收需要知道分配给用户程序的存储块何时不再使用,这就要求用户程序和支持运行的回收子程序能够并行工作,且在存储块中要设置回收子程序访问的信息。存储块格式如下:

```
┌──────────────┐
│    块长度     │
├──────────────┤
│  访问计数标记  │
├──────────────┤
│     指针      │
├──────────────┤
│   用户使用空间  │
└──────────────┘
```

　　回收过程通常分为标记与回收两个阶段。在标记阶段,将对已分配的块跟踪程序中各指针的访问路径,如果某个块被访问过,就给该块加一个标记;在回收阶段,所有未加标记的存储块将被回收到一起,并插入到空闲块链表中,然后消除在存储块中所加的全部标记。

　　隐式存储回收的开销会随着空闲块的减少而增加,因此,不要等到空闲块几乎耗尽时才调用回收程序。可以在空闲块降到某个值,比如总量的一半时,在一个过程返回时就启动回收程序。

7.8　本章小结

　　本章主要从符号表和运行时存储空间组织两个方面做了介绍。就符号表而言,重点应掌握符号表的内容与组织、符号表的整理与查找等内容;就运行时存储空间组织而言,重点应掌握静态文本与其运行时的活动之间的关系、静态存储分配、栈式存储分配以及堆式存储分配等内容。

7.9　习　　题

　　1. 什么是符号表? 符号表有哪些重要作用?

　　2. 符号表的表项常包括哪些部分? 各描述什么?

　　3. 符号表的组织方式有哪些? 它的组织取决于哪些因素?

　　4. 假定我们有一张 10 个单元的杂凑表和一个足够大的存储区用于登记符号名和连接指示器,此处用自然数作"名字",杂凑函数定义为 $H(i) = i \pmod{10}$。当最初的 10 个素数 2,3,5,$\cdots$,29 进入符号表后,请给出杂凑表和符号表的内容。当更多的素数进入符号表后,你能期望它们随机的分布在 10 个子表中吗? 为什么?

　　5. 有哪些存储分配策略? 并叙述何时用何种存储分配策略?

　　6. 在栈式动态存储分配方案中:

　　(1) 嵌套层次显示表 display 的作用是什么?

　　(2) 若不使用 display 表而只使用一个单元 access-link,能否达到同样的目的? 各自的优缺点是什么?

　　7. 下面是一个 Pascal 程序:

```
program PP(input, output);
    var
```

```
    k：integer;
  function f(n：integer)：integer；
    begin
      if n <= 0 then f := 1;
        else f := n * f(n-1)
    end;
  begin
    f := f(10);
    ...
  end.
```

当第二次（递归地）进入 f 后，display 表的内容是什么？当时整个运行栈的内容又是什么？

8. 对于下面的程序：

```
procedure P(X, Y, Z);
  begin
    Y := Y + 1;
    Z := Z + X
  end;
begin
  A := 2;
  B := 3;
  P(A + B, A, A);
  print A
end
```

若参数传递的方式分别为：(1)传地址；(2)得结果；(3)传值；(4)传名。试问，程序执行时所输出的 A 分别是什么？

第8章 优 化

所谓优化,是指对程序进行各种等价变换,使得从变换后的程序出发能够生成更为有效的目标代码。优化的目的在于使目标程序所占用的存储空间尽可能的小,运行时间尽可能地少。在编译的各个阶段都可进行优化操作,其中,最重要的优化是在目标代码生成之前对于中间代码的优化以及在生成目标代码时所做的优化,前者与机器无关,后者与机器有关。本章主要探讨与机器无关的中间代码优化技术。

有些优化操作实现起来很容易,如基本块内的局部优化;而在程序运行中,很大一部分时间花在循环上,因此,对于循环的优化就变得十分重要。本章首先对优化所涉及的基本知识予以概述,然后介绍局部优化的一些概念和技术,最后对循环优化方法也做了一定的叙述。

8.1 概 述

优化工作可以在编译的各个环节进行。程序员可以使用恰当的算法、合适的语句,从源代码级别提高程序的效率。语义分析时,可以改进翻译模式以生成更加高效的中间代码。对于中间代码,则可以将其划分为多个基本块,并使用局部优化技术,可以明显地降低代码运行所耗费的时间。同时,使用基于数据流分析技术的全局优化方法可以从基本块之间的关联入手来改进代码。最后,在生成目标代码时,通过合理地选择寄存器与指令,采用窥孔优化等手段可以对代码进行进一步的优化。

8.1.1 优化的原则

优化工作的重要性和复杂性是随着现代计算机的发展而增加的。一方面,处理器体系结构的复杂性使编译器有了更多的改进代码的机会;另一方面,多处理器构架的计算机需要实用的优化技术来提高性能。总而言之,优化的主旨是为了产生更为高效的代码,因此,在对程序进行优化时必须遵循以下 3 条原则:

(1)等价原则。未经优化的代码和优化之后的代码必须保持含义一致。只有在这个原则的基础上,我们谈论代码优化器的效率才是有意义的。

优化原则

(2)有效原则。优化器必须能够有效地改善程序的性能,突出表现在:使优化后所产生的目标代码运行时间更短,占用的存储空间更小。

(3)合算原则。花费在优化工作上的时间、空间、人力等各种资源必须是可控的,从而以较低的代价获取较好的效果。

8.1.2 优化的种类

从不同的角度,可以将优化分为不同的类别。

1. 按照优化是否涉及具体的目标计算机

按照优化是否涉及具体的目标计算机,可以把它分为与机器有关的优化和与机器无关的优化两类。

与机器有关的优化是指,在优化的过程中,需要结合目标计算机的特点,重点考虑寄存器优化、指令优化、处理机优化等,针对的是机器语言;与机器无关的优化则不针对目标计算机的特点,重点考虑删除公共子表达式、复写传播、代码外提、删除无用代码等,针对的是中间代码。

优化种类

2. 按照优化所涉及的范围

按照优化所涉及的范围,可以把它分为局部优化、全局优化以及循环优化 3 类。

局部优化是在一个基本块内完成的优化。基本块是一段连续的顺序执行的语句序列,拥有一个入口和一个出口,可以使用有向无循环图(DAG)来描述它。常见的局部优化技术有:删除公共子表达式、复写传播、删除无用代码等。

全局优化涉及多个基本块,因此需要重点考虑基本块之间的关系。我们使用过程数据流分析来分析数据的值在多个基本块之间修改的流程,这是全局优化的基础。常见的全局优化技术包括:删除全局公共子表达式、活跃变量分析、复写传播等。

循环优化主要针对程序中的循环。所谓循环,是指在程序中可能会被反复执行多次的代码片段。由于这些代码可能会被反复执行,因此优化时应该被着重考虑。常见的循环优化技术有:代码外提、强度削弱、删除归纳变量等。

8.1.3　基本块与流图

前面已经说过,基本块是一段连续的顺序执行的语句序列,拥有一个入口和一个出口。入口是该语句序列的首语句,出口是该语句序列的尾语句。执行该语句序列时,将从首语句开始,到尾语句终止。下面这段三地址语句序列就是一个基本块。

$$T_1 := a * b$$
$$T_2 := a * c$$
$$T_3 := c + 1$$
$$T_4 := 5 + T_2$$
$$T_5 := T_1 * T_2$$
$$T_6 := b + T_3$$
$$T_7 := T_5 * T_6$$

一条三地址语句 $x := y + z$ 称为对 x **定值**并**引用** y 和 z。一个基本块中的一个名字在程序中的某个给定点是**活跃**的,指的是如果在程序中(包括在本基本块或在其他基本块中)它的值在该点以后被引用。上面这段代码将按照顺序依次执行,首先执行 $T_1 := a * b$,最后执行 $T_7 := T_5 * T_6$,这其中并没有出现中断或者分支。对于一个含有中断或者分支结构的程序来说,可以按照一定的算法先将其划分为一系列的基本块,然后再对各个基本块进行优化。

将三地址代码序列划分为若干基本块的算法可以描述如下:

(1)确定基本块的入口语句,即首语句,规则如下:

① 代码序列的第 1 条语句是入口语句;

② 能由条件转移语句或者无条件转移语句转移到的语句是入口语句;

③ 紧随条件转移语句后面的语句是入口语句。

（2）依据（1）中得到的每一条入口语句，构建其基本块。它由该入口语句与下一入口语句（不包括该入口语句）之间的语句序列构成；或者由该入口语句与下一条转移语句（包括该转移语句）之间的语句序列构成；或者由该入口语句与一条停语句（包括该停语句）之间的语句序列构成。

（3）删除那些未出现在任何基本块中的语句。它们是控制流程无法到达的语句，不会被执行到。

例 8.1　下面给出了一个使用辗转相除法求解两个自然数的最大公约数的源程序：

```
int Gcd(int m, int n){
    int t;
    if(m < n)
        { t = n; n = m; m = t; }
    if(n == 0) return m;
        else return Gcd(n, m % n);
}
```

其三地址代码序列简写如下：

（0）read m

（1）read n

（2）$t := n \bmod m$

（3）if $t = 0$ goto（7）

（4）$n := m$

（5）$m := t$

（6）goto（2）

（7）print m

（8）halt

现在应用我们上面介绍过的算法划分基本块。

首先，依据（1）中的规则①，（0）read m 是一个基本块的入口语句；依据②，（2）$t := n \bmod m$ 和（7）print m 也是基本块的入口语句；依据③，（4）$n := m$ 也是基本块的入口语句。于是，按照入口语句的数量可以把上述语句序列划分为 4 个基本块。

然后，对于每个基本块的入口语句，使用规则（2）构建其基本块。对于入口语句（0）read m 来说，其基本块为语句（0）read m 和（1）read n；对于入口语句（2）$t := n \bmod m$ 来说，其基本块为语句（2）$t := n \bmod m$ 和（3）if $t = 0$ goto（7）；对于入口语句（4）$n := m$ 来说，其基本块为语句（4）$n := m$、（5）$m := t$ 和（6）goto（2）；而对于入口语句（7）print m 而言，其基本块则为语句（7）print m 和（8）halt。

对于已经划分基本块的三地址代码序列，我们可以将基本块作为结点，通过构造有向图的方式来描述程序的控制流信息，这种图称作**流图**。在流图中，以程序序列第一条语句作为入口语句的基本块称作流图的**首结点**。如果在某个执行顺序中，基本块 B 紧接在基本块 A 之后执行，则有一条从 A 指向 B 的有向边。如果：

（1）有一个条件转移语句或者无条件转移语句从 A 的最后一条语句转移到 B 的第一条语句；或者

（2）在程序的代码序列中，B 紧接在 A 的后面，并且 A 的最后一条语句不是一个无条件转移语句。

就说 A 是 B 的**前驱**，B 是 A 的**后继**。

由例 8.1 中的三地址代码的各基本块所构成的流图如图 8-1 所示。

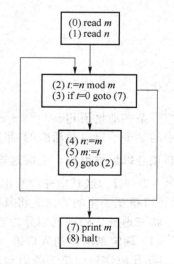

图 8-1　例 8.1 中三地址代码的流图

8.2 局部优化

划定基本块之后,我们就能够以基本块为单位来讨论各种局部优化技术。在基本块内可以采用的局部优化技术主要有:删除公共子表达式、删除无用代码、合并已知量、临时变量改名、语句变换位置以及代数变换等。

下面,将以一个例子的形式来说明各种局部优化技术。

代码局部
优化方法

例 8.2 给定如下的中间代码序列:

(1) $R := 1$

(2) $r := m$

(3) $R := R+1$

(4) $if\ R <= r\ goto\ (3)$

(5) $T_0 := 3.14$

(6) $T_1 := 2 * T_0$

(7) $T_2 := R+r$

(8) $A := T_1 * T_2$

(9) $B := A$

(10) $T_3 := 2 * T_0$

(11) $T_4 := R+r$

(12) $T_5 := T_3 * T_4$

(13) $T_6 := R-r$

(14) $B := T_5 * T_6$

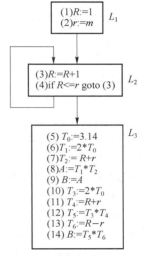

图 8-2 例 8.2 中三地址
代码的流图

按照基本块的划分算法,我们可以把上述代码序列划分为 3 个基本块:(1)(2),(3)(4)以及(5)~(14),并分别记为 L_1、L_2 和 L_3。于是,可得到如图 8-2 所示的三地址代码序列的流图。

8.2.1 删除公共子表达式

如果一个表达式 E 之前已经计算过,并且在这之后 E 中变量的值没有改变,则称 E 为**公共子表达式**。对于公共子表达式,我们可以避免对其重复计算,这种优化技术称为**删除公共子表达式**,或称为**删除多余计算**。

就例 8.2 中的语句(7)和(11)来说,(7)中计算了 $R+r$ 的值,而(11)中又重复计算了该表达式的值,因此,可以把(11)中的 $T_4 := R+r$ 改写为 $T_4 := T_2$。类似地,可以把(10)中的 $T_3 := 2 * T_0$ 改写为 $T_3 := T_1$。于是,修改后的基本块 L_3 为:

(5) $T_0 := 3.14$

(6) $T_1 := 2 * T_0$

(7) $T_2 := R+r$

(8) $A := T_1 * T_2$

(10) $T_3 := T_1$

(11) $T_4 := T_2$

(12) $T_5 := T_3 * T_4$

(13) $T_6 := R-r$

(9) $B := A$ (14) $B := T_5 * T_6$

从代码实现的角度来说,为了能够删除基本块中的公共子表达式,需要记录那些至今已被计算过,而且从此以后其操作数并未发生改变的基本块中的表达式。采用五元组的形式来记录这些表达式,并称该五元组的集合为表达式集合,定义如下:

$$<no, operand_1, operator, opreand_2, tmp>$$

其中,no 表示表达式在基本块中被计算时所在语句的编号,operand_1 是表达式的第 1 个操作数,operator 为操作符,operand_2 则是表达式的第 2 个操作数,tmp 为临时变量。

我们从基本块的开始依次扫描各语句,并向表达式集合中添加或者删除一些项,同时插入将表达式的值保存至一个新的临时变量的语句,并对相应的语句做修改。具体算法为:

① 对于每一条语句 i,首先判断其是否为一个表达式,若是,则转②;否则,判断下一条语句 $i+1$。

② 将语句 i 的操作数和操作符与表达式集合中的五元组相比较,若匹配,则检查其 tmp 是否为空,若为空则创建一个新的临时变量 tmp_i 以替代空白,同时在该五元组所在的编号为 no 的语句之前插入 $tmp_i :=$ operand_1 operator opreand_2 语句,并用 tmp_i 替代语句 i 及编号为 no 的语句中的表达式;若匹配成功的同时,检查发现 $tmp = tmp_j$,且不为空,则用 tmp_j 替代语句 i 中的表达式。

③ 如果语句 i 中表达式的值被存放在一个结果变量中,检查此结果变量是否作为操作数出现在表达式集合中的五元组内。若出现,则删除表达式集合中的此五元组。之所以这样做,是因为即使有相同的表达式重复出现,但是表达式中操作数的值发生了变化,也不能视其为公共子表达式。

按照这一算法,使用如下的代码对其进行描述:

```
//-------------------------------------------------------------
//定义中间代码指令
typedef struct Instruction{
    string kind;        //指令类型,假设 string 为字符串类型
    string left;        //表达式的左值
    string opd1;        //表达式的第 1 个操作数
    string opr;         //操作符
    string opd2;        //表达式的第 2 个操作数
}MIRInst;
/*参数 m 表示第 m 个基本块,ninsts 表示各基本块的指令条数,Block 用来存放各基本
  块的中间代码指令*/
void LocalCSE(int m, int ninsts[ ], MIRInst Block[ ][ ]){
    //定义表达式五元组
    typedef struct FiveElements{
        intno;          //表达式在基本块中被计算时所在语句的编号
        string opd1;    //表达式的第 1 个操作数
        string opr;     //操作符
        string opd2;    //表达式的第 2 个操作数
        string * tmp;   //临时变量
    }AEBinEXP;
```

```
typedef set of AEBinEXP AEBSet;        //假设 set 为集合类型
AEBinEXP aeb;  MIRInst inst;
AEBSet Tmp, AEB;
inti, pos;  string * ti;  bool found;
AEB = φ; i = 1;
while(i < = ninsts[m]){
    inst = Block[m][i];
    found = false;
    switch(inst.kind){
        case binexp: //二元表达式
            Tmp = AEB;
            while(Tmp != φ){
                aeb = Tmp[ ]; //假设 Tmp[ ]表示取 Tmp 中的第一个元素
                Tmp = Tmp-{aeb};
                /* 用当前指令的表达式与 aeb 进行匹配,Commutative( )用来判
                    断操作符是否可交换,如可交换则返回 ture,否则返回
                    false */
                if((inst.opr == aeb.opr) && ((Commutative(aeb.opr) &&
                    inst.opd1 == aeb.opd2 && inst.opd2 == aeb.opd1) ||
                    (inst.opd1 == aeb.opd1 && inst.opd2 == aeb.opd2))){
                    pos = aeb.no;  found := true;
                    /* 若五元组中变量为空,则新分配一个临时变量,并插入当
                        前指令表达式的五元组 */
                if(aeb.tmp == null){
                    ti = newtemp( ); //获取一个新的临时变量
                    AEB := (AEB-{aeb})∪{<aeb.no, aeb.opd1,
                        aeb.opr, aeb.opd2, ti>};
                    /* 插入一条指令到基本块中,并对基本块中的代码重新编
                        号。其中,kind:binasgn 表示二元表达式赋值语句,
                        left:ti 表示此表达式的左值为 ti,opd1、opr、opd2 分别
                        表示操作数 1、操作符、操作数 2 */
                    InsertBefore(m, pos, ninsts, Block,
                        <kind:binasgn, left:ti, opd1:aeb.opd1,
                        opr:aeb.opr, opd2:aeb.opd2 >);
                    /* 根据需要对 AEB 五元组中的第 1 个元素重新编号,以反映
                        已经插入的指令 */
                    Renumber(AEB, pos);
                    pos + = 1; i + = 1;
                    /* 用临时变量指令替换掉原来处于 POS 处的指令 */
                    Block[m][pos] = <kind:valasgn,
                        left: Block[m][pos].left,
```

```
                            opd:<kind:var, val:ti>>;
                   }else  ti = aeb.tmp;
                /*用临时变量 ti 的指令替换掉当前指令。其中,kind:
                   valasgn 表示一元表达式赋值语句,left:inst.left 为
                   表达式的左值,opd:<kind:var,val:ti>为表达式的右
                   端操作数,kind:var 表示变量类型,val:ti 表示 ti 变
                   量 */
                Block[m][i] = <kind:valasgn, left:inst.left,
                   opd:<kind:var, val:ti>>;
              }
            }//while (Tmp!=φ)结束
            if(! found){
                //插入新的五元组
                   AEB = AEB∪{<i, inst.opd1, inst.opr, inst.opd2, null>};
            }
            //删除所有操作数中含有当前指令重新定值变量的五元组
            Tmp = AEB;
            while(Tmp!=φ){
            aeb = Tmp[ ]; Tmp = Tmp-{aeb};
            if(inst.left == aeb.opd1 || inst.left == aeb.opd2)
                AEB = AEB-{aeb};
            break; //case binexp 结束
                default:
         }//switch 结束
           i += 1;
       }//while (i <= ninsts[m])结束
}//程序结束
//------------------------------------------------------------
```

依据上述算法,我们再次考虑例 8.2 中基本块 L_3 的最初代码。开始时,表达式集合为空,且 $i=1$。

(5) 1　$T_0 := 3.14$　　　　　　　　　(10) 6　$T_3 := 2 * T_0$

(6) 2　$T_1 := 2 * T_0$　　　　　　　　(11) 7　$T_4 := R + r$

(7) 3　$T_2 := R + r$　　　　　　　　(12) 8　$T_5 := T_3 * T_4$

(8) 4　$A := T_1 * T_2$　　　　　　　　(13) 9　$T_6 := R - r$

(9) 5　$B := A$　　　　　　　　　　(14) 10　$B := T_5 * T_6$

由于 L_3 的首条语句 $T_0 := 3.14$ 赋值号右侧不是表达式,因此考虑下一条语句 $T_1 := 2 * T_0$,其中含有二元表达式,且表达式集合为空。于是,将五元组 $<2, 2, *, T_0, \text{nil}>$ 加入表达式集合中。同样,在处理完 $T_2 := R + r$ 和 $A := T_1 * T_2$ 之后,此时的表达式集合如下所示:

$$\{<2, 2, *, T_0, \text{nil}>, <3, R, +, r, \text{nil}>, <4, T_1, *, T_2, \text{nil}>\}$$

由于 $B:=A$ 赋值号的右侧不是表达式,因此考虑下一条语句 $T_3:=2*T_0$,发现表达式 $2*T_0$ 与 $<2,2,*,T_0,\text{nil}>$ 相匹配,于是,将插入 tmp_1 到该五元组以替代 nil,并在 2 之前生成一个 $\text{tmp}_1:=2*T_0$ 语句。同时,用 $T_1:=\text{tmp}_1$ 代替 $T_1:=2*T_0$,用 $T_3:=\text{tmp}_1$ 代替 $T_3:=2*T_0$。

此时,$i=6$,表达式集合为

$\{<2,2,*,T_0,\text{tmp}_1>,<3,R,+,r,\text{nil}>,<4,T_1,*,T_2,\text{nil}>\}$

基本块 L_3 的代码变为

(5) 1 $T_0:=3.14$ (10) 7 $T_3:=\text{tmp}_1$

(6) 2 $\text{tmp}_1:=2*T_0$ (11) 8 $T_4:=R+r$

    3   $T_1:=\text{tmp}_1$ (12) 9 $T_5:=T_3*T_4$

(7) 4 $T_2:=R+r$ (13) 10 $T_6:=R-r$

(8) 5 $A:=T_1*T_2$ (14) 11 $B:=T_5*T_6$

(9) 6 $B:=A$

现在考虑下一条语句 $T_4:=R+r$,发现该表达式与 $<3,R,+,r,\text{nil}>$ 相匹配,于是,将插入 tmp_2 到该五元组以替代 nil,并在 4 之前生成一个 $\text{tmp}_2:=R+r$ 语句。同时,用 $T_2:=\text{tmp}_2$ 代替 $T_2:=R+r$,用 $T_4:=\text{tmp}_2$ 代替 $T_4:=R+r$。

此时,$i=7$,表达式集合为

$\{<2,2,*,T_0,\text{tmp}_1>,<3,R,+,r,\text{tmp}_2>,<4,T_1,*,T_2,\text{nil}>\}$

基本块 L_3 的代码变为

(5) 1 $T_0:=3.14$ (9) 7 $B:=A$

(6) 2 $\text{tmp}_1:=2*T_0$ (10) 8 $T_3:=\text{tmp}_1$

    3   $T_1:=\text{tmp}_1$ (11) 9 $T_4:=\text{tmp}_2$

(7) 4 $\text{tmp}_2:=R+r$ (12) 10 $T_5:=T_3*T_4$

    5   $T_2:=\text{tmp}_2$ (13) 11 $T_6:=R-r$

(8) 6 $A:=T_1*T_2$ (14) 12 $B:=T_5*T_6$

最终,处理完 $T5:=T3*T4$、$T6:=R-r$ 以及 $B:=T5*T6$ 之后,得到如下的表达式集合:

$\{<2,2,*,T_0,\text{tmp}_1>,<3,R,+,r,\text{tmp}_2>,<4,T_1,*,T_2,\text{nil}>,$

$<7,T_3,*,T_4,\text{nil}>,<8,R,-,r,\text{nil}>,<9,T_5,*,T_6,\text{nil}>\}$

经过处理发现,尽管代码的语句数量和变量个数增加了,然而需要执行的二元运算数量却减少了。优化是否能实际改善基本块代码的性能取决于代码本身和目标机的情况。如果所有的变量都放在寄存器中,则代码的性能较好;若部分变量放在主存中,则优化的结果要好。

8.2.2 复写传播

对于变量 a、b 以及它们之间的赋值关系 $a:=b$,如果在该赋值语句以后的语句序列中,a 和 b 的值都没有发生改变,那么对 a 的引用可以用 b 来代替。这种去掉仅负责传递值的变量以使其赋值行为无效的优化技术就是**复写传播**。

在例 8.2 的基本块 L_3 中我们看到,(10) $T_3:=T_1$ 把 T_1 的值赋给了 T_3,在 (12) $T_5:=T_3*T_4$ 中引用了 T_3 的值,而中间的语句 (11) 并未改变 T_3 的值,因此,T_3 仅起到了将 T_1 的

值传递下来的作用,可以将(12) $T_5 := T_3 * T_4$ 中的 T_3 改为 T_1。同理,也可以将(12) $T_5 := T_3 * T_4$ 中的 T_4 改为 T_2。于是,语句(12)中的 $T_5 := T_3 * T_4$ 被改写为 $T_5 := T_1 * T_2$。

应该知道,不仅在同一个基本块内可以进行复写传播,不属于同一个基本块的代码也可以进行复写传播。因此,就单个基本块而言,某些赋值语句必不可少,但从整体上考虑就会发现一些计算是重复的,可以省略。这样做,是从全局优化的角度来考虑复写传播。

8.2.3 删除无用代码

进行了复写传播优化的变量在程序中不再使用,因此,可以将其删除掉。比如,在例 8.2 的基本块 L_3 中,变量 T_3、T_4、T_5 在程序中不再使用,可将其赋值语句全部删除,这对程序的计算结果来说没有任何影响。经过优化,可以得到如下的 L_3 代码序列:

(5) $T_0 := 3.14$

(6) $T_1 := 2 * T_0$

(7) $T_2 := R + r$

(8) $A := T_1 * T_2$

(9) $B := A$

(10) $T_6 := R - r$

(11) $B := A * T_6$

删除无用代码,包括删除不可到达代码和删除死代码两种技术。二者是不同的,其区别在于被删除的代码是否有机会被执行。下面对这两种技术分别进行介绍。

1. 删除不可到达代码

所谓不可到达的代码,是指无论输入任何数据均不可能被执行的代码。删除这些代码对程序的执行速度没有直接影响,但会节约程序所占用的存储空间。

若要删除不可到达的代码,首先必须能够识别出它们。正确的做法是:设计一个基本块表,用它来记录程序所有的基本块,并且明确记录各个基本块的前驱和后继集合;然后,对基本块表进行迭代,从中找出那些无法从程序的入口基本块到达的基本块,即,从入口基本块到达这些基本块的路径集合为空;最后,删除这些基本块,并对其前驱和后继进行相应的调整。算法实现的具体代码如下:

```
//-------------------------------------------------------------
/* 参数 enBlock 表示入口基本块的编号,nblocks 表示基本块的数量,ninsts 表示各基
   本块的指令条数,Block 用来存放各基本块的中间代码指令,Pred 表示某基本块的前
   驱集合,Succ 表示某基本块的后继集合 */
typedef set of int IntSet; //假设 set 为集合类型
void DeleteUnreachCode(int enBlock, int nblocks, int ninsts[ ], MIRInst Block[ ][ ],
IntSet Pred[ ], IntSet Succ[ ]){
    bool again;  int i;
    do{
        again = false;
        //取出入口基本块的一个后继基本块编号
        i = 集合 Succ[enBlock]中的一个基本块编号;
        while(i <= nblocks){
            /* NoPath 用来判断两个基本块之间是否存在执行路径,不存在则返回
               true,存在则返回 false */
            if(NoPath(enBlock, i)){
                ninsts[i] = 0;  Block[i] = null;  again = true;
```

```
                //删除基本块 i,并对程序的数据结构进行调整
                DeleteBlock(i, nblocks, ninsts, Block, Succ, Pred);
            }
            i = i + 1;
        }//while 结束
    }while (again);
}
```
//--

2.删除死代码

所谓死代码,是指那些可执行的、但对要执行的结果不起作用的代码。死变量指的是,仅对该变量进行了定值,而定值之后却从来没有使用过它。因此,对该变量的定值代码就是死代码。但是有些代码含有隐含的副作用,如根据计算机配置,算术溢出或者算数除零导致的异常,删除这样的代码会改变计算的结果。这样的删除虽然是有利的,但是对优化器而言,改变了程序的行为,这是不允许的。

与删除不可到达的代码一样,若要删除死代码,首先必须能够识别出它们。正确的做法是:先确定那些有必要去处理的值,包括程序的输出值和返回值,以及在过程外能够影响某个存储单元的值;然后,通过迭代标示出所有对该必要值(必要值指的是过程一定要输出或者返回的值,或者是对过程之外访问内存单元有影响的值)的计算起作用的代码;最后,删除那些没有被标示的代码,即死代码。

具体实现时,使用工作表、UD 链和 DU 链来识别死代码。假设在程序中的某点 U 引用了变量 A 的值,则把能到达 U 的关于 A 的所有定值点的全体,称为 A 在引用点 U 的 UD 链(引用-定值链);而将变量 A 的定值点 D 能够到达的对 A 的引用点的全体,称为 A 的定值点 D 的 DU 链(定值-引用链)。算法描述如下:

(1)用必要指令的基本块索引偶对(形如 $<a, b>$,其中 a 表示基本块编号,b 表示该指令在此基本块中的位置)集合初始化工作表。

(2)从工作表中删除一个偶对 $<i, j>$,对在这条指令中使用的每一个变量 V,标识它的 UD 链 UD(V, $<i, j>$)中的每条指令,并将该指令的基本块索引偶对加入工作表中。

(3)若指令为赋值语句,则对于其 DU 链 DU(V, $<i, j>$)中的每一个指令位置 $<k, l>$,如果指令 $<k, l>$是一个条件指令 if,则标识它并将其加入工作表中。

(4)重复(2)和(3),直至工作表为空。

(5)删除未标识的指令及空的基本块。

算法实现的具体代码是:
//--

```
typedef struct WorklistNum{
    int no1;//指令所在的基本块的号码
    int no2;//指令在基本块中的位置号码
} WLN;
typedef set of WLN WLNSet;
/*参数 nblocks 表示基本块的数量,ninsts 表示各基本块的指令条数,Block 用来存放
```

各基本块的中间代码指令,Mark 用来标识某基本块中的某条指令是否为必要指令,UD
表示引用-定值链,DU 表示定值-引用链,Pred 表示某基本块的前驱集合,Succ 表示某
基本块的后继集合 */

```
void DeleteDeadCode(int nblocks, int ninsts[ ], MIRInst Block[ ][ ], bool Mark[ ]
[ ], WLNSet UD[ ][ ], WLNSet DU[ ][ ], IntSet Succ[ ], IntSet Pred[ ]){
    WLN x, y;
    WLNSet Worklist;              //记录必要指令的工作表
    string v;                     //临时的记录变量
    int i, j, number = 1;
    while (Worlist != φ){
        //从工作表中取出一条指令,并将其从工作表中删除
        x = Worklist[number]; Worklist = Worklist − {x}; number + + ;
        /* 标识出那些给必要指令所用变量进行定值的指令。VarsUsed( )返回某基本
           块中的某条指令用作操作数的变量集,针对此变量集中的每个变量 v,对其
           关于该指令的 UD 链中的每条指令 y 做相应处理 */
        for(VarsUsed(Block, x)中的每个变量 v)
            for(UD(v,x)中的每条指令 y)
                //若 y 未标识,则标识它并将其加入工作表
                if(! Mark[y.no1][y.no2]){
                    Mark[y.no1][y.no2] = true;  Worklist = Worklist∪{y};
                }
        /* 标识出那些引用了由必要指令进行定值的变量的指令。HasLeft()用来判断
           指令是否为赋值语句 */
        if(HasLeft(Block[x.no1][x.no2])
            for(DU(Block[x.no1][x.no2].left, x)中的每条指令 y)
                /* 判断该指令的类型是否为条件指令 if,若是,则对其进行标识,并
                   加入工作表 */
                if(! Mark[y.no1][y.no2] && Block[y.no1][y.no2].kind == "if"){
                    Mark[y.no1][y.no2] = true;  Worklist = Worklist∪{y};
                }
    }
    //删除全部未标识的指令
    DeleteUnmarkedInsts(nblocks, ninsts, Block, Succ, Pred, Mark);
}
//---------------------------------------------------------------
```

8.2.4　对程序进行代数恒等变换

程序进行代数恒等变换的常见技术有合并已知量、代数化简、强度削弱以及变量的重新结

合等。

1. 合并已知量

这种优化需要首先判断一个表达式的操作数是否都是常数值,若是,则在编译此表达式时可以用计算结果代替该表达式。

在例8.2的基本块 L_3 中,语句(5)对 T_0 赋值后, T_0 的值一直没有改变,这就意味着 T_0 在编译时是已知量3.14。而在(6) $T_1 := 2 * T_0$ 中,由于赋值号右侧的表达式中的各项均为已知量,因此,完全可以在编译时计算出赋值号左边的量。即,(6) $T_1 := 2 * T_0$ 可以改写为(6) $T_1 := 6.28$。按照这一思路,可得如下的 L_3 代码序列:

(5) $T_0 := 3.14$ (9) $B := A$

(6) $T_1 := 6.28$ (10) $T_6 := R - r$

(7) $T_2 := R + r$ (11) $B := A * T_6$

(8) $A := 6.28 * T_2$

2. 代数化简

这种优化是利用运算符或者运算符与操作数的组合特性,对基本块中的表达式进行代数等价变换以简化运算的过程。例如,下面运算总是成立的:

① 二元运算

$$i = i + 0 = 0 + i = i - 0$$
$$i = i * 1 = 1 * i = i / 1$$

② 一元运算

$$i = -(-i)$$

③ 布尔运算

$$\text{true} = a \vee \text{true} = \text{true} \vee a$$
$$\text{false} = b \wedge \text{false} = \text{false} \wedge b$$

3. 强度削弱

这种优化是用较快的运算来代替较慢的运算。例如,语句

$$x := y * * 2$$

中的乘方运算通常需要调用一个函数来实现,实际上,可以使用相对简单、计算速度较快的运算

$$x := y * y$$

来替换。类似的还有:

$$2.0 * x = x + x$$
$$x / 2 = x * 0.5$$

4. 变量的重新结合

这种优化在化简表达式时涉及交换律、结合律、分配率等规则的使用。例如,假设有赋值语句:

$$a := b + c$$
$$e := c + d + b$$

其中间代码可能是：

$$a := b+c$$

$$t := c+d$$

$$e := t+b$$

如果 t 在基本块外不再使用，那么利用"＋"的交换律和结合律可以把该序列改写为：

$$a := b+c$$

$$e := a+d$$

8.2.5 利用基本块的 DAG 进行优化

在局部优化中，可以将一个基本块以 DAG（有向无环图）的形式予以描述。DAG 与流图不同，流图中的任何一个结点（基本块）都可以用一个 DAG 表示。DAG 的组成要素说明如下：

（1）叶结点。DAG 中没有后继的结点称为叶结点，它对应于表达式中的标识符（变量名）或常数，表示该变量或常数的值。叶结点代表名字的初始值，根据作用到一个名字上的算符，可以知道需要的是一个名字的左值还是右值。大多数叶结点代表右值。

（2）内部结点。DAG 中有后继的结点被称为内部结点，它对应于运算符，代表计算出来的值。

（3）各个结点上可附加若干个标识符，表示这些标识符具有该结点所代表的值。

要构造基本块的 DAG，需要先构造每一条语句的 DAG。假设中间代码的形式包括如下 3 种：

（1）$X := Y$

（2）$X := \text{op } Y$

（3）$X := Y \text{ op } Z$ 或 $X := Y[Z]$

其中，X、Y、Z 为标识符或常数，op 为操作符。

使用如下的算法构造基本块的 DAG。开始时，DAG 为空。对基本块中的每一条语句依次执行下述步骤：

（1）对于形如 $X := Y$ 的中间代码语句，查找是否存在一个结点 Y，若不存在，则创建结点 Y，并在附加标识符表中增加标识符 X；

（2）对于形如 $X := \text{op } Y$ 的中间代码语句，查找是否存在结点 Y，若不存在，则创建结点 Y；接着查找是否存在一个结点 op，其子结点为 Y，若不存在，则创建结点 op，并将 op 和 Y 连接，同时，在附加标识符表中增加标识符 X；

（3）对于形如 $X := Y \text{ op } Z$ 的中间代码语句，查找是否存在结点 Y 和 Z，若不存在，则创建结点 Y 和（或）Z；接着查找是否存在一个结点 op，其左子结点为 Y，右子结点为 Z（目的是为了发现公共子表达式），若不存在，则创建结点 op，并将 op 和 Y、Z 连接，同时，在附加标识符表中增加标识符 X；

（4）由于 X 的当前值是刚刚新建立或已找到的结点的值，因此，对于事先附加在其他某个结点上的 X，则需将其删除掉。

例 8.3 给定如下的基本块：

（1）$T_0 := 3.14$ （6）$T_3 := 2 * T_0$

(2) $T_1 := 2 * T_0$

(7) $T_4 := R + r$

(3) $T_2 := R + r$

(8) $T_5 := T_3 * T_4$

(4) $A := T_1 * T_2$

(9) $T_6 := R - r$

(5) $B := A$

(10) $B := T_5 * T_6$

处理每一条语句后所构造出的 DAG 如图 8-3 所示。其中,图(a)～(j)分别对应于语句 (1)～(10)。

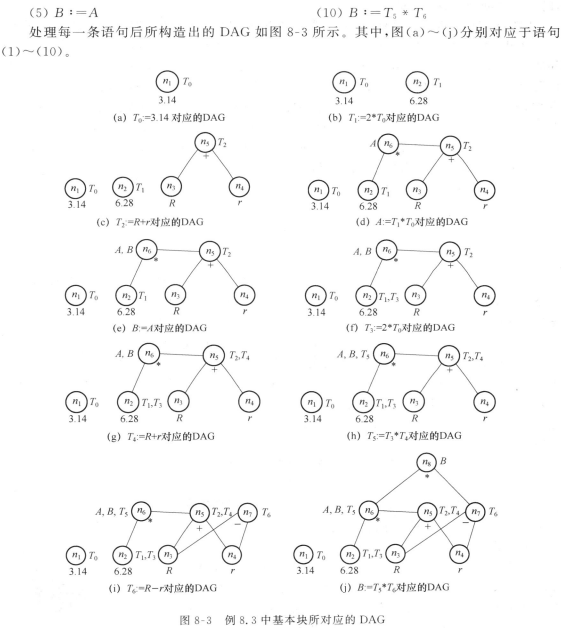

(a) $T_0 := 3.14$ 对应的DAG

(b) $T_1 := 2 * T_0$ 对应的DAG

(c) $T_2 := R + r$ 对应的DAG

(d) $A := T_1 * T_0$ 对应的DAG

(e) $B := A$ 对应的DAG

(f) $T_3 := 2 * T_0$ 对应的DAG

(g) $T_4 := R + r$ 对应的DAG

(h) $T_5 := T_3 * T_4$ 对应的DAG

(i) $T_6 := R - r$ 对应的DAG

(j) $B := T_5 * T_6$ 对应的DAG

图 8-3　例 8.3 中基本块所对应的 DAG

利用基本块的 DAG 图,在保持其结构的同时,可以对代码进行优化。主要的优化技术包括:合并已知量、删除公共子表达式、删除无用代码等。

在建立基本块的 DAG 时,当某个叶结点是已知量时,在后续建立其他结点时若引用了该结点的附加标识符,则可以直接使用其值。例如,在建立图 8-3 的 DAG 时,T_0 是已知量,那么在计算 T_1 时,就可以直接将 T_1 的值计算出来。此时,T_1 也就成了已知量。

检测公共子表达式可以在新结点加入 DAG 时进行,检查是否存在和新结点具有同样的运算符和同样顺序的相同子结点。如果存在,则不必建立新结点,只需标注即可。在图 8-3 中,代码(3) $T_2 := R+r$ 和(7) $T_4 := R+r$ 的运算符相同,左、右子结点也相同,表示同一个计算,因此,就不必建立新的 T_4 结点。

删除无用代码可以在 DAG 完成后,删除所有没有附加活跃变量的根结点。重复此过程,就可以删除所有对应死代码的结点。就图 8-3 的 DAG 来说,假定任何临时变量 T_i 在基本块外都是无用的。首先,考虑结点 n_1,由于该结点的附加标识符 T_0 的值后来不再引用,因此其代码为无用代码,可以删除;其次,在建立 DAG 时,结点 n_2 的值已经计算了出来,属已知量,它有两个附加标识符 T_1 和 T_3,均可以直接引用其值,因此,其代码可以删除;接着,结点 n_5 对 T_2 和 T_4 求值,这里用 T_2 保存其值;结点 n_6 对 A 和 T_5 求值,用 A 保存其值,由于 A 引用的 T_1 为已知量,故可以直接引用;最后,结点 n_7 对 T_6 求值,结点 n_8 对 B 求值。按照上述过程,例 8.3 的 10 条语句可优化为如下的 4 条语句:

(1) $T_2 := R+r$

(2) $A := 6.28 * T_2$

(3) $T_6 := R-r$

(4) $B := A * T_6$

DAG 重构基本块时,要注意使用变量来存放 DAG 的结点的值,注意计算不同结点值的指令的顺序。指令的顺序必须和 DAG 中结点的顺序一致,计算某结点的值必须先完成子结点值的计算。

DAG 不仅可用于优化操作,而且蕴含着一些十分有用的信息。一方面,利用 DAG 可以确定哪些标识符的值在该基本块中被引用,它们是 DAG 中叶结点对应的标识符;另一方面,可以确定在基本块内被定值且该值能在基本块外被引用的标识符,它们是 DAG 中各结点上的附加标识符。这些信息可用于中间代码的进一步优化。优化时,由于很可能要用到有关变量在该基本块之后的引用情况,因此,需要对数据流进行一定的分析。

8.3 循环优化

循环就是程序中那些可能反复执行的代码序列。循环代码的执行由于耗时巨大,因此,关于循环代码的优化一直是程序优化的重点。进行循环优化之前,首先要确定程序中的哪些基本块构成了一个循环。

在实际编程中,通过使用高级语言的循环语句来创建循环;从控制流图的角度来看,循环是一个结点的集合,它包括一个头结点和其他结点。头结点的性质包括:从头结点到其他任意结点,都有一条有向边路径;循环中每个结点都有一条通向头结点的有向边路径;不存在循环外结点绕过头结点到达循环内结点的有向边路径。在循环体之前的前驱结点是循环的入口结点,后继循环体的结点是循环的出口结点。成为循环必须具备两条基本性质:一是具有唯一的头结点,二是形成回到头结点的路径。对循环代码进行优化,可采用代码外提、强度削弱以及删除归纳变量等优化技术。

循环优化方法

8.3.1 找出循环

只有找出循环,才能进行循环的优化工作。为了找到循环,需要先找到必经结点。每个控制流图里面有一个起始结点,记作 S_0,如图 8-4 所展示的流图中的结点 1。起始结点到达某结点 S_n 的所有有向边路径都经过某结点 S_d,结点 S_d 就是结点 S_n 的必经结点。如果 S_e 也是结点 S_n 的必经结点,那么结点 S_d 就是结点 S_e 的必经结点或者结点 S_e 就是结点 S_d 的必经结点。

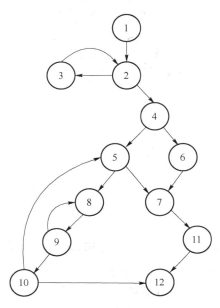

图 8-4 某代码片段的流图

由此可知,每个结点 S_n 都有不超过一个的直接必经结点,记作 $Sid(n)$。$Sid(n)$ 和 S_n 是不同的结点,$Sid(n)$ 是 S_n 的必经结点并且不是 S_n 的其他必经结点的必经结点。起始结点 S_0 没有除自身以外的必经结点,其他结点都至少有一个除自身以外的必经结点,而且都恰好有一个直接必经结点。

流图中,从一个结点 S_n 到它的某必经结点 S_d 的边叫作回边。对应每条回边存在一个循环子图。图 8-4 的回边有:结点 10 至结点 5、结点 9 至结点 8、结点 3 至结点 2、结点 4 至结点 2。

一个流图中去除回边后,构成一个无环路流图,该流图称为可归约流图。常见的控制流,如条件语句和循环语句都只能够生成可规约流图。给定一个流图,可以画出一棵必经结点树,包含流图的每个结点 S_n,并且含有从 $Sid(n)$ 到 S_n 的边。如图 8-4 所展示的流图,可以画出其必经结点树如图 8-5 所示。

对于一个回边从一个结点 S_n 到它的某必经结点 S_d,对应的自然循环包含这样的节点 S_x:S_x 的必经结点是 S_d,并且有一条从 S_x 到 S_n 的路径不包含 S_d。这个自然循环的头结点是 S_d。图 8-4 对应的自然循环有:结点 5、8、9、10 组成的循环,结点 8、9 组成的循环,结点 3、2 组成的循环,结点 4-2 组成的循环

如果出现循环的嵌套,就有内层循环和外层循环,如图 8-4 中结点 5、8、9、10 组成的循环内部包含结点 8、9 组成的循环。内层循环占用了大量的执行时间,需要首先优化。

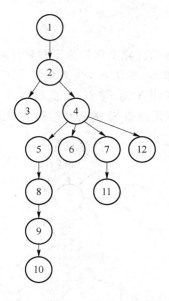

图 8-5 流图 8-4 的必经结点树

8.3.2 代码外提

代码外提首先要找到不变运算。所谓**不变运算**,是指无论循环代码反复执行多少次,那些结果均不改变的运算。例如,假设循环中有形如 $X := Y \text{ op } Z$ 的代码,如果 Y、Z 是常数,或者循环内没有对 Y、Z 重新定值,则意味着循环次数对该代码的运算结果毫无意义。因此,对于这种不变运算 $Y \text{ op } Z$,我们可以把它放到循环外执行。这样做,不会导致程序的运行结果改变,反而提高了程序的运行速度。这种优化技术就是**代码外提**。

从循环中提出的代码可以放置在循环入口结点的前面,构成一个新的基本块,称为**前置结点**。循环入口结点是唯一的,前置结点也必须是唯一的。前置结点以循环入口结点为其唯一后继结点,原流图中从循环外指向循环入口结点的有向边,均得改为指向前置结点,如图 8-6 所示。

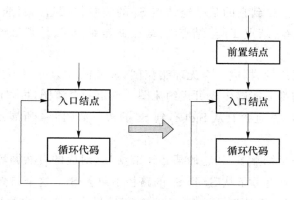

图 8-6 增加循环前置结点的流图

例 8.4 对于如下的一段程序代码:

```
while(i <= limit - 2)
```

循环体

假设循环体不改变 limit 的值,那么 limit-2 为循环不变运算,可将其外提到循环的前置结点中,如图 8-7 所示。

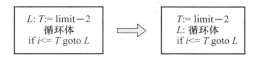

图 8-7 经过代码外提的程序

然而必须指出的是,并非所有的循环不变运算都可以外提。下面通过一个例子来说明这一点。

例 8.5 对于如下一段代码:

```
x := 60;
while A < B do
    begin
        x := 12 * B;
        A++
    end;
y := x;
```

其流图如图 8-8 所示。

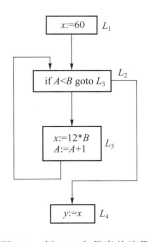

图 8-8 例 8.5 中程序的流图

容易看出,基本块 L_2 和 L_3 构成循环,L_2 既是循环的入口结点,又是出口结点。所谓出口结点,是指循环中具有这样性质的结点,它有一条有向边引到循环外的某结点。对于循环不变运算 $x:=12*B$,我们分两种情形讨论能否将其外提。

一种情形是,假设 $A=20,B=25$,此时,无论 $x:=12*B$ 是否外提,当执行到 L_4 时,x 的值总是 300,从而 y 的值也是 300。

另一种情形是,如果 $A=40,B=30$,L_3 是不会被执行的。代码外提之前,执行到 L_4 时,y 的值应是 60;但当代码外提之后,执行到 L_4 时,y 的值却变成了 360。这说明代码外提改变了原来程序的运行结果,优化出现了问题。

由例 8.5 可以看出,代码外提是有条件的。只有符合以下条件的循环不变运算才可以外提：

(1) 进行代码外提的不变运算，其所在的结点必须是循环所有出口的必经结点。

(2) 把形如 $X := Y$ op Z 的不变运算外提时，要求循环中的其他地方不能对 X 再定值，而且对 X 的所有引用值均为该不变运算中确定的 X 的值。

至于如何查找循环 W 的不变运算，可以采用如下的算法进行：

(1) 依次查看 W 中各基本块的每条代码，若其每个运算对象要么是常数，要么定值点在 W 外，则将此代码标记为"不变运算"。

(2) 查看每条未被标记为"不变运算"的代码，若其每个运算对象要么是常数，要么定值点在 W 外，要么只有一个到达一定值点且该点上的代码已标记为"不变运算"，则把该被查看的代码标记为"不变运算"。重复执行此步骤，直至没有新的代码被标记为"不变运算"为止。

对标记为"不变运算"的代码执行如下的代码外提算法：

(1) 对形如 $X := Y$ op Z 或 $X := Y$ 的所有不变运算，检查它是否满足下述条件①或②：

① 同时具备 3 点：(i)不变运算所在的结点是循环的所有出口结点的必经结点；(ii) X 在循环中的其他地方未再定值；(iii)循环中对 X 的所有引用均引用的是此循环中该 X 的定值。

② X 在离开循环后是不活跃的，且条件①的(ii)和(iii)成立。所谓 X 在离开循环后不活跃是指，$3X$ 在循环的任何出口结点的后继结点的入口处不是活跃的。

(2) 依次把符合上述条件之一的不变运算外提到循环的前置结点中。

8.3.3　强度削弱

强度削弱是指把程序中执行时间较长的运算替换为执行时间较短的运算。比如，把循环中的乘法运算用加法运算来替换。

例 8.6　对于下面的代码：

$L : j := j + 1$

$T_1 := 4 * j$

$T_2 := a[T_1]$

if $T_2 < B$ goto L

每执行一次 $j := j + 1$，j 的值加 1，$T_1 := 4 * (j + 1) = 4 * j + 4$，即 T_1 的值增加 4。因此，我们可以用 $T_1 := T_1 + 4$ 来代替 $T_1 := 4 * j$，从而削弱运算强度。在此代码中，当用 $T_1 := T_1 + 4$ 来代替 $T_1 := 4 * j$ 时，需要先给 T_1 赋初值。

关于强度削弱，有如下说明：

(1) 如果循环中有 I 的递归赋值 $I := I \pm C$（C 为循环不变量），并且循环中 T 的赋值运算可转化为 $T := K * I \pm C_1$（K 和 C_1 为循环不变量），那么，T 运算可以进行强度削弱。

(2) 进行强度削弱后，循环中可能出现一些新的无用赋值，如果被赋值的变量不是循环出口之后的活跃变量，则可以删除。

(3) 循环中下标变量的地址计算很费时间，可以使用加减法进行地址的递归计算，以提高运算速度。

8.3.4　删除归纳变量

删除归纳变量也是一种循环优化技术。首先了解一下什么是归纳变量，然后，再来探讨如何删除归纳变量。

如果循环中对变量 I 只有唯一的形如 $I:=I\pm C$ 的赋值,且其中 C 为循环不变量,则称 I 为循环中的**基本归纳变量**。进一步,如果 I 是循环中的基本归纳变量,J 在循环中的定值总是可以化为 I 的同一线性函数,即 $J:=C_1*I\pm C_2$,C_1 和 C_2 都是循环不变量,则称 J 为**归纳变量**,并称 J 与 I **同族**。显然,基本归纳变量也是归纳变量。可以在不引用 I 的值的情况下,根据 I 的递增或递减规律,来完成 J 的递增或者递减。如果一个归纳变量在循环的每次迭代中都改变相同的量,这就是线性归纳变量。

循环中的基本归纳变量除用于计算其他归纳变量外,还用来控制循环的进行。如果在循环中有两个或多个同族的归纳变量,可以只用其中的一个来代替基本归纳变量进行循环的控制,而去掉其余的归纳变量,这种做法称为**删除归纳变量**。

删除归纳变量的算法可以描述如下:

(1) 利用循环不变运算信息,找出循环中所有的基本归纳变量 I。

(2) 找出其他所有的归纳变量 J,并找出 J 与已知基本归纳变量 I 的同族线性函数关系 $F_J(I)$。

(3) 对(2)中找出的每一个归纳变量 J,进行强度削弱。

(4) 删除对归纳变量 J 的无用赋值。

(5) 若基本归纳变量 I 在循环出口之后不是活跃的,并且在循环中,除在其自身的递归赋值中被引用外,只在形如 if I rop X goto L 的代码中被引用,则可选取一个与 I 同族的归纳变量 J 来替换 I 进行条件控制,最后,删除循环中对 I 的递归赋值代码。

强度削弱后,一些归纳变量在循环中根本不被使用,另一些也只是用于和循环做比较。这些归纳变量都可以删除。如果一个变量在循环 L 的所有出口都是死去的,并且它只用于对自身的定值,L 中这个变量是无用的。无用变量的所有定值都可以被删除。如果变量 s 只是用于与循环不变量进行比较,或者只是用于自身的定值,并且在同一族归纳变量中,还存在着另外某个不是无用的归纳变量,那么 s 就是一个几乎无用的变量。通过修改循环不变量与这个几乎无用的变量的比较,使之与相关的归纳变量进行比较,可以使一个几乎无用的变量变成一个无用变量。

8.3.5 循环展开

对于循环体较小的循环,递增循环计数变量和测试循环推出条件占用了大量的执行时间,展开这种循环,将循环体复制多次,可以更加高效。

8.4 本章小结

代码优化的目的是为了提高代码的时空效率。通过对代码进行各种变换,在保证代码逻辑等价性的前提下,使代码具有更高的运行效率。本章主要讨论了与机器无关的优化这部分内容,要求掌握优化的基本概念、原则和种类,熟悉基本块的划分方法和流图的构建方法,并能够做到灵活运用局部优化技术和循环优化技术来解决实际问题。

8.5 习 题

1. 什么是代码优化?代码优化的种类有哪些?代码优化的技术有哪些?

2. 将如下程序划分为基本块,并画出程序流程图。

read A

$B := 1$

$C := 2$

$L_1 : B := B + C$

if $C > A$ goto L_2

$C := C + 1$

goto L_1

$L_2 :$ write B

halt

3. 考察下面的中间代码序列:

$C := 5$

$A := C + E$

$B := F + C$

$L := B$

$D := 15 * C$

$M := C + D$

$B := D + F$

$K := B + M$

对代码应用 DAG 优化,且 B、K 在基本块后是活跃的,写出优化后的中间代码序列。

4. 对如下基本块 1 和基本块 2 分别应用 DAG 进行优化,假设 L 只有 G、L、M 在基本块后还要被引用,请写出优化后的代码序列。

基本块 1	基本块 2
$A := B * C$	$B := 3$
$D := B / C$	$D := A + C$
$E := A + D$	$E := A * C$
$F := 2 * E$	$G := B * F$
$G := B * C$	$H := A + C$
$H := G * C$	$I := A * C$
$F := H * C$	$J := H + I$
$L := F$	$K := B * 5$
$M := L$	$L := K + J$
	$M := L$

5. 将下列代码划分为基本块,并给出流图,同时,对其中的循环进行优化。

$I := 1$

read J, K

L：$A := K * I$

$B := J * I$

$C := A * B$

write C

$I := I+1$

if $I < 100$ goto L

halt

6. 将下列源代码翻译为中间代码，并进行可能的优化。

for $I := 1$ to 10 do

    $S[I+2, J * 2] := 1+S[I+2, J * 2]$;

注：可进行局部优化、循环优化等。并且，假设 S 为 $20 * 20$ 的数组，设其首地址为 a，则 $S[i_1, i_2]$ 的地址 ADDR 为：ADDR＝CONSPART＋VARPART，其中 CONSPART＝$a-21$，VARPART＝$i_1 * 20+i_2$。

第9章 目标代码生成

作为编译的最后一个阶段,目标代码生成旨在把语义分析后或优化后的中间代码变换成目标代码。它以源程序的中间代码和符号表中的信息作为输入,以语义等价的目标程序作为输出。

为提高目标代码的执行速度,目标代码生成器在生成目标代码时,需要考虑如何使生成的目标代码较短,如何充分利用计算机的寄存器,以减少目标代码对存储单元的访问次数。

目标代码一般具有如下 3 种形式:

(1) 绝对机器语言代码。可立即执行,所有地址均已定位。

(2) 可重定位机器代码。尚不能执行,只有在连接装配程序将其与某些运行程序连接后,才能转换成可执行的机器语言代码。

(3) 汇编语言代码。不能执行,只有经过汇编程序汇编后,才能转换成可执行的机器语言代码。

目标代码形式

本章将以 Intel 80x86 汇编指令作为目标代码形式,主要探讨寄存器的分配策略和一种较为简单的目标代码生成算法。

9.1 概　　述

代码生成器生成的目标代码必须能够保持源程序的语义,而且质量要高,能够充分利用目标机上的各种资源来优化程序的运行。设计目标代码生成器时,要着重考虑指令的选择、寄存器的分配与指派以及指令的计算顺序等问题。其中,指令的选择要考虑如何选择适当的目标机指令来实现中间代码,从而使所生成的目标代码尽可能的短;寄存器的分配与指派要考虑将哪些值放入到哪些寄存器中,以减少目标代码对存储单元的访问次数;而指令的计算顺序则要考虑按照什么顺序来安排指令的执行。

代码生成器
的主要任务

总而言之,尽管代码生成器的具体细节依赖于目标机和操作系统,但有些问题也属一般化问题,下面逐一进行介绍。

1. 代码生成器的输入

代码生成器的输入包括中间代码和符号表。中间代码的形式有很多种,如后缀式、四元式、三元式、间接三元式、语法树以及 DAG 图等。这里,采用三地址代码的形式来表示中间代码,当然,以其他形式的中间代码作为输入同样可以。

在目标代码生成之前,编译程序已经对源程序进行了扫描、分析和语义检查,以确保能够生成正确的中间代码。并且,符号表中的表项是在分析一个过程中的说明语句时建立的,根据说明语句中的类型可以确定名字的域宽,于是,在经过存储分配处理后,就可以确定各个名字在所属过程数据区中的相对地址。因此,目标代码生成器可以利用符号表中的信息来决定中间代码里的名字所表示的数据对象在运行时的地址,它是可重定位的地址。

2. 代码生成器的输出

作为代码生成器的输出,目标代码具有多种形式,如绝对机器代码、可重定位机器代码和汇编代码等。

绝对机器代码可以立即执行,被放在内存中的固定地方。可重定位的机器代码允许子程序分别进行编译,生成一组可重定位模块,由连接装配程序连接在一起,并装入运行,具有很大的灵活性。汇编代码可以使用汇编器来辅助生成目标代码,从而使得目标代码的生成工作变得较为容易。

3. 指令的选择

代码生成器的最终目的是把中间代码翻译成目标机上可以运行的机器指令。中间代码的层次十分重要,如果层次较高,就意味着要进行逐句翻译,容易生成质量较低的目标代码;而如果层次较低,即包含了一些与目标机相关的细节,则代码生成器会利用这些细节生成质量较高的代码。

目标机的本身特性也很重要,这些性质决定了指令选择的难易程度。就指令集的一致性和完全性而言,如果目标机不能以统一的方式支持指令集的所有类型,则对每一种例外都需要进行特别的处理。除此之外,指令的速度和机器特点也是重要因素。如果不去考虑目标程序的效率,那么指令的选择就变得非常简单。于是,对于每种类型的中间代码,可以直接选择指令,生成相关类型代码的框架。例如,对形如 $a:=b+c$ 的中间代码,其中 a、b、c 均为静态分配的变量,可以翻译成如下的目标代码序列:

```
MOV   AX, b        //将 b 放入寄存器 AX
ADD   AX, c        //AX 与 c 相加
MOV   a, AX        //将 AX 中的值存入 a
```

目标代码的质量是由代码的运行速度和代码所占空间的大小决定的。一个给定的操作可以由不同的方法来实现,不同的实现使用的代码有所不同。有些目标代码是正确的,但效率可能较低。例如,对于含有"加 1"指令(INC)的目标机来说,中间代码 $a:=a+1$ 用 INC a 实现效率最高,而不是用以下的指令序列来实现:

```
MOV   AX, a        //将 a 放入寄存器 AX
ADD   AX, ♯1       //AX 的值加 1,♯表示常数
MOV   a, AX        //将 AX 中的值存入 a
```

4. 寄存器的分配

目标代码生成要考虑的一个关键问题就是如何充分地利用寄存器。寄存器具有访问速度快、操作指令短的特点,只是数量较少。寄存器的使用涉及如下两点:

(1) 寄存器的分配。在程序的某一点,确定要放在寄存器中的变量集合。

(2) 寄存器的指派。选出变量将要存放的具体寄存器。

最优的寄存器指派方案很难确定,如果还要考虑目标机的硬件和操作系统对于寄存器的使用约定时,这个问题将更加复杂。

5. 计算顺序的选择

计算的执行顺序对目标代码的有效性也有一定的影响。一个有效的计算顺序要求存放中

间结果的寄存器数量尽可能的少，以提高目标代码的运行效率。

9.2　目标机器模型

熟悉目标机器及其指令系统是设计一个好的代码生成器的前提。这里，将以 8086 微处理器作为目标机，采用汇编语言作为目标代码形式，它可看作是一些小型机的代表。本章所讲述的代码生成技术同样适用于许多其他类型的目标机。

8086 是 16 位微处理器，含有 8 个通用寄存器，分别是：AX、BX、CX、DX、BP、SP、SI、DI、IP、CS、DS、SS 和 ES。其中，基址寄存器 BX 和 BP 通常用来指定数据区的基址，变址寄存器 SI 和 DI 多半用来表示相对基址的偏移值。为简单起见，这里只讨论数据段与代码段在同一段的情况，不涉及段间转移。

目标机一般具有多种操作指令，如传送、计算、跳转等，选择了较为通用的指令形式列举在表 9-1 中。其中，R_s，R_d 表示寄存器，M 表示存储单元，imm 为立即数；跳转标志 Z 表示全 0 标记，S 是符号位，O 是溢出位。

表 9-1　常用目标机指令及其含义

指令	含义	备注
MOV R_d, R_s/M	表示将 R_s/M 中的内容送到 R_d 中	
MOV R_d/M, R_s	表示将 R_s 中的内容送到 R_d/M 中	
MOV R_d/M, imm	表示将 imm 送到 R_d/M 中	
ADD R_d, R_s/M	表示对 R_d 和 R_s/M 中的内容求和，并将结果送到 R_d 中	其他算术逻辑运算类似
ADD R_d/M, R_s/imm	表示对 R_d/M 和 R_s/imm 中的内容求和，并将结果送到 R_d/M 中	其他算术逻辑运算类似
CMP A, B	根据 A 和 B 的比较结果设置条件标志位	
JMP	无条件转移	
JZ, JE	全 0，或相等则转移	Z＝1(全 0)，(A)＝(B)
JNZ, JNE	不为 0，或不相等则转移	Z＝0(非全 0)，(A)≠(B)
JL, JNGE	小于，或不大于等于则转移	S∨O＝1，或(A)<(B)
JLE, JNG	小于等于，或不大于则转移	S∨O∨Z＝1，或(A)≤(B)
JG, JNLE	大于，或不小于等于则转移	S∨O∨Z＝0，或(A)>(B)
JNL, JGE	大于等于，或不小于则转移	S∨O＝0，或(A)≥(B)
CALL	调用子程序	
RET	子程序的返回指令	

需要说明的是，为了使所介绍的翻译方法具有通用性，本章取消了部分 8086 的指令限制，如执行乘除法运算时，不要求必须把乘数或被除数放到 AX 中。

不仅指令的种类多种多样，而且寻址方式也不单一。表 9-2 以运算指令为例，给出了四种类型的指令寻址方式，其中，圆括号表示取内容。

表 9-2 指令寻址方式

寻址方式	指令形式	意义(设 op 是二目运算符)	备注
直接地址型	op R_d,M	R_d 与 M 的内容做 op 运算,结果送入 R_d 中,即:(R_d) op $(M)⇒R_d$	① op 运算常见的有:加(ADD)、减(SUB)、乘(MUL)、除(DIV)等。 ② 若 op 为一元运算,则 op R_d,M 表示对 M 中的内容做 op 运算,结果送入 R_d 中。其他寻址方式类似。
寄存器型	op R_d,R_s	R_d 与 R_s 的内容做 op 运算,结果送入 R_d 中,即:(R_d) op $(R_s)⇒R_d$	
变址型	op R_d,c(R_s)	先对 R_s 的内容与 c 求和,再对 R_d 的内容与此和所指向的单元的内容做 op 运算,结果送入 R_d 中,即:(R_d) op $((R_s)+c)⇒R_d$	
间接型	op R_d,＊M	R_d 的内容与 M 的内容所指向的单元的内容做 op 运算,结果送入 R_d 中,即:(R_d) op $((M))⇒R_d$	
	op R_d,＊R_s	R_d 的内容与 R_s 的内容所指向的单元的内容做 op 运算,结果送入 R_d 中,即:(R_d) op $((R_s))⇒R_d$	
	op R_d,＊c(R_s)	先对 R_s 的内容与 c 求和,得到此和所指向的单元的内容,再对 R_d 的内容与上述单元内容所指向的单元的内容做 op 运算,结果送入 R_d 中,即:(R_d) op $(((R_s)+c))⇒R_d$	

9.3 一个简单的代码生成器

首先考虑在一个基本块的范围内生成目标代码,这样会降低难度。目标代码生成器会依次把每一条三地址中间代码变换成目标代码,并且随时考察寄存器中记录的值,以便充分利用寄存器,避免不必要的内存访问。

寄存器是有限的。在大多数的目标机中,运算时的操作数全部或者部分需要放在寄存器中。当目标代码出现了计算某变量值的运算,运算结果应该尽可能地保留在寄存器中,而不是把该变量的值存到内存单元,直到其他变量要使用该寄存器或者已到达基本块出口为止;同样,当运算结果放在寄存器中时,后续对此结果的引用应从寄存器中获得其值,而不是从内存单元中获得。

例 9.1 对于如下的高级语言语句:

$$A := (B+C) * D+E$$

如果不考虑代码效率的话,可以将其中间代码翻译成若干条汇编代码指令,如表 9-3 所示。

表 9-3 中间代码及翻译的目标代码序列

高级语言语句	中间代码	目标代码
$A := (B+C) * D+E$	$T_1 := B+C$	(1) MOV AX,B
		(2) ADD AX,C
		(3) MOV T_1,AX
	$T_2 := T_1 * D$	(4) MOV AX,T_1
		(5) MUL AX,D
		(6) MOV T_2,AX
	$A := T_2+E$	(7) MOV AX,T_2
		(8) ADD AX,E
		(9) MOV A,AX

从表 9-3 中可以看出,上述翻译是正确的,但其效率却不高。显然,目标代码指令(4)和(7)是多余的;并且,T_1 和 T_2 是生成中间代码时引入的临时变量,在此基本块的后续代码中不会被引用,因此,指令(3)和(6)也是多余的。这样一来,在考虑了代码效率以及充分利用寄存器的前提下,可以把目标代码精简为:

(1) MOV　AX,B

(2) ADD　AX,C

(3) MUL　AX,D

(4) ADD　AX,E

(5) MOV　A,AX

要想生成简洁高效的目标代码,必须掌握一些信息才行。例如,在将 $T_2 := T_1 * D$ 翻译为目标代码时,要想省掉指令 MOV AX,T_1,就必须知道 T_1 的当前值已在寄存器 AX 中;同样,要想省掉指令 MOV T_1,AX,就必须知道出了基本块之后 T_1 不会再被引用。这些信息将通过待用信息、活跃信息、寄存器描述数组以及变量地址描述数组来记录。

9.3.1　待用信息与活跃信息

在一个基本块中,如果中间代码 i 对 A 定值,中间代码 j 引用了 A 值,且从 i 到 j 之间没有 A 的其他定值,则称 j 是代码 i 中变量 A 的**待用信息**,并且,A 在 i 处是**活跃**的。

待用信息有助于把基本块内还要被引用的变量值尽可能地保存在寄存器中,同时,把基本块内不再被引用的变量所占用的寄存器及早释放。本节仅在基本块内考虑待用信息,对于一个变量在后续基本块中的引用情况,需要依据基本块出口之后的活跃变量信息来判断。

为了取得每个变量在基本块内的待用信息,可从基本块的出口由后向前扫描,对每个变量建立相应的待用信息链和活跃变量信息链。假设基本块中所有非临时变量均为基本块出口之后的活跃变量,而所有临时变量均为基本块出口之后的非活跃变量。

如果已知符号表中含有记录变量待用信息和活跃信息的域,并且中间代码可以附加待用信息,那么,可以采用算法 9.1 计算变量的待用信息。

算法 9.1　变量待用信息的计算

1) 开始时,把基本块中各变量在符号表中的待用信息域置为"非待用",并根据该变量在基本块出口之后是否活跃,把活跃信息域置为"活跃"或"非活跃"。

2) 从基本块出口到基本块入口由后向前依次处理每条中间代码。对形如 $i: A := B$ op C 的中间代码(形式为 $A := $ op B 或 $A := B$ 也适用,只是其中不涉及 C),依次执行下述步骤:

(1) 把符号表中变量 A 的待用信息和活跃信息附加到中间代码 i 上;

(2) 把符号表中 A 的待用信息和活跃信息分别置为"非待用"和"非活跃";

(3) 把符号表中变量 B 和 C 的待用信息和活跃信息附加到中间代码 i 上;

(4) 把符号表中 B 和 C 的待用信息均置为 i,活跃信息均置为"活跃"。

上述次序如果颠倒可能会带来错误,因为 B 和 C 也可能是 A。按以上算法,基本块中一个变量的各个引用位置,可以由该变量在符号表中的待用信息以及附加在各个中间代码 i 上的待用信息,从前到后依次指示出来。同时,假定每一个过程调用是一个基本块的入口,以此来避免过程调用所产生的副作用。

例 9.2　基本块的中间代码序列如下所示：

$$T := A - B$$

$$U := A - C$$

$$V := T + U$$

$$W := V + U$$

假设 W 是基本块出口之后的活跃变量,根据算法 9.1,可以计算出有关变量的待用信息。其中,该基本块的符号表中各变量的待用信息与活跃信息如表 9-4 所示,而附加在中间代码上的待用信息与活跃信息则如表 9-5 所示。

表 9-4　符号表中的待用信息与活跃信息

变量名	待用信息及活跃信息
T	非待用,非活跃→3,活跃→非待用,非活跃
A	非待用,非活跃→2,活跃→1,活跃
B	非待用,非活跃→1,活跃
C	非待用,非活跃→2,活跃
U	非待用,非活跃→4,活跃→3,活跃→非待用,非活跃
V	非待用,非活跃→4,活跃→非待用,非活跃
W	非待用,活跃→非待用,非活跃

表 9-5　附加在中间代码上的待用信息与活跃信息

序号	中间代码	T	A	B	C	U	V	W
1	$T := A - B$	3 活跃	2 活跃	非待用 非活跃				
2	$U := A - C$		非待用 非活跃		非待用 非活跃	3 活跃		
3	$V := T + U$	非待用 非活跃				4 活跃	4 活跃	
4	$W := V + U$					非待用 非活跃	非待用 非活跃	非待用 活跃

9.3.2　寄存器描述和地址描述

若想使代码生成过程中的寄存器分配效率高,就必须了解寄存器的占用情况。为此,使用寄存器描述数组 RVALUE 和变量地址描述数组 AVALUE 来描述变量占用寄存器的详细情况。其中,RVALUE 动态地记录着每一个寄存器的分配信息,比如,RVALUE[R_i]＝{A,B} 表示寄存器 R_i 被 A 和 B 占用;AVALUE 动态地记录着各变量现行值的存放位置,比如,RVALUE[X]＝{R_i,R_j} 表示变量 X 存放在寄存器 R_i 和 R_j 中。

根据具体情况,一个寄存器可能是空闲的,也可能被分配给了某个变量,或者被分配给了某些变量。而一个变量的当前值,也有可能存放在某个、某些寄存器中,也可能存放在某个、某些内存单元中,或者既在某寄存器中也在某内存单元中。

寄存器的分配有相应的分配算法;而变量当前值的引用,则优先考虑其在寄存器中的当前值。

9.3.3　简单代码生成算法

简单代码生成算法是针对一个基本块而言的。假设基本块中均为形如 $X := Y \text{ op } Z$ 的中间代码,对于其他形式的中间代码的翻译可参考下述算法进行。在生成过程中,寄存器的分配非常关键,构建一个函数 GETREG 来完成这个任务,其参数就是第 i 条中间代码 i:$X := Y \text{ op } Z$。该函数将返回一个寄存器,用来存放 X 的现行值。

算法 9.2　利用 GETREG 分配寄存器

1) 如果 Y 的当前值在某寄存器 R_i 中,且 $\text{RVALUE}[R_i] = \{Y\}$,同时,满足如下两种情况之一的:

(1) 如果 Y 与 X 是同一标识符,或者

(2) 在中间代码 i 的附加信息中,Y 的待用信息和活跃信息分别为"非待用"和"非活跃",意味着 Y 的现行值在执行中间代码 i:$X := Y \text{ op } Z$ 之后不会再引用。

则选取 R_i 为所需的寄存器 R,并返回。

2) 如果有空闲的寄存器,则从中选取一个 R_i 为所需的寄存器 R,并返回。

3) 从已分配的寄存器中选取一个 R_i 为所需的寄存器 R。假设变量 A 占用 R_i,则需满足以下条件之一:

(1) 变量 A 的现行值,存放在内存单元中,这样可以从此单元中读取 A。

(2) 在基本块中,A 不会被引用到或者要在最远的将来才会引用到,这可从有关中间代码 i 上的待用信息得知。

这样,对寄存器 R_i 所含的变量和变量在内存中的情况必须做出调整,即对 $\text{RVALUE}[R_i]$ 中的每一个变量 M,如果 M 不是 X 且 $\text{AVALUE}[M]$ 不包含 M,则需完成以下处理:

① 生成目标代码 $\text{MOV } M, R_i$,即把不是 X 的变量值由 R_i 送入内存中;

② 如果 M 不是 Y,则令 $\text{AVALUE}[M] = \{M\}$,否则,令 $\text{AVALUE}[M] = \{M, R_i\}$;

③ 删除 $\text{RVALUE}[R_i]$ 中的 M。

算法 9.2 的实现过程可以描述为:

```
//------------------------------------------------------------
if((Ri∈AVALUE[Y] && RVALUE[Ri] == {Y}) || (X == Y) ||
    (Y 为"非待用"和"非活跃"))
    R = Ri;
else if(RAVALUE[Ri] == φ)
    R = Ri;
else{
    R = Ri;
    for(任何 M∈RVALUE[Ri])
        if(AVALUE[M]不包含 M){
            生成:MOV M, Ri;
            删除 RVALUE[Ri]中的 M;
            AVALUE[M]:= M;
        }
}
//------------------------------------------------------------
```

算法 9.3　简单代码生成算法。

对基本块中每条中间代码 i：$X:=Y\ op\ Z$，完成下述步骤。

1) 调用函数 GETREG(i：$X:=Y\ op\ Z$)，返回一个寄存器 R，用来存放 X 的现行值。

2) 根据变量地址描述数组 AVALUE[Y]和 AVALUE[Z]，确定出变量 Y 和 Z 现行值的存放位置 addr(Y)和 addr(Z)。如果其现行值在寄存器中，则把寄存器取作 addr(Y)和 addr(Z)。

3)（1）如果 addr(Y)$\neq R$，则生成目标代码：

$$\text{MOV}\quad R,\text{addr}(Y)$$
$$op\quad R,\text{addr}(Z)$$

（2）如果 addr(Y)$=R$，则生成目标代码：

$$op\quad R,\text{addr}(Z)$$

（3）如果 addr(Y)或 addr(Z)为 R，则删除 AVALUE[Y]或 AVALUE[Z]中的 R。

4) 令 AVALUE[X]$=\{R\}$，RVALUE[R]$=\{X\}$，以表示变量 X 的现行值仅放在 R 中，R 中的值仅代表 X 的现行值。

5) 如果 Y 和 Z 的现行值在基本块中不再被引用，也不是基本块出口之后的活跃变量（通过中间代码 i 上的附加信息可知），并且其现行值在某寄存器 R_k 中，则删除 RVALUE[R_k]中的 Y 或 Z 以及 AVALUE[Y]中的 R_k，使该寄存器不再被 Y 或 Z 所占用。

算法 9.3 的实现过程可以描述为：

```
//------------------------------------------------
R = GETREG(i:X := Y op Z);
if(addr(Y) != R) /* addr( )用来取得变量的地址,优先返回寄存器 */
{
    生成:MOV   R, addr(Y)
         op    R, addr(Z);
}else
    生成:op    R, addr(Z);
AVALUE[X] = {R};
RVALUE[R] = {X};
if(Y 不再被引用 && Rₖ∈AVALUE[Y]){
    删除 RVALUE[Rₖ]中的 Y;
    删除 AVALUE[Y]中的 Rₖ;
}
if(Z 不再被引用 && Rₖ∈AVALUE[Z]){
    删除 RVALUE[Rₖ]中的 Z;
    删除 AVALUE[Z]中的 Rₖ;
}
//------------------------------------------------
```

对于其他形式的中间代码，可以参照算法 9.3 来生成目标代码。表 9-6 给出了典型中间代码所对应的目标代码序列。

表 9-6　典型中间代码对应的目标代码

序号	中间代码	目标代码	备注

1	$X := Y \text{ op } Z$	MOV AX, Y
		op AX, Z
		MOV X, AX
			① Y、Z 的现行值优先使用其在寄存器中的。但是,若 Z 恰好在 AX 中,则使用 Z 在内存单元中的值。
			② 若 Y 的现行值已在 AX 中,则不用生成 MOV AX, Y

2	$X := \text{op } Y$	MOV AX, Y
		op AX
		MOV X, AX
			同 1 中②

3	$X := Y$	MOV AX, Y MOV X, AX	同 1 中②
4	goto A	JMP A'	① A' 是中间代码 A 的首地址

5	if $X > Y$ goto A	MOV AX, X
		CMP AX, Y
		JG A'
			① 同 4 中①
			② 若 X 的现行值已在 AX 中,则不用生成 MOV AX, X
			③ Y 的现行值优先使用其在寄存器中的值

6	if $X < Y$ goto A	MOV AX, X
		CMP AX, Y
		JL A'	

例 9.3　对例 9.2,假设只有 R_0 和 R_1 是可用寄存器,W 在基本块外是活跃的,用简单代码生成算法生成的目标代码和相应的 RVALUE 与 AVALUE 如表 9-7 所示。

表 9-7　目标代码及相关信息

序号	中间代码	目标代码	RVALUE	AVALUE
1	$T := A - B$	MOV R_0, A SUB R_0, B	R_0 含有 T	T 在 R_0 中
2	$U := A - C$	MOV R_1, A SUB R_1, C	R_0 含有 T R_1 含有 U	T 在 R_0 中 U 在 R_1 中
3	$V := T + U$	ADD R_0, R_1	R_0 含有 V R_1 含有 U	V 在 R_0 中 U 在 R_1 中
4	$W := V + U$	ADD R_0, R_1	R_0 含有 W	W 在 R_0 中
		MOV W, R_0		W 在 R_0 和内存中

由于变量 A、B、C 的值一直保存在存储器中,因此,在地址描述数组中没有显示它们。并且,还假定临时变量 T、U、V 均不在存储器中。

基本块中所有中间代码处理完之后,对于当前值仅保存在某寄存器中的每个活跃变量,需要将其存放到内存单元中。此时,利用 RVALUE 可以决定在寄存器中存放了哪些变量的现行值,再利用 AVALUE 来决定其中哪些变量的现行值尚不在内存单元中,最后,利用活跃变量信息来决定哪些变量是活跃的。就例 9.3 来说,从 RVALUE 得知 W 的值在寄存器中,从 AVALUE 得知 W 不在内存单元,且已知 W 是活跃变量,因此,需要生成目标代码 MOV W, R_0。

9.4　寄存器分配

由于寄存器的操作速度比内存访问速度高得多,因此,基本块代码生成算法在生成一条目标代码时,对运算对象应该尽可能地选用其在寄存器中的现行值,可使生成的目标代码执行速度更快。这就要求对寄存器的使用予以高度地重视,一方面,各变量的现行值要尽可能地放在寄存器中;另一方面,把不活跃的变量所占用的寄存器及早释放出来,以便更有效地利用寄存器。

9.4.1　全局寄存器分配

为了更加有效地使用寄存器,将从全局来考虑如何分配寄存器。通过前面的学习已经知道,在每个基本块的结尾,活跃变量的值要被保存到内存单元中,后续基本块引用时还需重新加载。如果活跃变量被频繁地使用,频繁地加载和回写,势必会大大降低代码执行速度,因此,考虑为频繁使用的活跃变量指定一些固定的寄存器。就程序而言,大部分执行时间都花在循环上,因此,考虑给每个循环中的很活跃的变量指派相应的寄存器,而将剩余的寄存器用于存放基本块中局部变量的值。

以各变量在循环内需要访问内存单元的次数为标准来判断哪些变量最为活跃,并定义"指令的**执行代价**"的概念:一条指令的执行代价等于该指令访问内存单元次数加1。

例 9.4　目标代码片段及其执行代价如表 9-8 所示。

表 9-8　目标代码片段及其执行代价

目标代码	执行代价
op R_i, R_i	1
op R_i, M	2
op R_i, $*R_i$	2
cp R_i, $*M_i$	3

根据每一条指令的执行代价,可以计算出给循环中各变量分配寄存器之后对降低执行代价的贡献度,并依此排序,把可用的寄存器固定分配给节省执行代价最多的变量使用,从而使有限数量的寄存器充分利用起来。

在循环中给某变量固定分配一个寄存器使用,那么,对于循环中各个基本块,与原有的简单代码生成算法所生成的目标代码相比,所节省的执行代价可按下述方法进行计算:

(1) 把寄存器固定分配给那些在基本块中被定值的变量,而不是在定值时才分配。这样做,可有效减少基本块中变量定值前引用时访问内存的次数。定值前每引用一次,执行代价就节省1。

(2) 把寄存器固定分配给那些在基本块出口之后的活跃变量,因此,没有必要再把它在寄存器中的值存放到内存单元中,从而避免了对内存单元的访问,执行代价就节省2。

按照上述方法,给循环 W 中某变量 X 固定分配一个寄存器,则循环每执行一次,省的执行代价数 S 可用公式(9.1)进行计算。

$$S = \left(\sum_{B \in W} \text{Refer}(X, B) + 2 * \text{Live}(X, B) \right) * A - 4 \tag{9.1}$$

其中:

函数 $\text{Refer}(X, B)$ 记录的是基本块 B 中对 X 定值前引用 X 的次数。

函数 $\text{Live}(X, B)$ 记录在基本块 B 中被定值的 X 在 B 的出口之后是否活跃。若 X 是活跃变量,则函数返回1,否则返回0。

A 是变量执行概率。由于循环每执行一次,各个基本块不一定都会执行到,而且每一次循环,执行到的基本块还可能不相同,因此,循环中的每个基本块的执行频率可能不同。于是,对于基本块中的某个变量 X,给它设置一个参与全部循环的概率 A(A 的取值在 $0\sim1$ 之间)。为简单起见,A 常常取为1,表示每循环一次,各个基本块都要执行一次。

公式中之所以减去4,是因为:在循环入口时,把活跃变量 X 的值从内存单元取到寄存器,其执行代价为2;在循环出口时,把活跃变量 X 的现行值从寄存器中存放到它的内存单元中,其执行代价也是2。这两处的执行代价合计为4,要减去。有时,也可以不这样做,毕竟上述执行代价在整个循环中只要计算一次,这与公式每循环一次就要计算一次相比,可以忽略不计。

分配寄存器时,先使用公式9.1计算出循环中各变量所节省的执行代价数 S,然后排序,将寄存器固定分配给 S 较大的变量即可。

寄存器分配后,就可以使用代码生成算法来生成目标代码。由于寄存器的分配策略发生了变化,因此,目标代码生成算法也要做相应调整,具体如下:

(1) 循环中的目标代码,凡涉及已固定分配到寄存器的变量,就用分配给它的寄存器来表示。

(2) 如果其中某些变量在循环入口之前是活跃的,那么在循环入口之前,要生成把它们的值分别取到相应寄存器中的目标代码。

(3) 如果其中某些变量在循环出口之后是活跃的,那么在循环出口之后,要分别生成目标代码,把它们在寄存器中的值存放到内存单元中。

(4) 在循环中每个基本块的出口,对未固定分配到寄存器的变量,仍按以前的算法生成目标代码,把它们在寄存器中的值存放到内存单元中。

例 9.5 某程序的最内层循环如图9-1所示,箭头表示其中的转移指令。假设寄存器 R_0、R_1 和 R_2 将被固定指派给循环中某三个变量使用,各基本块入口之前和出口之后的活跃变量均已列在图中相应基本块的上方和下方。使用公式(9.1)计算各变量的 S 值,并据此来分配寄存器,同时,生成该循环的目标代码。

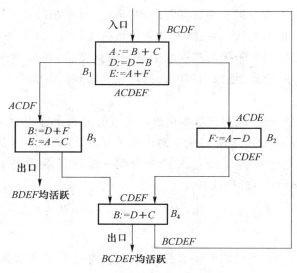

图 9-1 程序循环示意图

利用公式(9.1)计算各变量的 S 值：

$$S = \left(\sum_{B \in W} \text{Refer}(X, B) + 2 * \text{Live}(X, B) \right) * A - 4$$

$$= (\text{Refer}(X, B_1) + \text{Refer}(X, B_2) + \text{Refer}(X, B_3) +$$

$$\text{Refer}(X, B_4) + 2 * \text{Live}(X, B_1) + 2 * \text{Live}(X, B_2) +$$

$$2 * \text{Live}(X, B_3) + 2 * \text{Live}(X, B_4)) * 1 - 4$$

各变量在基本块中的定值前引用情况及出口后活跃情况如表 9-9 所示。

表 9-9　基本块中的变量定值前引用情况及出口后活跃情况

变量	定值前的引用情况				基本块出口后的活跃情况			
	B_1	B_2	B_3	B_4	B_1	B_2	B_3	B_4
A	0	1	1	0	1	0	0	0
B	2	0	0	0	0	0	1	1
C	1	0	1	1	0	0	0	0
D	1	1	1	1	0	1	0	0
E	0	0	0	0	1	0	1	0
F	1	0	1	0	0	1	0	0

各变量的 S 值如表 9-10 所示。

表 9-10　将寄存器固定分配给各变量后的节省的代价

变量	S 值	备注
A	0	
B	2	
C	−1	A、E、F 的 S 值相同,指派固定的寄存器时随机指定即可
D	2	
E	0	
F	0	

　　按照各变量 S 值的大小,把寄存器 R_0 分配给 D,R_1 分配给 B；R_2 随机分配给 A、E、F 中的某一个,假设是 A。寄存器 R_0、R_1、R_2 固定分配给 D、B、A 后,它们在循环中不能另作他用。其余变量如需使用寄存器,只能从余下的寄存器中分配。

　　按照调整后的目标代码生成算法可将图 9-1 的中间代码翻译为图 9-2 中的目标代码。

　　寄存器的分配原则也不是一成不变的,可以做些调整。比如,对那些固定分配给寄存器的变量,如果它在循环中某个基本块出口之后不活跃,则考虑回收其寄存器,作为一般寄存器使用。对于外循环,也可以参照公式(9.1)进行寄存器的分配。

9.4.2　图着色方法分配寄存器

　　当计算中需要一个寄存器,但所有可用寄存器都在使用时,某个正被使用的寄存器的内容必须被保存到一个内存位置上,以便释放出一个寄存器。图着色方法是一个可用于分配寄存器和管理寄存器的值保存到内存里的技术。

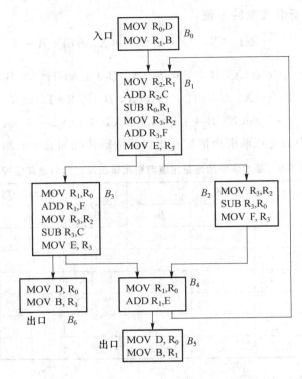

图 9-2 目标代码

这个方法需要进行两趟处理。第一趟处理中选择目标机器指令,处理时假设有无穷多个符号化寄存器。经过这次处理,中间代码中使用的名字变成了寄存器的名字,而三地址指令变成了机器指令。如果对变量的访问要求一些指令使用栈指针、基址寄存器等辅助访问,均假设具有这些量并已经存放好。在选择好了指令之后,第二趟处理把物理寄存器指派给符号化寄存器。这一次处理的目标是寻找到一个溢出代价量小的指派方法。

在第二趟处理中,对每个过程都构造一个寄存器冲突图。图中的结点是符号化寄存器。对于任意两个结点,如果一个结点在另一个被定值的地方是活跃的,那么这两个结点之间就有一条边。然后就可以尝试用 k 种颜色对寄存器冲突图进行着色,其中 k 是可指派的寄存器的个数。一个图被称为已着色(colored)当且仅当每个结点都被着了一个颜色,并且没有两个相邻的结点的颜色相同。一种颜色代表一个寄存器。着色方案保证不会把同一个物理寄存器指派给两个可能相互冲突的符号化寄存器。

确定一个图是否 k 可着色是一个 NP 问题,但在实践中常常可以使用启发式技术进行快速着色。假设图 G 中有一个结点 n,通过一条边连接到 n 的结点个数少于 k 个。把 n 及和 n 相连的边从 G 中删除后得到一个新图。对新图的一个 k 着色方案可以扩展成为一个对 G 的 k 着色方案,只要给 n 指派一个尚未指派给它的邻居的颜色就可以了。

通过不断地从寄存器冲突图中删除边数少于 k 的结点,最终得到一个空图,或者得到的图中每个结点都至少有 k 个相邻的结点。在第一种情况下,可以依照结点被删除的相反顺序对结点进行着色,从而得到一个原图的 k 着色方案。在第二种情况下已经不存在 k 着色方案了。

9.5 DAG 的目标代码

计算的执行顺序会影响目标代码的效率。之前,是按照基本块中间代码序列的顺序,依次生成其目标代码的。这么做尽管很简单,但是生成的代码未必高效。为了解决这个问题,需要使用中间代码的 DAG 图,重新对其结点进行排序,以改变计算的执行顺序。下面通过一个例子来说明。

例 9.6 某基本块的中间代码序列如下:

$$T_1 := A+B$$
$$T_2 := C+D$$
$$T_3 := E-T_2$$
$$T_4 := T_1-T_3$$

假设 R_0 和 R_1 为可用的寄存器,T_4 是基本块出口之后的活跃变量,于是,利用简单代码生成算法可以生成如下的目标代码:

```
MOV   R_0 , A
ADD   R_0 , B
MOV   R_1 , C
ADD   R_1 , D
MOV   T_1 , R_0
MOV   R_0 , E
SUB   R_0 , R_1
MOV   R_1 , T_1
SUB   R_1 , R_0
MOV   T_4 , R_1
```

画出该中间代码序列的 DAG,如图 9-3 所示。

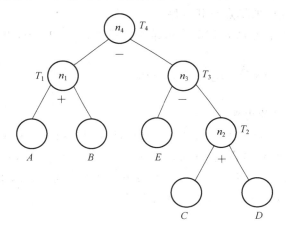

图 9-3 中间代码序列的 DAG

利用图 9-3 的 DAG,可将该中间代码序列改写为:

$$T_2 := C+D$$
$$T_3 := E-T_2$$
$$T_1 := A+B$$
$$T_4 := T_1-T_3$$

这和改写前的中间代码逻辑上是等价的。同样,应用简单代码生成算法可生成如下的目标代码:

```
MOV   R₀ , C
ADD   R₀ , D
MOV   R₁ , E
SUB   R₁ , R₀
MOV   R₀ , A
ADD   R₀ , B
SUB   R₀ , R₁
MOV   T₄ , R₀
```

与前者生成的目标代码相比,后者减少了两条指令,从而提高了执行效率。此例说明,代码执行的次序会直接影响执行的效率。使得例 9.6 中代码效率提高的原因是计算完 T_1 的值后,及时利用 T_1 在寄存器中的值来计算 T_4,而不是把 T_1 的值先存放到内存单元中,待计算 T_4 时,再把 T_1 的值由内存单元取到寄存器中,从而减少了寄存器回写内存单元以及从内存单元中取值到寄存器的代码。

当计算一个表达式的值时,各操作数可以有不同的结合次序,既可以从左到右,也可以从右到左。从右到左计算使得每一个被计算的量,总是紧接在其左运算对象之后计算,从而充分利用寄存器。例 9.6 的中间代码序列对应于赋值句 $T_4 := A+B-(E-(C+D))$,后者所生成的目标代码执行效率的提高正是赋值句右部表达式从右到左计算的结果。

按照上述思路,可以利用基本块的 DAG 给基本块的中间代码序列重新排序,尽可能地使一个结点的求值紧接在它的最左运算对象的求值之后,以提高目标代码的效率。

算法 9.4 给 DAG 中的结点重新排序。

/＊算法的输入为带有标记的 DAG,内部结点的序号为 1,2,…,N;输出为数组 T,存放排序后的 DAG 结点 ＊/

```
for(k = 1; k <= N; k++) T[k] = 0;//初始化
i = N;
while(存在未列入 T 的内部结点){
    选择节点 n,要求 n 未列入 T,但其全部父结点均已列入 T 或无父结点;
    T[i] = n; i = i-1;//把 n 列入 T 中
    while(n 的最左子结点 m 非叶结点且其全部父结点均已列入 T 中){
        T[i] = m; i = i-1;//把 m 列入 T 中
        n = m;
    }
}
```

最后,T[1],T[2],…,T[N]即为所求的结点顺序。

按照算法 9.4 得到的结点次序,可以生成新的中间代码序列,其逻辑上是等价的。利用新的中间代码序列,就能够生成效率较高的目标代码。

在算法 9.4 中,计算叶结点值的中间代码无须生成。计算内部结点值时若要引用叶节点的值,则直接引用其标记即可。叶节点上附有其他标识符时,生成对标识符的赋值指令的次序并不重要。对例 9.6 的 DAG 应用上述算法,可得到各内部结点的次序为 n_2、n_3、n_1、n_4。正是按这一结点次序生成了新的中间代码序列,进而提高了目标代码的执行效率。

9.6　窥孔优化

通过采用各种优化方法,有效地分配寄存器,选择合适的指令执行次序,能够生成优化的目标代码。除此之外,也可以在目标代码生成之后,通过一些优化技术来提高代码的质量。窥孔优化(Peephole Optimization)就是这样一种简单而有效的局部代码改进技术。窥孔,是目标代码上的一个小的滑动窗口,窥孔优化方法通过考察滑动窗口中的目标指令,使用更短和更快的指令序列来代替原有的指令。窥孔中的代码不必相邻,窥孔优化后的结果可能会产生更好的优化机会。根据需要,这种优化方法可对目标代码进行若干遍的处理,以得到较好的优化结果。常见的窥孔优化技术有冗余指令消除、删除不可达代码、控制流优化、代数化简、强度削弱以及机器特有指令的使用等。

1. 冗余指令消除

对于下述指令:

(1) MOV A，R

(2) MOV R，A

可以删除指令(2),这是因为指令(1)的执行能够确保 R 中存放了 A 的值。但是,若(2)带有标号,就有可能是跳转指令的目的指令,此时不能保证(2)一定紧接着(1)执行,因此不能删除(2)。可以肯定的是,如果这两条指令处于同一个基本块中,那么这种变换是安全的。

2. 删除不可达代码

删除不可达代码也是一种窥孔优化技术。可以多次删除那些在无条件转跳指令之后的没有标号的指令。

例如,某些程序中会引入一些调试指令序列,这些调试指令序列只有在打开调试开关(即 debug 为 1)时才执行,程序运行时是不执行的(即 debug 的初始值被设置为 0)。其代码如下:

$$\sharp \text{ defne debug } 0$$

......

if (debug){

显示调试信息

}

翻译为中间代码:

if debug = 1 goto L_1

goto L_2

L_1:显示调试信息

L_2:

无论 debug 的值如何,都可以把上述代码序列转换为:

$$\text{if debug} \neq 1 \text{ goto } L_2$$

$$\text{显 示 调 试 信 息}$$

$$L_2:$$

由于 debug 初值为 0,因此,debug≠1 恒为真。于是,上述代码序列可改写为:

$$\text{goto } L_2$$

$$\text{显 示 调 试 信 息}$$

$$L_2:$$

显然,"显示调试信息"的指令序列是不可达的,可以删除。

3. 控制流优化

中间代码生成算法有可能产生某些特殊的跳转指令,这些跳转指令的目的指令也是跳转指令,致使出现了连续跳转的情况。这种不必要的连续跳转可以在窥孔优化时删除。

例如,对于如下的代码段:

$$\text{goto } L_1$$

$$\cdots\cdots$$

$$L_1: \text{goto } L_2$$

可以转换为:

$$\text{goto } L_2$$

$$\cdots\cdots$$

$$L_1: \text{goto } L_2$$

假设没有别的语句跳到 L_1,同时,$L_1: \text{goto } L_2$ 之前是一个无条件语句,就可以把 $L_1:\text{goto } L_2$ 删除。

4. 代数化简

代数化简也可以在窥孔优化时进行。由于一些操作的执行不会改变数据的结果,例如:

$$\text{ADD R, \#0}$$

$$\text{MUL R, \#1}$$

这些都属无用操作,因此,可以被精简掉。

5. 强度削弱

有的指令可以用实现代价较低的指令代替。比如,假设 shiftleft 为左移操作指令,于是:

$$\text{MUL R, \#2}$$

$$\text{MUL R, \#4}$$

可分别替换为:

$$\text{shiftleft R, \#1}$$

$$\text{shiftleft R, \#2}$$

6. 机器特有指令的使用

在某些目标机上,有些操作的执行是通过高效的硬件指令完成的。例如,操作数的加 1 和减 1。通过使用这些特定的指令可以提高指令代码的质量。

9.7　本章小结

编译的最后一个阶段就是目标代码生成。生成目标代码需要以中间代码和符号表中的各种信息作为输入。在生成目标代码的过程中,重点要考虑指令的选择、寄存器的分配、代码的执行次序等要素。本章详细描述了一个简单代码生成器的构造过程,重点应掌握目标代码生成的算法,同时,对寄存器的分配技术、通过 DAG 生成目标代码以及各种窥孔优化技术要有一定的了解。

9.8 习 题

1. 目标代码生成中需要着重考虑的问题都有哪些?

2. 待用信息和活跃信息的作用是什么?

3. 某基本块的中间代码序列如下:

$$T_1 := A - B$$
$$T_2 := T_1 + C$$
$$T_3 := T_2 + D$$
$$W := T_3 + T_2$$

假设 R_0 和 R_1 为可用的寄存器,W 是基本块出口之后的活跃变量,请用简单代码生成算法生成其目标代码,并列出其变量及代码附加信息,以及列出变量存放情况和寄存器占用情况。

4. 某基本块的中间代码序列如下:

$$T_1 := A + B$$
$$T_2 := C - T_1$$
$$T_3 := D * E$$
$$T_4 := F + G$$
$$T_5 := T_3 - T_4$$
$$W := T_2 / T_5$$

假设 R_0 和 R_1 为可用的寄存器,W 是基本块出口之后的活跃变量,请用简单代码生成算法生成其目标代码,并列出变量存放情况和寄存器占用情况。

5. DAG 代码优化。考察下列中间代码序列:

$$T_1 := A + B$$
$$T_2 := A - B$$
$$F := T_1 * T_2$$
$$T_1 := A - B$$
$$T_2 := A - C$$
$$T_3 := B - C$$
$$T_1 := T_1 * T_2$$
$$G := T_1 * T_3$$

画出 DAG 图,并对其结点排序,写出排序后的中间代码。

6. 对于下面的 C 语言源程序:

$$i = 5;$$
$$++i;$$
$$\text{return } i+1;$$

编译器将产生如下的中间代码:

$$i = 5$$
$$i += 1$$
$$T_1 = i$$
$$T_1 = i$$
$$T_1 += 1$$
$$\text{retreg} = T_1$$
$$\text{ret}$$

这段代码的执行效率很低,请利用窥孔优化技术,删去那些低效或无用的指令。

参 考 文 献

[1]　王磊. 编译原理. 北京：科学出版社，2019 年.

[2]　龚宇辉. 编译原理. 北京：电子工业出版社，2018 年.

[3]　刘铭. 编译原理(第四版). 北京：电子工业出版社，2018 年.

[4]　胡元义. 编译原理教程(第四版). 西安：西安电子科技大学出版社，2018 年.

[5]　蒋宗礼，姜守旭. 编译原理(第 2 版). 北京：高等教育出版社，2017 年.

[6]　许清，刘香芹. 编译方法及应用. 北京：北京航空航天大学出版社，2017 年.

[7]　张莉，史晓华，杨海燕 等. 编译技术. 北京：高等教育出版社，2016 年.

[8]　李文生. 编译原理与技术(第 2 版). 北京：清华大学出版社，2016 年.

[9]　许畅. 编译原理实践与指导教程. 北京：机械工业出版社出版，2015 年.

[10]　周尔强. 编译技术. 北京：机械工业出版社，2015 年.

[11]　陈意云，张昱. 编译原理习题精选与解析(第 3 版). 北京：高等教育出版社，2014 年.

[12]　温敬和. 编译原理实用教程(第二版). 北京：清华大学出版社，2013 年.

[13]　金成植，金英. 编译程序设计原理(第 2 版). 北京：高等教育出版社，2012 年.

[14]　孙悦红. 编译原理及实现(第 2 版). 北京：清华大学出版社，2011 年.

[15]　何炎祥，伍春香，王汉飞. 编译原理. 北京：机械工业出版社，2010 年.

[16]　王磊，胡元义，初建玮 等. 编译原理(第 3 版). 北京：科学出版社，2009 年.

[17]　黄贤英，王柯柯. 编译原理及实践教程. 北京：清华大学出版社，2008 年.

[18]　黄贤英，王柯柯，刘洁 等. 编译原理：重点难点分析·习题解析·实验指导. 北京：机械工业出版社，2008 年.

[19]　贺汛. 编译方法. 北京：机械工业出版社，2007 年.

[20]　张素琴，吕映芝，蒋维社 等. 编译原理(第 2 版). 北京：清华大学出版社，2005 年.

[21]　马知行，曹启君. 编译方法. 北京：机械工业出版社，2004 年.

[22]　陈火旺，刘春林，谭庆平 等. 程序设计语言编译原理(第 3 版). 北京：国防工业出版社，2002 年.

[23]　高仲仪，金茂忠. 编译原理及编译程序构造. 北京：北京航空航天大学出版社，2001 年.